普通高等教育一流本科专业建设成果教材

环境工程学实验

杨百忍　主编

U0387265

化学工业出版社

·北京·

内容简介

《环境工程学实验》系统地介绍了水污染控制、大气污染控制、固体废物处理与处置、物理性污染控制以及土壤污染控制五个方面的验证性、综合性和创新性实验,实验项目设计注重服务于学生解决复杂环境工程问题能力的培养,旨在从实验教学角度培养学生的综合应用知识、实验设计及实施、工程实践和科研创新能力。

《环境工程学实验》可作为普通高等院校环境科学与工程类专业以及其他相关专业学生的实验课程教材,也可供相关领域的科技人员参考使用。

图书在版编目 (CIP) 数据

环境工程学实验/杨百忍主编. —北京:化学工业出版社,2022.9 (2025.2重印)

普通高等教育一流本科专业建设成果教材

ISBN 978-7-122-41485-4

Ⅰ.①环… Ⅱ.①杨… Ⅲ.①环境工程学-高等学校-教材 Ⅳ.①X5

中国版本图书馆 CIP 数据核字 (2022) 第 085917 号

责任编辑:满悦芝　　　　　　　　　　文字编辑:王　琪
责任校对:宋　夏　　　　　　　　　　装帧设计:张　辉

出版发行:化学工业出版社 (北京市东城区青年湖南街 13 号　邮政编码 100011)
印　　装:北京科印技术咨询服务有限公司数码印刷分部
787mm×1092mm　1/16　印张 14¾　字数 364 千字　　2025 年 2 月北京第 1 版第 3 次印刷

购书咨询:010-64518888　　　　　　　　售后服务:010-64518899
网　　址:http://www.cip.com.cn
凡购买本书,如有缺损质量问题,本社销售中心负责调换。

定　　价:55.00 元　　　　　　　　　　　　　　　　　版权所有　违者必究

本书编写人员名单

主　　编　杨百忍

编写人员　杨百忍　柳欢欢　宋夫交　隋凤凤

前　言

在习近平生态文明思想的指引下，面向推动生态文明建设和加快美丽中国建设的现实要求，结合"坚决打好污染防治攻坚战"的现实需求，迫切需要加强环境科学与工程类专业本科生对环境工程相关实验设计、实验实施和实验创新等能力的培养。同时，也需要把环境科学与工程相关科学研究与工程技术进展以实验项目的形式融入学生的培养当中，服务于国家的重大战略需求。

依托江苏省"青蓝工程"优秀教学团队——环境工程专业实践教学团队，结合盐城工学院环境科学与工程学科相关科学研究基础和专业实验教学的经验，针对环境科学与工程类专业学生的培养目标和毕业要求，本教材实验内容涵盖了水污染控制、大气污染控制、固体废物处理与处置、物理性污染控制以及土壤污染控制五个方面的验证性、综合性和创新性实验。通过验证性实验，巩固环境工程基础知识，培养学生的动手能力和基本实验技能；通过综合性实验，训练学生综合运用知识进行实验设计和实验实施的能力；通过创新性实验，培养学生严谨的科学态度、创新意识和创新能力。

本书是环境工程国家级一流专业建设成果教材，分为五个部分。第一部分水污染控制实验由柳欢欢、杨百忍执笔，第二部分大气污染控制实验由宋夫交、杨百忍执笔，第三部分固体废物处理与处置实验由柳欢欢、杨百忍执笔，第四部分物理性污染控制实验由宋夫交、杨百忍执笔，第五部分土壤污染控制实验由隋凤凤、杨百忍执笔，全书由杨百忍统稿。

在教材编写过程中，参考了众多文献资料，在此向这些文献的编著者表示衷心感谢。

感谢盐城工学院教材出版基金对本教材出版的资助。

由于编者水平有限，恳请读者批评指正。

编者

2022 年 7 月

目　录

第一章　水污染控制实验

第二章　大气污染控制实验

第三章　固体废物处理与处置实验

第四章　物理性污染控制实验

参考文献

第一章 水污染控制实验

第一节 验证性实验

实验一 颗粒物自由沉降实验

一、实验目的

1.加深对自由沉降特点和沉降规律的理解。

2.掌握颗粒物自由沉降的实验方法，并能对实验数据进行分析、整理、计算和绘制颗粒自由沉降特性曲线。

二、实验原理

沉淀是水污染控制中用以去除水中颗粒物杂质的常用方法。根据水中悬浮颗粒的凝聚性能和浓度，沉淀通常可以分成四种不同的类型：自由沉降、絮凝沉降、区域沉降、压缩沉降。

浓度较稀的、粒状颗粒的沉降为自由沉降，其特点是在静沉过程中颗粒互不干扰、等速下沉，其沉淀在层流区符合 Stokes（斯托克斯）公式。但是由于水中颗粒的复杂性，颗粒粒径、颗粒密度很难或无法准确地测定，因而沉淀效果、特性无法通过公式求得，而是通过静沉实验确定。

由于自由沉降时颗粒是等速下沉，下沉速度与沉淀高度无关，因而自由沉降可在一般沉淀柱内进行，但其直径应该足够大，一般应使 $D \geqslant 100\text{mm}$，以免沉淀颗粒受柱壁的干扰。

具有大小不同颗粒的悬浮物静沉总去除率 E 与设计指定沉速 u_0、颗粒质量分数的关系如下：

$$E = (1 - x_0) + \frac{1}{u_0} \int_0^{x_0} u \, \mathrm{d}x \tag{1-1}$$

式中　E——总沉淀效率；

　　x_0——沉速小于 u_0 的颗粒在全部悬浮颗粒中所占的百分数（残余颗粒比例）；

　　u_0——某一指定的完全沉降颗粒最小沉速；

　　u——小于沉降速度 u_0 的颗粒沉速。

公式推导如下。

设在水深为 H 的沉淀柱内进行自由沉降实验，沉淀实验如图 1-1 所示。实验开始，沉

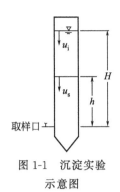

图 1-1　沉淀实验
示意图

淀时间为 0，此时沉淀柱内悬浮物分布是均匀的，即每个断面上颗粒的数量与粒径的组成相同，悬浮物浓度为 ρ_0（mg/L），此时去除率 $E=0$。

实验开始后，不同沉淀时间 t_i，颗粒最小沉淀速度 u_i 相应为：

$$u_i = \frac{H}{t_i} \tag{1-2}$$

u_i 即为 t_i 时间内从水面下沉到取样点的最小颗粒 d_i 所具有的沉速。此时取样点处水样悬浮物浓度为 ρ_i，未被去除的颗粒即 $d<d_i$ 的颗粒所占的百分比为：

$$x_i = \frac{\rho_i}{\rho_0} \tag{1-3}$$

而被去除的颗粒（粒径 $d \geqslant d_i$）所占比例为：

$$E_0 = 1 - x_i \tag{1-4}$$

实际上沉淀时间 t_i 内，由水中沉至池底的颗粒是由两部分颗粒组成的。即沉速 $u \geqslant u_i$ 的那一部分颗粒能全部沉至池底；除此之外，颗粒沉速 $u<u_i$ 的那一部分颗粒，也有一部分能沉至池底。这是因为，这部分颗粒虽然粒径很小，沉速 $u<u_i$，但是这部分颗粒并不都在水面，而是均匀地分布在整个沉淀柱的高度内。因此只要在水面下，它们下沉至池底所用的时间能少于或等于具有沉速 u_i 的颗粒由水面降至池底所用的时间 t_i，那么这部分颗粒也能从水中被去除。

沉速 $u<u_i$ 的那一部分颗粒虽然有一部分能从水中去除，但其中也是粒径大的沉到池底的多，粒径小的沉到池底的少，各种粒径颗粒去除率并不相同。因此若能分别求出各种粒径的颗粒占全部颗粒的百分比，并求出该粒径颗粒在时间 t_i 内能沉到池底的颗粒占本粒径颗粒的百分比，则二者乘积即此种粒径颗粒在全部颗粒中的去除率。如此分别求出 $u<u_i$ 的那些颗粒的去除率，并相加后，即可得出这部分颗粒的去除率。

为了推求其计算式，我们绘制 x-u 关系曲线，其横坐标为颗粒沉速 u，纵坐标为未被去除颗粒的百分比 x，如图 1-2 所示。

由图中可见：

$$\Delta x = x_1 - x_2 = \frac{\rho_1}{\rho_0} - \frac{\rho_2}{\rho_0} = \frac{\rho_1 - \rho_2}{\rho_0} \tag{1-5}$$

故 Δx 是当选择的颗粒沉速由 u_1 降至 u_2 时，整个水中所能多去除的那部分颗粒的去除率，也就是所选择的要去除的颗粒粒径由 d_1 减到 d_2 时水中所能多去除的，即粒径在 $d_1 \sim d_2$ 的那部分颗粒所占的百分比。因此当 Δx 无限小时，dx 代表了直径为小于 d_i 的某一粒径 d 的颗粒占全部颗粒的百分比。这些颗粒能沉至池底的条件，应是在水中某点（沉速以 u_s 表示）沉至池底所用的时间，必须等于或小于具有沉速为 u_i 的颗粒由水面沉至池底所用的时间，即应满足：

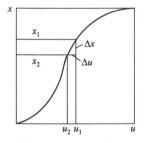

图 1-2　x-u 关系曲线

$$\frac{h}{u_s} \leqslant \frac{H}{u_i} \quad 即 \quad h \leqslant \frac{H u_s}{u_i} \tag{1-6}$$

由于颗粒均匀分布，又为等速沉淀，故沉速 $u<u_i$ 的颗粒只有在 h 水深以内才能沉到池底。因此能沉到池底的这部分颗粒，占这种颗粒的百分比为 $\frac{h}{H}$，如图 1-1 所示，而：

$$\frac{h}{H}=\frac{u_s}{u_i} \tag{1-7}$$

此即为同一粒径颗粒的去除率。取设计指定的颗粒沉速 $u_0=u_i$，则有：

$$\frac{u_s}{u_i}=\frac{u_s}{u_0} \tag{1-8}$$

由上述分析可见，$\mathrm{d}x$ 反映了具有沉速 u_s 的颗粒占全部颗粒的百分比，而 $\frac{u_s}{u_0}$ 则反映了在设计沉速为 u_0 的前提下，具有沉速 $u_s(<u_0)$ 的颗粒去除量占 $\mathrm{d}x$ 这部分颗粒总量的百分比。故 $\frac{u_s}{u_0}\mathrm{d}x$ 正是反映了在设计沉速为 u_0 时，具有沉速为 $u_s(<u_0)$ 的颗粒所能去除的部分占全部颗粒的比率。利用积分求解 $u<u_0$ 的全部颗粒的去除率，则为 $\int_0^{x_0}\frac{u}{u_0}\mathrm{d}x$。

故颗粒的去除率为：

$$E=(1-x_0)+\int_0^{x_0}\frac{u}{u_0}\mathrm{d}x \tag{1-9}$$

工程中常用下式计算：

$$E=(1-x_0)+\frac{\sum(u\Delta x)}{u_0} \tag{1-10}$$

三、实验仪器与装置

1. 沉淀实验装置：沉淀柱、配水箱、水泵、机械搅拌器。

2. 计时用秒表或手表。

3. 量筒、移液管、玻璃棒、瓷盘等。

4. 悬浮物定量分析所需设备：分析天平、带盖称量瓶、干燥器、烘箱、抽滤装置、定量滤纸等。

5. 水样可用煤气洗涤污水、轧钢污水；或人工配制水样，以滑石粉、高岭土、硅藻土配制；或黄泥水（浊度法），悬浮物浓度 0.3~0.5g/L。

四、实验步骤

1. 了解管道连接情况，检查是否符合实验要求；检查沉淀柱中是否有存水，若有应放空；关闭配水箱和沉淀柱放空阀门；接通电源。

2. 将实验用水倒入配水箱进行搅拌；或打开进水阀门（自来水），待配水箱中达到所需水量，打开机械搅拌器，投加试剂，配制水样。沉淀柱上水完成之前应保持搅拌。

3. 打开沉淀柱上水阀门，开启水泵，让水尽可能平稳地从沉淀筒底进入沉淀柱中。直至 160cm 高度（或其他一定高度），停泵，关闭上水阀门和机械搅拌器，沉淀实验开始。开动秒表开始计时，此时 $t=0\text{min}$。

4. 当时间为 0min、15min、30min、45min、60min、90min、120min 时，分别记录沉淀柱内取样口到液面高度，由底部取样口取样 200mL。

5. 测定各水样悬浮物含量。将所取水样过滤（滤纸预先放入称量瓶内，与称量瓶一起烘干至恒重，并称量），过滤完毕后，用镊子取出滤纸放入称量瓶中，移入烘箱中于 103~105℃下烘干 1h 后移入干燥器中，使冷却到室温，称其质量。反复烘干、冷却、称量，直至两次称量的质量差≤0.4mg 为止。

五、实验数据记录与处理

1. 记录实验数据，完成表 1-1。

表 1-1　颗粒自由沉降实验记录表

沉淀时间 $t/\min$	滤纸编号	滤纸+称量瓶质量/g	取样体积/mL	滤纸+SS+称量瓶质量/g	水样 SS 质量/g	SS 浓度/(mg/L)	沉淀高度 H/cm

2. 计算残余颗粒比例 x 和颗粒沉速完成表 1-2，并以 u 为横坐标，以 x 为纵坐标，在坐标纸上绘制 x-u 关系曲线。

表 1-2 中不同沉淀时间 t_i 时，沉淀管内未被移除的悬浮物的百分比为：

$$x_i = \frac{\rho_i}{\rho_0} \times 100\% \tag{1-11}$$

式中　ρ_0——原水中 SS 浓度值，mg/L；

ρ_i——某沉淀时间后，水样中 SS 浓度值，mg/L。

相应颗粒沉速为 $u_i = \dfrac{H_i}{t_i}$ （mm/s）。

表 1-2　实验原始数据整理表

项目	1	2	3	4	5	6
H_i/cm						
$t_i/\min$						
$\rho_0/(\mathrm{mg/L})$						
$\rho_i/(\mathrm{mg/L})$						
残余颗粒比例 $x_i/\%$						
颗粒沉速 $u_i/(\mathrm{mm/s})$						

3. 利用图解积分法计算不同沉速时悬浮物的去除率 E，完成表 1-3，并以 E 为纵坐标，分别以 u 及 t 为横坐标，绘制 E-u、E-t 关系曲线。

表 1-3　悬浮物去除率 E 的计算

序号	t/min	u_0/(mm/s)	x_0/%	$1-x_0$/%	$\sum(u\Delta x)$/%	$\dfrac{\sum(u\Delta x)}{u_0}$/%	$E=(1-x_0)+\dfrac{\sum(u\Delta x)}{u_0}$/%
1							
2							

续表

序号	t /min	u_0 /(mm/s)	x_0 /%	$1-x_0$ /%	$\sum(u\Delta x)$ /%	$\dfrac{\sum(u\Delta x)}{u_0}$/%	$E=(1-x_0)+\dfrac{\sum(u\Delta x)}{u_0}$/%
3							
4							
5							

六、注意事项

1. 向沉淀柱内进水时，速度要适中。进水速度过慢，会造成进水过程中一些较重颗粒已经发生沉降；速度过快，则会造成柱内水体紊动，影响静沉实验效果。

2. 取样前，一定要记录沉淀柱水面至取样口的距离 H（cm）。

3. 取样时，先排出 $20\sim30$mL 冲洗取样口，而后取样。

4. 取样、测定过程中贴于量筒、烧杯内壁上细小的颗粒一定要用清水冲洗干净全部进入样品测定。

七、思考题

1. 自由沉降中颗粒的沉速与絮凝沉降中颗粒的沉速有何不同？

2. 如沉淀柱工作水深改为 1.2m，得到的 E-u、E-t 曲线与本实验结果是否一样？为什么？

实验二　絮凝沉淀实验

一、实验目的

1. 加深对絮凝沉淀特点和规律的理解。

2. 掌握絮凝沉淀实验方法和实验数据整理方法。

二、实验原理

水处理中经常遇到的沉淀多属于絮凝颗粒沉淀，即在沉淀工程中，颗粒的大小、形状和密度都有所变化，随着沉淀深度和时间的增长，沉速越来越快。絮凝颗粒的沉淀轨迹是一条曲线，难以用数学方式来表达，只能用实验的数据来确定必要的设计参数。

絮凝沉淀实验研究悬浮物浓度一般在 1000mg/L 以下的絮状颗粒沉淀规律。在絮凝沉降过程中，悬浮颗粒因互相碰撞凝聚而使尺寸变大，沉速将随深度而增加。同时水深越深，较大颗粒追上较小颗粒而发生碰撞并凝聚的可能性也越大。因此，悬浮物的去除率不仅取决于沉淀速度，而且与深度有关。

絮凝沉降实验在沉淀柱内进行。实验用的沉淀柱的高度应当与拟采用的实际沉淀设备的高度相同。一般使用的沉淀筒内径为 $\phi80\sim100$mm，高度为 $1500\sim2000$mm。沉淀柱的不同深度设有多个取样口。在不同的沉淀时间，从不同的取样口取出水样，测定悬浮物的浓度，并计算出悬浮物的去除百分率。然后将这些去除百分率点绘于相应的深度与时间的坐标上，并绘出等去除率曲线（图 1-3），最

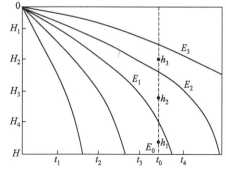

图 1-3　絮凝沉淀等去除率曲线

后借助于这些等去除率曲线计算对应于某一沉降时间的悬浮物总去除率。

采用与分散颗粒相似的方法计算沉淀柱中的悬浮物总去除率：

$$E=E_0+\frac{h_1}{H}(E_1-E_0)+\frac{h_2}{H}(E_2-E_1)+\cdots+\frac{h_n}{H}(E_n-E_{n-1}) \tag{1-12}$$

式中　　　H——沉淀柱总有效水深；

　　　　　E_0——沉降高度为 H、沉降时间为 t_0 时的去除率；

$h_1, h_2, \cdots, h_n$——由水面向下测量的高度；

$E_1, E_2, \cdots, E_n$——高于 E_0 的后续去除率。

工程上 h_n 常取平均高度，以去除率为 E_n 和 E_{n-1} 的等去除率曲线之间中点的高度计算。

三、实验仪器与试剂

1. 实验仪器

（1）实验装置：沉淀实验装置（沉淀柱、配水箱、水泵、机械搅拌器）。

（2）其他实验器材：分析天平、烘箱、抽滤装置、定量滤纸、量筒、烧杯、称量瓶、定时钟等。

2. 实验试剂

10％的 $Al_2(SO_4)_3\cdot18H_2O$ 溶液 500mL，0.1％聚丙烯酰胺（PAM）溶液 500mL。

3. 水样

城市污水处理厂曝气池污水；或人工配制水样，1L 水中含有滑石粉 0.6～0.7g，10％的 $Al_2(SO_4)_3\cdot18H_2O$ 2mL，0.1％聚丙烯酰胺（PAM）1mL，pH 值 6～7；或以 1～3g/L 的黄泥水（浊度法），模拟絮凝沉降废水。

四、实验步骤

1. 了解管道连接情况，检查是否符合实验要求；检查沉淀柱中是否有存水，若有应放空；关闭配水箱和沉淀柱放空阀门；接通电源。

2. 将实验用水倒入配水箱进行搅拌；或打开进水阀门（自来水），待配水箱中达到所需水量，打开机械搅拌器，投加试剂，配制水样。沉淀柱上水完成之前应保持搅拌。

3. 打开各沉淀柱上水管阀门，开启水泵，同时向 1～3 沉淀柱内进水。从中间取样口（或配水箱中）取原水样 2 次，每次取样 100mL，测定悬浮物浓度，其平均浓度即为 SS_0。

4. 当水位达到 160cm（或其他一定高度）时，关闭水泵、上水阀门、机械搅拌器，同时记录沉淀时间。

5. 当达到各柱的沉淀时间时，在每根柱上，自上而下依次取样 100mL（用量筒准确定量），测定水样悬浮物的浓度。每个取样口取样前先排出 20～30mL 积液。

6. 打开沉淀柱和配水箱放空管阀门，放掉废水，用清水冲洗沉淀柱和配水箱。

五、实验数据记录与处理

1. 原水悬浮物浓度 $SS_0=$ _____ mg/L。

2. 数据记录和计算。

（1）絮凝沉淀实验记录（表 1-4）。

（2）各取样点悬浮物去除率 E 值计算（表 1-5）。

3. 绘制等去除率曲线。在坐标轴上以沉淀时间 t 为横坐标，以深度为纵坐标，建立直角坐标系，并将各取样点的去除率填在图中。在此图基础上采用内插法绘制等去除率曲线，曲线去除率值宜以 5％或 10％为间距。

4.计算某一沉降时间 t 时悬浮物的总去除率 E。

表 1-4　絮凝沉淀实验记录表

柱号	沉淀时间/min	取样点编号	SS/(mg/L)	水深/m
1		1-1		
		1-2		
		1-3		
		1-4		
		1-5		
2		2-1		
		2-2		
		2-3		
		2-4		
		2-5		
3		3-1		
		3-2		
		3-3		
		3-4		
		3-5		

表 1-5　各取样点悬浮物去除率 E 值计算

沉淀高度/m	沉淀时间/min		

六、注意事项

1.向沉淀柱进水时，速度要适中，既要防止悬浮物由于进水速度过慢而絮凝沉淀，又要防止由于进水速度过快，沉淀开始后柱内还存在紊流，影响沉淀效果。

2.由于同时要由每个柱的 5 个取样口取样，故人员分工、烧杯编号等准备工作要做好，以便能在较短时间内，从上至下准确地取出水样。

3.测定悬浮物浓度时，取样器具中水样倒出过滤后，器壁黏附的颗粒物用少量清水冲洗并计入样品。实验中也可以浊度代替悬浮物浓度的测定，浊度测定时水样用玻璃棒搅拌均匀立即测定。

4.注意观察、描述颗粒沉淀过程中自然絮凝作用及沉速的变化。

七、思考题

1.观察絮凝沉淀现象，并叙述与自由沉淀现象有何不同，实验方法有何区别。

2.实际工作中,哪些沉淀属于絮凝沉淀?

实验三 过滤反冲洗实验

一、实验目的

1.熟悉过滤及反冲洗实验的方法及各管路和阀门的作用。

2.加深对滤速、冲洗强度、滤层膨胀率等概念的理解。

3.测定滤层水头损失和滤速间的关系。

4.测定反冲洗强度和滤层膨胀率间的关系。

二、实验原理

快滤池滤料层能截留粒径远比滤料孔隙小的水中杂质,主要通过接触絮凝作用,其次为筛滤作用和沉淀作用。为使过滤出水水质好,除了滤料组成必须符合要求外,有时要在过滤前投加混凝剂。过滤一段时间后需进行反冲洗,以使滤层恢复截污能力。

1.过滤原理

(1)机械筛滤

筛滤能去除大于滤层孔隙的悬浮物,随着过滤的进行,截留杂质增多,滤层孔隙愈来愈小,使微小的颗粒物和微生物也被截留下来。

(2)沉淀

水中悬浮物由于重力作用,在过滤时沉积在滤料的表面上,而小于滤层孔隙的悬浮物进入滤层时,也会在重力作用下脱离流线而沉淀在空隙中,滤层实际起到一个有巨大表面积多层的沉淀池作用。

(3)吸附

由于水流通过孔隙,不断与滤材发生碰撞,破坏了水中胶体保护层,悬浮物、胶体和溶解杂质被滤材所吸附。产生吸附作用的是包围在滤料周围的胶体物质或是范德华力和静电引力。

(4)生物滤膜

被截留在滤料表面的微生物利用黏附在滤料表面和水中的有机物为养料不断繁殖,形成一薄层黏液生物膜。生物膜可以截留最细小的颗粒和微生物,分泌生物活性酶,吸附和杀灭微生物,促进氨和亚硝酸盐的氧化。

2.反冲洗原理

反冲洗水由下而上流经滤层时,实质上是一种反向过滤,开始为砂层逐步膨胀,污浊水开始流出的挤压出流阶段;当冲洗水达到一定流速后,滤层膨胀,砂粒悬浮于水中,处于一种不停运动的动平衡状态,即达到固定膨胀阶段,小颗粒在上面,大颗粒在下面。冲洗水流速愈大,滤层膨胀率愈大。

三、实验仪器

1.过滤装置 1 套(图 1-4)。

2.浊度仪 1 台。

3.塑料尺 1 把。

4.取样烧杯若干。

四、实验步骤

1.测量滤柱有关数据,包括内径、滤料层高度等。

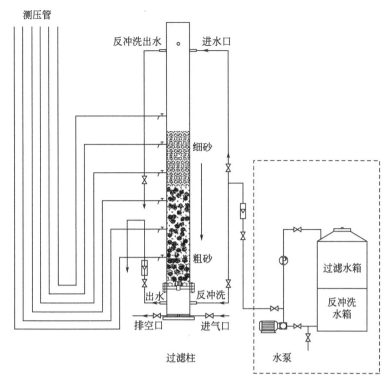

图 1-4　过滤设备示意图

2. 先将滤料进行反冲洗，直到过水水质变清为止。

3. 冲洗完毕，将浊水槽注满，加入适量干泥，使浊度在几百数量级。

4. 调整滤速（调整出水口流量计使其分别在 100L/h、200L/h、300L/h），并计时（运行稳定 5min），记录流量，历时，记录不同滤速下的测压管水位。

5. 再将滤料进行反冲洗（调节进水流量使流量计分别在 0.5m³/h、1.0m³/h、1.5m³/h），使滤料刚刚膨胀起来，待滤层表面稳定后，记录反冲洗流量和滤层膨胀后的厚度 L_1，测定反冲洗出水浊度。继续调节阀门，变化反冲洗流量，按以上步骤记录反冲洗流量和滤层膨胀后的厚度 L_2、L_3。（注意不能使滤料溢出滤池）。

五、实验数据记录与处理

1. 过滤过程。记录实验数据，完成表 1-6。

原水浊度＝_____ NTU。

表 1-6　过滤过程实验数据记录与处理

序号	流量 Q /(L/h)	滤速 v /(m/h)	水头损失/cm		出水浊度 /NTU	浊度去除率 /%
			测压管水头 h_1	水头损失 $\Delta h = h_0 - h_1$		
1	100					
2	200					
3	300					

2. 反冲洗过程。记录实验数据，完成表 1-7。

反冲洗前滤层厚度 $L_0 =$ _____ cm。

表 1-7　反冲洗过程实验数据记录与处理

序号	反冲洗流量 /(m³/h)	膨胀后砂层厚度 /cm	砂层膨胀率 $e = \dfrac{L - L_0}{L_0} \times 100\%$ /%
1	0.5		
2	1.0		
3	1.5		

3.作出滤速与水头损失关系曲线。

4.作出冲洗强度 [L/(m²·s)] 与滤层膨胀率关系曲线。

六、注意事项

1.反冲洗滤柱中的滤料时，不要使进水阀门开启过大，应缓慢打开以防滤料冲出柱外。

2.反冲洗时，为了准确地量出砂层的厚度，一定要在砂面稳定后再测量。

七、思考题

1.滤层内有气泡时对过滤、冲洗有何影响？

2.当原水浊度一定时，采取哪些措施能降低初滤出水浊度？

3.冲洗强度为何不宜过大？

实验四　混凝实验

一、实验目的

1.观察混凝现象及过程，加深理解混凝的净水机理及影响混凝的重要因素。

2.确定某水样的最佳投药量及其相应的 pH 值。

二、实验原理

水中的胶体颗粒，主要是带负电的黏土颗粒。胶体间的静电斥力、胶粒的布朗运动及胶粒表面的水化作用，使得胶粒具有分散稳定性，三者之中以静电斥力影响最大。因此，胶体颗粒靠自然沉淀是不能去除的。向水中投加混凝剂能提供大量的正离子，压缩胶团的扩散层，使ζ电位降低，静电斥力减少。此时布朗运动由稳定因素转为不稳定因素，也有利于胶粒的吸附凝聚。水化胶中的水分子与胶粒有固定联系，具有弹性和较高的黏度，把这些分子排挤出去需要克服特殊的阻力，阻碍胶粒直接接触。有些水化膜的存在取决于双电层状态，投加混凝剂降低ζ电位，有可能使水化作用减弱。混凝剂水解后形成的高分子物质或直接加入水中的高分子物质一般具有链状结构，在胶粒与胶粒间起吸附架桥作用。即使ζ电位没有降低或降低不多，胶粒不能相互接触，通过高分子链状物吸附胶粒，也能形成絮凝体。

三价铁盐（Fe^{3+}）投入水中后其存在形态及不同 pH 时水解过程如下：

$$Fe^{3+} + 6H_2O \Longleftrightarrow [Fe(H_2O)_6]^{3+} \tag{1-13}$$

$$[Fe(H_2O)_6]^{3+} \Longleftrightarrow [Fe(OH)(H_2O)_5]^{2+} + H^+ \tag{1-14}$$

$$[Fe(OH)(H_2O)_5]^{2+} \Longleftrightarrow [Fe(OH)_2(H_2O)_4]^+ + H^+ \tag{1-15}$$

$$[Fe(OH)_2(H_2O)_4]^+ \Longleftrightarrow Fe(OH)_3 \downarrow + 3H_2O + H^+ \tag{1-16}$$

铁盐混凝剂在水处理过程中发挥以下三种作用：Fe^{3+} 和低聚合度高电荷的多核羟基配

合物的脱稳凝聚作用、高聚合度羟基配合物的桥连絮凝作用以及氢氧化物溶胶形态存在时的网捕絮凝作用。一般情况下，在 pH 值偏低、胶体及悬浮物颗粒浓度高、投药量不足的反应初期，以脱稳凝聚作用为主；在 pH 值偏高、污染物浓度较低、投药量充分时，以网捕絮凝作用为主；在 pH 值和投药量适中时，桥连絮凝作用则成为主要的作用形式。

三、实验设备与试剂

1. 无级调速六联搅拌机 1 台。

2. pH 计 1 台。

3. 浊度仪 1 台。

4. 温度计 1 支，秒表 1 块。

5. 1000mL 烧杯 6 个。

6. 1000mL 量筒 1 个。

7. 1mL、2mL、5mL、10mL 移液管各 1 支。

8. 200mL 烧杯 1 个，洗耳球等。

9. 1‰ $FeCl_3$ 溶液 500mL。

四、实验步骤

1. 熟悉搅拌机、pH 计和浊度仪的使用。

2. 用 1000mL 量筒量取 6 份水样至 6 个 1000mL 烧杯中，另量取 200mL 水样放进 200mL 烧杯中。

3. 测定原水的浊度、pH 值及水温。

4. 确定原水中能形成矾花的近似最小混凝剂量，方法是将搅拌机开关扳到手动位置，慢速搅拌烧杯中 200mL 的原水，用移液管每次增 0.5mL 的混凝剂直至出现矾花为止，这时的混凝剂量作为形成矾花的最小投加量。

5. 确定实验时的混凝剂投加量，根据步骤 4 得出的形成矾花最小混凝剂投加量，取其 1/4 作为 1 号烧杯的投加量，其 2 倍作为 6 号烧杯的投加量，用依次增加混凝剂量相等的方法求出 2~5 号烧杯混凝剂投加量，把混凝剂移到与烧杯号相对应的搅拌机投药试管中。

6. 6 个水样放进搅拌叶片下，保持各烧杯中各叶片的位置相同，将搅拌机开关扳到自动位置，启动搅拌机，转动试管架转轴将混凝剂加入相应的烧杯中，快速搅拌（120~150r/min）3min，慢速搅拌（40~80r/min）20min。

7. 搅拌过程中，注意观察并记录矾花形成的过程、矾花大小、密实程度。

8. 搅拌过程完成后，轻轻提起搅拌叶片，静置沉淀 15min，并观察记录矾花沉淀情况。

9. 沉淀时间到达后，用注射器分别抽出各烧杯中的上清液，并测其浊度及相应 pH 值。

五、实验数据记录与处理

1. 记录实验基础数据。

转速（快）：_____ r/min；

转速（慢）：_____ r/min；

混凝剂名称：_____；

原水浊度：_____ NTU；

原水 pH 值：_____。

2. 将混凝沉淀实验数据记入表 1-8。

表 1-8　混凝沉淀实验记录表

项目	1	2	3	4	5	6
初矾花时间/min						
剩余浊度/NTU						
沉淀后 pH 值						
混凝剂加量/mL						

3.绘制剩余浊度/(pH 值)-投药量曲线。

六、注意事项

1.取水样时，所取水样要搅拌均匀，要一次量取以尽量减少所取水样浓度上的差别。

2.移取烧杯中沉淀水上层清液时，要在相同条件下取上层清液，不要将沉下去的矾花搅动起来。

七、思考题

1.为什么最大投药量时，混凝效果不一定好？

2.本实验与水处理实际情况有哪些差别？如何改进？

实验五　气浮实验

一、实验目的

1.进一步了解和掌握气浮净水方法的原理及其工艺流程。

2.掌握气浮法实验的操作过程。

二、实验原理

气浮净水方法是目前环境工程和给排水工程中日益广泛应用的一种水处理方法。该法主要用于处理水中相对密度小于或接近于 1 的悬浮杂质，如乳化油、羊毛脂、纤维以及其他各种有机或无机的悬浮絮体等。因此气浮法在自来水厂、城市污水处理厂以及炼油厂、食品加工厂、造纸厂、毛纺厂、印染厂、化工厂等的水处理中都有所应用。

气浮法是使空气以微小气泡的形式出现于水中并慢慢自下而上地上升，在上升过程中，气泡与水中污染物质接触，并把污染物质黏附于气泡上（或气泡附于污染物上），从而形成密度小于水的气固结合物浮升到水面，使污染物质从水中分离出去。

产生密度小于水的气、固结合物的主要条件如下：①水中污染物质具有足够的疏水性；②所形成气泡的平均直径不宜大于 $70\mu m$；③气泡与水中污染物质应有足够的接触时间。

气浮法按水中气泡产生的方法可分为布气气浮、溶气气浮和电气浮几种。由于布气气浮一般气泡直径较大、气浮效果较差，而电气浮气泡直径虽不大但耗电较多，因此在目前应用气浮法的工程中，以加压溶气气浮法最多。

加压溶气气浮法是使空气在一定压力的作用下溶解于水，并达到饱和状态，然后使加压水表面压力突然减到常压，此时溶解于水中的空气便以微小气泡的形式从水中逸出来。这样就产生了供气浮用的合格的微小气泡。

加压溶气气浮法根据进入溶气罐的水的来源，又分为无回流系统加压溶气气浮法与有回流系统加压溶气气浮法，目前生产中广泛采用后者。其流程如图 1-5 所示。

影响加压溶气气浮法的因素很多，如空气在水中溶解量、气泡直径的大小、气浮时间、

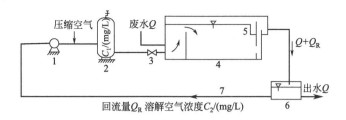

图 1-5 有回流系统加压溶气气浮法

1—加压泵；2—溶气罐；3—减压阀；4—气浮池；5—浮渣槽；6—储水池；7—回流水

水质、药剂种类与加药量、表面活性物质种类等。采用气浮法进行水质处理时，常需要通过实验测定一些有关的设计运行参数。

气浮法具有处理效果好、周期短、占地面积小以及处理后的浮渣中固体物质含量较高等优点。本实验通过气浮过程现象的观察和记录，加深对加压溶气气浮法的理解和掌握，并通过装置操作以及气浮条件和效果的数据整理，熟悉气浮工艺。

三、实验设备与试剂

1.实验设备

（1）气浮实验设备：为成套设备，由空压机、压力溶气罐、气浮装置和转子流量计等组成。

（2）其他实验设备及材料：包括分析天平、抽滤装置、烘箱、量筒、烧杯、称量瓶、$0.45\mu m$ 微孔滤膜等。

2.实验试剂

硫酸铝。

四、实验步骤

1.将某污水加一定量硫酸铝（或其他同类药品）溶液混凝，然后取压力溶气罐 2/3 体积的上清液加入压力溶气罐。

2.开进气阀门使压缩空气进入加压溶气罐，待罐内压力达到预定压力时（一般为 $0.3\sim0.4$ MPa）关进气阀门并静置 10min，使罐内水中溶解空气达到饱和。

3.将已加药并混合好的某污水进入气浮装置，并测原污水中的悬浮物浓度。

4.当气浮装置内已见微小絮体时，开减压阀（或释放器）往气浮装置内加溶气水，同时用搅拌棒搅动 0.5min，使气泡分布均匀。

5.观察释气过程和气浮装置中随时间而上升的浮渣，并记录现象。

6.释气完成后，静置分离 $10\sim30$ min（至水体澄清）。

7.取一定体积清液和打开刮渣装置刮出水面上的浮渣，测定清液和浮渣中的悬浮物浓度。

五、实验数据记录与处理

1.原污水基础数据记录。

水温：_____℃；

pH 值：_____；

体积：_____L；

加药名称：_____；

加药量：_____%。

2.气浮实验现象记录（表1-9，表格大小根据实际需要设置）。

表1-9　气浮实验现象记录表

过程阶段	现象记录	
	图片	说明
气浮处理前		
气浮处理中		
气浮处理后		

3.气浮处理数据记录与计算（表1-10）。

表1-10　气浮处理数据整理

原污水	悬浮物/(mg/L)	
气浮处理后清液	悬浮物/(mg/L)	
	悬浮物去除率/%	
浮渣	悬浮物/(mg/L)	

六、注意事项

1.气浮压力必须保持0.3～0.5MPa。如低于0.3MPa时，将产生回流，此时需释放压力，重新启动设备。

2.水箱必须加满，或水位至少高于加压水泵出水口，否则水泵中进入空气后，无法运行。

3.释放器如发生堵塞时，需开大释放器阀门，对其冲洗。

4.实验结束后，压力溶气罐需先打开放压阀，使其减压后，再将气水放空。

七、思考题

1.气浮法与沉淀法有什么相同之处？有什么不同之处？

2.观察实验装置运行是否正常，气浮池内的气泡是否很微小，若不正常，是什么原因？如何解决？

3.浮选药剂有什么作用？什么时候需要向水中投加浮选药剂？

实验六　活性炭吸附实验

一、实验目的

1.加深理解吸附的基本原理。

2.掌握活性炭吸附实验的操作过程及数据处理方法。

二、实验原理

吸附是一种物质附着在另一种物质表面的过程。当活性炭对水中所含杂质吸附时，水中的溶解性杂质在活性炭表面积聚而被吸附，同时也有一些被吸附物质，由于分子的运动而离开活性炭表面，重新进入水中，即发生解吸附现象。当吸附和解吸附处于动态平衡状态时，称为吸附平衡，这时活性炭和水之间的溶质浓度分配比例处于稳定状态。

活性炭处理工艺是运用吸附的方法，去除水和废水中异味、某些离子及难生物降解的有机物。在吸附过程中，活性炭比表面积起着主要作用。被吸附物质在水中的溶解度也直接影响吸附的速度。此外，pH 的高低、温度的变化和被吸附物质的分散程度也对吸附速度有一定的影响。通过本实验确定活性炭对水中所含某些杂质的吸附能力。

连续流活性炭吸附实验装置如图 1-6 所示，为三个活性炭柱串联的连续流吸附设备。在有机玻璃柱内填颗粒活性炭。

三、实验设备与仪器

测定水中 COD 的仪器和化学药剂、温度计、定时钟。

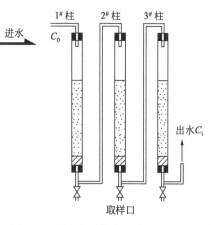

图 1-6　连续流活性炭吸附实验装置

四、实验步骤

1. 将某污水过滤或配制一种污水，测定该污水的 COD、pH、SS、水温等各项指标并记录。

2. 在内径为 20～30mm、高为 1000mm 的有机玻璃管或玻璃管中装入 500～750mm 高的经水洗烘干后的活性炭。

3. 以 40～200mL/min 的流量运行（具体可参考水质条件而定），运行时炭层中不应有空气气泡。本实验装置为升流式。实验要用三种以上的不同流速 V 进行。

4. 在每一流速运行稳定后，每隔 10～30min 由各炭柱取样，测定 COD 值，至出水中 COD 浓度达到进水中 COD 浓度的 0.9～0.95 倍为止。结果记录入表。

五、实验数据记录与处理

记录实验数据，完成表 1-11。

原水 COD 浓度 $C_0=$ _____ mg/L，SS= _____ mg/L，水温 = _____ ℃，pH = _____，滤速 $V=$ _____ m/h。

表 1-11　连续流吸附实验记录表

工作时间 t/min	1# 柱		2# 柱		3# 柱	
	H_1 /m	出水 C_1 /(mg/L)	H_2 /m	出水 C_2 /(mg/L)	H_3 /m	出水 C_3 /(mg/L)

六、注意事项

1. 如果第一个活性炭柱出水 COD 很小，则可增大流量或停止后续吸附柱进水。

2. 反之，如果第一个吸附柱出水 COD 与进水浓度相差甚小，可减小进水流量。

七、思考题

1. 连续流的升流式和降流式各有什么缺点？

2.吸附剂的比表面积越大，其吸附容量和吸附效果是否越好？为什么？

实验七 离子交换软化实验

一、实验目的

1.加深对离子交换基本理论的理解。

2.掌握离子交换装置的运行和操作方法。

二、实验原理

离子交换法可以去除或交换水中溶解的无机盐、降低水中的硬度、碱度和制取去离子水。本实验通过实验装置的运转，进行水的离子交换软化。

当含有钙盐及镁盐的水通过装有阳离子交换树脂的交换器时，水中的 Ca^{2+} 及 Mg^{2+} 便与树脂中的可交换离子（Na^+ 或 H^+）交换，使水中 Ca^{2+}、Mg^{2+} 含量降低或基本上全部去除，这个过程叫作水的软化。树脂失效后要进行再生，即把树脂上吸附的钙、镁离子置换出来，代之以新的可交换离子。钠离子交换用食盐（NaCl）再生，氢离子交换用盐酸（HCl）或硫酸（H_2SO_4）再生。基本反应式如下。

1.钠离子交换

$$交换 \quad 2RNa + \begin{cases} Ca(HCO_3)_2 \\ CaCl_2 \\ CaSO_4 \end{cases} \longrightarrow R_2Ca + \begin{cases} 2NaHCO_3 \\ 2NaCl \\ Na_2SO_4 \end{cases} \quad (1\text{-}17)$$

$$2RNa + \begin{cases} Mg(HCO_3)_2 \\ MgCl_2 \\ MgSO_4 \end{cases} \longrightarrow R_2Mg + \begin{cases} 2NaHCO_3 \\ 2NaCl \\ Na_2SO_4 \end{cases} \quad (1\text{-}18)$$

$$再生 \quad R_2Ca + 2NaCl \longrightarrow 2RNa + CaCl_2 \quad (1\text{-}19)$$

$$R_2Mg + 2NaCl \longrightarrow 2RNa + MgCl_2 \quad (1\text{-}20)$$

2.氢离子交换

$$交换 \quad 2RH + \begin{cases} Ca(HCO_3)_2 \\ CaCl_2 \\ CaSO_4 \end{cases} \longrightarrow R_2Ca + \begin{cases} 2H_2CO_3 \\ 2HCl \\ H_2SO_4 \end{cases} \quad (1\text{-}21)$$

$$2RH + \begin{cases} Mg(HCO_3)_2 \\ MgCl_2 \\ MgSO_4 \end{cases} \longrightarrow R_2Mg + \begin{cases} 2H_2CO_3 \\ 2HCl \\ H_2SO_4 \end{cases} \quad (1\text{-}22)$$

$$再生 \quad R_2Ca + \begin{cases} 2HCl \\ H_2SO_4 \end{cases} \longrightarrow 2RH + \begin{cases} CaCl_2 \\ CaSO_4 \end{cases} \quad (1\text{-}23)$$

$$R_2Mg + \begin{cases} 2HCl \\ H_2SO_4 \end{cases} \longrightarrow 2RH + \begin{cases} MgCl_2 \\ MgSO_4 \end{cases} \quad (1\text{-}24)$$

离子交换实验装置流程的主要装置为离子交换柱，内放置离子交换树脂。离子交换软化就是利用 H 型或 Na 型离子交换树脂对含有硬度离子的水进行处理。含有钙、镁离子等杂质的原水流经离子交换树脂层，首先与树脂上的可交换离子进行交换，最上层的树脂首先失效，变成了钙、镁型树脂。水流通过该层后水质没有变化，称其为饱和层或失效层。在它下面的树脂层称为工作层，继续与水中钙、镁离子进行交换直至它们达到平衡。

三、实验设备与实验材料

离子交换实验装置，滴定装置（铁架台/滴定管/蝴蝶夹等），其他材料如量筒、容量瓶、烧杯、移液管、锥形瓶、秒表、尺等。

测定硬度所需的化学试剂：铬黑 T 指示剂，缓冲溶液（pH＝10），10mmol/L EDTA 标准滴定溶液，试剂的配制方法详见水质分析书籍。测定硬度所需用水：蒸馏水。

四、实验步骤

1. 软化实验

（1）熟悉实验装置，搞清楚每条管路、每个阀门的作用。

（2）测原水硬度，测量交换柱内径及树脂层高度。

（3）将交换柱内树脂反洗数分钟，反洗流速采用 15m/h，以去除树脂层的气泡。

（4）软化，运行流量采用 100mL/min，每隔 10min 测一次出水硬度，测两次并进行比较。

（5）改变运行流速。流量分别取 200mL/min、300mL/min、400mL/min，每个流速下运行 5min，测出水硬度。

（6）反洗，冲洗水用自来水，反洗流速采用 15m/h，反洗时间 15min。反洗结束将水放到水面高于树脂表面 10cm 左右。

2. 水样硬度测定

取 50.0mL 水样置于 250mL 锥形瓶中，加 4mL 缓冲溶液和 3 滴铬黑 T 指示剂（或加 50～100mg 指示剂干粉，此时溶液应呈紫红或紫色，其 pH 应为 10.0±0.1）。立即用 EDTA 标准滴定溶液滴定，开始滴定时速度稍快，接近终点时宜稍慢，并充分振摇，滴定至紫色消失刚出现亮蓝色即为终点，整个滴定过程应在 5min 内完成。记录消耗 EDTA 溶液体积的毫升数。总硬度（mmol/L）为：

$$总硬度 = \frac{c_1 \times V_1}{V_0} \tag{1-25}$$

式中　c_1——EDTA 标准滴定溶液浓度，mmol/L；

V_1——消耗 EDTA 溶液的体积，mL；

V_0——水样体积，mL。

1mmol/L 相当于 100mg/L 以 $CaCO_3$ 表示的硬度。

五、实验数据记录与处理

1. 原水硬度＝_____ mg/L（以 $CaCO_3$ 计）。

记录实验数据，完成表 1-12。

表 1-12　交换实验记录表

运行流量/(mL/min)	运行时间/min	出水硬度(以 $CaCO_3$ 计)/(mg/L)
100	10	
100	10	
200	5	
300	5	
400	5	

2.作出运行流量与出水硬度关系曲线。

六、注意事项

1.反冲洗时注意流量大小，不要将树脂冲走。

2.实验结束后把水泵中的剩余液排出，保持泵的清洁。

七、思考题

1.本实验钠离子交换运行出水硬度是否小于 0.05mmol/L？

2.影响出水硬度的因素有哪些？

实验八　曝气设备充氧能力的测定

一、实验目的

1.掌握测定曝气设备的 K_{La} 和充氧能力 α、β 的实验方法及计算 Q_s。

2.掌握曝气设备充氧性能的测定方法。

二、实验原理

活性污泥处理过程中曝气设备的作用是使氧气、活性污泥、营养物三种物质充分混合，使污泥充分处于悬浮状态，促使氧气从气相转移到液相，从液相转移到活性污泥上，保证微生物有足够的氧进行物质代谢。由于氧的供给是保证生化处理过程正常进行的主要因素，因此，设计人员通常通过实验来评价曝气设备的供氧能力。

在现场用自来水进行实验时，先用 Na_2SO_3（或 N_2）进行脱氧，然后在溶解氧等于或接近零的状态下再曝气，使溶解氧升高趋于饱和水平。假定整个液体是完全混合的，符合一级反应，此时水中溶解氧的变化可用下式表示：

$$\frac{dc}{dt} = K_{La}(C_s - C_t) \tag{1-26}$$

式中　$\dfrac{dc}{dt}$——氧转移速率，mg/(L·h)，$c = C_s - C_t$；

　　　K_{La}——氧总转移系数，h^{-1}；

　　　C_s——实验室的温度和压力下，自来水的溶解氧饱和浓度，mg/L；

　　　C_t——相应某时刻 t 的溶解氧浓度，mg/L。

将式（1-26）积分，得：

$$\ln(C_s - C_t) = -K_{La}t + 常数 \tag{1-27}$$

式（1-27）表明，通过实验测得 C_s 和相应于每一时刻 t 的溶解氧 C_t 值后，绘制 $\ln(C_s - C_t)$ 与 t 的关系曲线，其斜率即 K_{La}。另一种方法是先作 c 与 t 的关系曲线，再作对应于不同 c 值的切线得到相应的 dc/dt，最后作 dc/dt 与 c 关系曲线，也可以求得 K_{La}。

由于溶解氧饱和浓度、温度、污水性质和紊乱程度等因素均影响氧的传递速率，因此，应进行温度、压力（温度以℃计，压力以 kPa 计）校正，并测定校正废水性质影响的修正系数 α、β。所采用的公式如下：

$$K_{La}(T) = K_{La}(20℃) \times 1.024^{T-20} \tag{1-28}$$

$$C_s(校正) = C_s(实验) \times \frac{标准大气压}{实验时的大气压} \tag{1-29}$$

$$\alpha = \frac{废水的 K_{La}}{自来水的 K_{La}} \tag{1-30}$$

$$\beta = \frac{\text{废水的 } C_s}{\text{自来水的 } C_s} \tag{1-31}$$

充氧能力（kg/h）为：

$$Q_s = \frac{dc}{dt} \times V = K_{La}(20℃) \times C_s(\text{校正}) \times V \tag{1-32}$$

三、实验设备与试剂

溶解氧测定仪，空压机，曝气筒，搅拌器，秒表，分析天平，烧杯，亚硫酸钠（$Na_2SO_3 \cdot 7H_2O$），氯化钴（$CoCl_2 \cdot 6H_2O$）。

四、实验步骤

1. 向曝气筒内注入自来水，测定水样体积 V（L）和水温 T（℃）。

2. 由水温查出实验条件水样溶解氧饱和值 C_s，并根据 C_s 和 V 求投药量。

3. 将 Na_2SO_3 用热水化开，均匀倒入曝气筒内，溶解的钴盐倒入水中，并开动搅拌叶轮轻微搅动使其混合，进行脱氧。

4. 当清水脱氧至零时，提高叶轮转速以便进行曝气，并计时。每隔 0.5min 测定一次溶解氧值（用碘量法每隔 1min 测定一次），直到溶解氧值达到饱和为止。

五、实验数据记录与处理

1. 原水样测定数据记录

水温＝_____℃，水样体积＝_____ m^3，C_s＝_____ mg/L。

2. 脱氧剂亚硫酸钠（Na_2SO_3）的用量计算

在自来水中加入 $Na_2SO_3 \cdot 7H_2O$ 还原剂来还原水中的氧：

$$2Na_2SO_3 + O_2 \xrightarrow{CoCl_2} 2Na_2SO_4 \tag{1-33}$$

分子量之比为：

$$\frac{O_2}{2Na_2SO_3 \cdot 7H_2O} = \frac{32}{2 \times 252} \approx \frac{1}{16} \tag{1-34}$$

故 $Na_2SO_3 \cdot 7H_2O$ 理论用量为水中溶解氧量的 16 倍。而水中有部分杂质会消耗亚硫酸钠，故实际用量为理论用量的 1.5 倍。

所以实验投加的 $Na_2SO_3 \cdot 7H_2O$ 用量为：

$$W = 1.5 \times 16C_s \times V = 24C_s \times V \tag{1-35}$$

式中　W ——亚硫酸钠投加量，g；

　　　C_s ——实验时水温条件下水中饱和溶解氧值，mg/L；

　　　V ——水样体积，m^3。

计算得脱氧剂亚硫酸钠（Na_2SO_3）的用量。

3. 根据水样体积 V 确定催化剂（钴盐）的投加量

经验证明，清水中有效钴离子浓度约为 0.4mg/L 为好，一般使用氯化钴（$CoCl_2 \cdot 6H_2O$）。因为：

$$\frac{CoCl_2 \cdot 6H_2O}{Co^{2+}} = \frac{238}{59} \approx 4.0 \tag{1-36}$$

所以单位水样投加钴盐量（$CoCl_2 \cdot 6H_2O$）为 $0.4 \times 4.0 = 1.6(g/m^3)$，本实验所需投加钴盐（$CoCl_2 \cdot 6H_2O$）为 $1.6V(g)$，其中 V 为水样体积（m^3）。

计算得催化剂（钴盐）的用量。

4.根据实验数据计算 K_{La}

（1）参照表 1-13 的样式进行曝气充氧过程数据记录与处理。

表 1-13　曝气充氧过程水体溶解氧记录

充氧时间 t/min	水体溶解氧 C_t/(mg/L)	C_s-C_t/(mg/L)	$\ln(C_s-C_t)$

（2）图解法计算 K_{La}。

作出 $\ln(C_s-C_t)$ 与 t 的关系曲线，由斜率求得 K_{La}。

5.计算充氧能力 Q_s

$$Q_s = \frac{60}{1000} \times K_{La} \times C_s \times V \tag{1-37}$$

式中　Q_s——充氧能力，kg/h；

　　1000——由 mg/L 转化为 kg/m^3 的系数；

　　　60——由 min 转化为 h 的系数；

　　K_{La}——氧总转移系数，min^{-1}；

　　C_s——饱和溶解氧，mg/L；

　　V——水样的体积，m^3。

六、注意事项

1.认真调试仪器设备，特别是溶解氧测定仪，要定时更换探头内溶解液，使用前标定零点及满度。

2.所加试剂应溶解后再加入曝气筒内。

七、思考题

1.氧总转移系数 K_{La} 的意义是什么？

2.鼓风曝气设备和机械曝气设备充氧性能指标有何不同？

实验九　活性污泥评价指标的测定

一、实验目的

1.加深对活性污泥性能，特别是污泥活性的理解。

2.掌握表征活性污泥沉淀性能的指标——污泥沉降比和污泥体积指数的测定和计算。

3.掌握污泥沉降比、污泥体积指数和污泥浓度三者之间的关系。

二、实验原理

活性污泥法中起到净化作用的主要是活性污泥。活性污泥是人工培养的生物絮凝体，是由好氧微生物及其吸附的有机物组成的。活性污泥具有吸附和分解废水中有机物质（也有些可利用无机物质）的能力，显示出生物化学活性。二次沉淀池是活性污泥系统的重要组成部分。二次沉淀池的运行状态，直接影响处理系统的出水质量和回流污泥的浓度。实践表明，出水的 BOD 中有相当一部分是由于出水中悬浮物引起的，在二次沉淀池构造合理的条件下，影响二次沉淀池沉淀效果的主要因素是混合液污泥的沉降情况。

污泥浓度（MLSS）是指单位体积的曝气池混合液中所含污泥的干质量，实际上是指混合液悬浮固体的单位体积质量，单位为 mg/L，也可用 g/L。

活性污泥的沉降性能用污泥沉降比（SV）和污泥体积指数（SVI）来表示。SV 为曝气池出水的混合液在 1000mL 的量筒中静置沉淀 30min 后，沉淀后的污泥体积和混合液的体积（1000mL）的比值（%）；SVI 为曝气池出口处混合液经 30min 静沉后，1g 干污泥所占的容积（以 mL 计）。

评价活性污泥优劣最主要的指标是 SVI。SVI 值能较好地反映出活性污泥的松散程度（活性）和凝聚、沉淀性能。对于一般城市污水，SVI 在 50～150。一般认为：SVI<50 污泥活性差，无机物多，污泥细而紧密，易于沉降；SVI 值在 100 左右污泥沉降性能良好；SVI>200 污泥松散，含水率高，沉降性能差，可能发生污泥膨胀。SVI 值的大小还与水质有关：当工业废水中溶解性有机物含量高时，正常的 SVI 值高；当无机物含量高时，正常的 SVI 值可能偏低。影响 SVI 值的因素还有温度、污泥负荷等。从微生物组成方面看，活性污泥中固着型纤毛类原生动物（如钟虫、纤虫等）和菌胶团细菌占优势时，吸附氧化能力较强，出水有机物浓度较低，污泥比较容易凝聚，相应的 SVI 值也较低。SVI 及 SV 是生化处理现场运行很重要的参数，它们与剩余污泥排放量及处理效果等都有密切的关系，是进行污水处理工程设计或运行管理的基础。

三、实验设备

1.虹吸管、吸球等提取污泥的器具，秒表。

2.真空抽滤装置 1 套。

3.烘箱、分析天平、坩埚。

4. 1000mL 量筒、500mL 烧杯。

四、实验步骤

1.污泥沉降比（%）的测定方法

（1）将虹吸管吸入口放到曝气池的出口处，用吸球将曝气池的混合液吸出，并形成虹吸。

（2）通过虹吸管将混合液置于 1000mL 量筒中，至 1000mL 刻度处，并从此时开始计算沉淀时间。

（3）将装有污泥的 1000mL 量筒静置，观察活性污泥絮凝和沉淀的过程与特点，在第 30min 时记录污泥界面以下的污泥容积 V'（mL）。

$$SV = \frac{V'}{1000} \times 100\% \qquad (1-38)$$

2.污泥浓度（g/L）的测定方法

（1）测定方法。

① 将滤纸放在 105℃烘箱中干燥至恒重，称重并记录（W_1）。

② 放置好滤纸，将测定过沉降比的 1000mL 量筒内的污泥全部倒入滤杯中，过滤（用水冲净量筒，并将水倒入滤杯中）。

③ 将载有污泥的滤纸移入烘箱（105℃）中烘干至恒重，称重并记录（W_2）。

（2）计算。

$$MLSS = W_2 - W_1 \qquad (1\text{-}39)$$

3.污泥体积指数（mL/g）计算方法

计算公式如下：

$$SVI = \frac{SV \times 10^3}{MLSS} \qquad (1\text{-}40)$$

五、实验数据记录与处理

活性污泥性能测定表见表 1-14。

表 1-14 活性污泥性能测定表

项目	W_1/g	W_2/g	W_2-W_1/g	SV/%	MLSS/(g/L)	SVI/(mL/g)
1						
2						
3						
平均						

六、注意事项

1.活性污泥过滤时不要将活性污泥溢出滤纸边。

2.使用坩埚时也要在 105℃烘箱中干燥至恒重。

七、思考题

1.污泥沉降比和污泥体积指数两者有什么区别和联系？

2.污泥体积指数测定的意义是什么？

实验十　厌氧污泥的产甲烷活性测定

一、实验目的

1.熟悉厌氧污泥（以 VSS 计）的产甲烷活性的定义和意义。

2.掌握厌氧污泥产甲烷活性的测定方法。

二、实验原理

随着上流式厌氧颗粒污泥处理技术的发展和普及，从高浓度有机废水中提取可再生的、绿色环保的生物质能源越来越受到人们的关注。而其关键的可行性研究就是厌氧活性污泥产甲烷活性实验。通过这个实验可以确定：①此种废水是否适合 UASB 工艺处理；②这种废水产甲烷的活性好不好；③COD 的去除效率高不高，最后决定是否采用 UASB 技术，同时确定其关键的设计参数。

厌氧污泥（以 VSS 计）的产甲烷活性是指单位质量以 VSS 计的厌氧污泥在单位时间所能产生甲烷的量。利用厌氧污泥处理污水时，被去除的 COD 主要转化为甲烷，因此污泥产甲烷活性可以反映出污泥所具有的去除 COD 及产生甲烷的潜力，它是污泥品质的重要参数。污泥的产甲烷活性与许多因素有关，为了解这个活性的大小，实验必须在理想条件下进行。

三、实验装置

实验装置如图 1-7 所示，由污泥反应器、生物气取样管、集气瓶、量筒、温水水泵、恒温水浴、搅拌器、气体计量系统等组成。

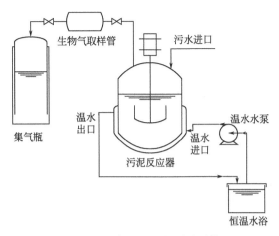

图 1-7　厌氧污泥活性测试系统

四、实验试剂

（1）VFA 储备液：COD＝20g/L，其中乙酸、丙酸、丁酸浓度比为 73：23：4，根据表 1-15 所列数据配制挥发性脂肪酸溶液，用 1mol/L NaHCO₃ 调至 pH 值为 6.5～7.5，定容至 1L。

表 1-15　VFA 储备液配比

挥发性脂肪酸（VFA）	COD/VFA	密度/(g/cm³)	体积/mL
乙酸	1.067	1.05	13.04
丙酸	1.514	0.993	3.06
丁酸	1.818	0.957	0.46

（2）微量元素、营养液储备液：微量元素储备液及营养液储备液的配制见表 1-16。

表 1-16　微量元素储备液及营养液储备液的配制

微量元素储备液			
化合物名称	浓度/(mg/L)	化合物名称	浓度/(mg/L)
$FeCl_3 \cdot 6H_2O$	2000	$(NH_4)_6Mo_7O_{24} \cdot 4H_2O$	90
$CoCl_2 \cdot 6H_2O$	2000	$Na_2SeO_3 \cdot 5H_2O$	100
$MnCl_2 \cdot 4H_2O$	500	$NiCl_2 \cdot 4H_2O$	50
$CuCl_2 \cdot 2H_2O$	30	EDTA	1000
$ZnCl_2$	50	HCl(36%)	1
营养液储备液			
化合物名称	浓度/(g/L)	化合物名称	浓度/(g/L)
NH_4Cl	170	$CaCl_2 \cdot 6H_2O$	8
KH_2PO_4	37	$MgSO_4 \cdot 7H_2O$	9

（3）吸收液：0.5%NaOH。

五、实验步骤

1. 向反应器中加去离子水至有效体积的 50％左右。

2. 投加一定量的含挥发性脂肪酸（VFA）和营养物的合成水样（保持 COD/VSS＝0.7～1.6）。

3. 向反应器中加入厌氧污泥，使最终浓度约为 3.0g/L（以 VSS 计）。

4. 再加去离子水至整个有效体积。

5. 用 CO_2 和 N_2 的混合气体通入反应器底部 2～3min，以吹脱瓶中剩余空间的空气。

6. 立即将反应器密封，连接好液体置换系统，将系统置于恒温水浴中进行培养。

7. 当恒温系统温度升至 37.5℃时，测定即正式开始。

8. 将单位时间产气量和累积产气量记录于表 1-17 中（以量筒中的碱液体积代表产甲烷体积），直到底物的 VFA 的 80％已被利用。

9. 开始第二次投加水样。第二次投加水样即向原混合液中加入与第一次水样成分、数量均相同的 VFA 和营养物。然后将每日产气量记录于表 1-17 中，直到底物的 VFA 的 80％已被利用。

10. 为了消除污泥自身消化产生甲烷气体的影响，需做空白实验，空白实验是以去离子水代替合成水样，其他操作步骤相同。

六、实验数据记录与处理

1. 记录产气量（表 1-17）。

表 1-17　产气量记录表

时间/h	每小时产气量/mL	24 小时累积产气量/mL
0		
2		
4		
6		
8		
10		
12		
24		

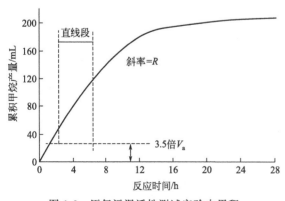

图 1-8　厌氧污泥活性测试实验中累积
产甲烷量随发酵时间的变化曲线

2. 根据测定的记录绘制出累积产甲烷量-发酵时间曲线（图 1-8）。

3. 依据此曲线计算污泥的产甲烷活性。污泥的产甲烷活性计算应以第二次投加底物的曲线计算。在曲线中有一最大活性区间，污泥的产甲烷活性应以此区间的产甲烷速率 R 来计算，产甲烷速率 R 是这一区间的平均斜率。最大活性区间应当覆盖已利用的底物的 50％。根据最大活性区间的平均斜率 R 即可计算出污泥的产甲烷活性。计算如下：

$$\text{ACT} = \frac{24R}{\text{CF} \times V \times [\text{VSS}]} \tag{1-41}$$

式中　　R——产甲烷速率，mL/h；

　　　　CF——含饱和水蒸气的甲烷体积（mL）转换为以克为单位的 COD 的转换系数（表 1-18）；

　　　　V——反应器中液体的体积，L；

　　[VSS]——反应器中污泥的浓度，g/L（以 VSS 计）。

表 1-18　相当于 1g COD 的甲烷体积（mL）（1.013×10^5 Pa）

温度/℃	干燥甲烷/mL	含饱和水蒸气的甲烷/mL
10	363	367
15	369	376
20	376	385
25	382	394
30	388	405
35	395	418
40	401	433
45	408	450
50	414	471

4.根据计算结果判断污泥品质。

七、注意事项

1.检查系统的密封性，不要漏气。

2.系统在运行过程中不要触动排碱液的胶管，容易造成碱液倒吸入污泥反应器。

八、思考题

此实验中所采用的实验装置还可用于测定废水厌氧可生物降解、厌氧毒性，试设计以上两个实验的实验步骤。

实验十一　污泥脱水实验

一、实验目的

1.熟悉影响污泥脱水的主要因素。

2.掌握污泥脱水的基本方法和相关操作。

二、实验原理

污泥处理过程中，会产生大量的污泥，其数量占处理水量的 0.3%～0.5%（以含水率为 97% 计）。污泥脱水是污泥减量化中最经济的一种方法，是污泥处理工艺中的一个重要环节，其目的是去除污泥中的孔隙水和毛细水，降低了污泥的含水率，为污泥的最终处置创造条件。

污泥脱水效果由其脱水速率和最终脱水程度两方面决定，主要考察脱水后泥饼的含固率这一指标，含固率越高，脱水效果越好。影响污泥脱水性能的因素很多，包括污泥水分存在方式和污泥的絮体结构（粒径、密度和分形尺寸等）、ξ 电势能、pH 值以及污泥来源等。污泥粒径是衡量污泥脱水效果最重要的因素。一般来讲，细小污泥颗粒所占比例越大，脱水性能就越差。分形尺寸越大（最大值为3），絮体集结得越紧密，也就越容易脱水。污泥的 ξ 电势能越高，对脱水越不利。酸性条件下，污泥的表面性质会发生变化，其脱水性能也随之发生变化。研究发现，pH值越低，则离心脱水的效率越高。不同来源的污泥，组成成分不同，脱水性能也不同，活性污泥比阻大，脱水也困难。通过添加改性剂在降低污泥含水率的同时，可提高污泥的脱水性能，便于后续处理。

三、实验仪器设备与试剂及配制方法

1. 实验仪器设备
（1）离心机1台。
（2）恒温干燥箱1台。
（3）玻璃棒、250mL烧杯、100mL离心管、50mL称量瓶。

2. 实验试剂及配制方法
（1）10%硫酸（质量分数）：取10mL浓硫酸（98%），缓慢加入162mL去离子水中并搅拌均匀。
（2）30%NaOH溶液（质量分数）：取30g NaOH，溶于70mL去离子水中。
（3）0.5%阳离子型PAM：称取0.5g PAM定容稀释至100mL。

四、实验步骤

采用机械脱水法测定污泥的脱水性能。

1. 将100mL浓缩污泥加到250mL烧杯中，加2mL 10%硫酸酸化，快速搅拌30s，慢搅拌5min。

2. 使用NaOH溶液调节pH至6，再加阳离子PAM，搅拌使污泥形成矾花，酸化及絮凝反应均在烧杯中进行。

3. 将预处理好的污泥分成2份，分别装入100mL离心管中，在4000r/min和2000r/min下离心10min。

4. 小心倾倒去除上清液（避免使固体再悬浮），取泥饼（2±0.1）g（准确记录质量），放入预先已经干燥恒重的称量瓶中，放在105℃的干燥箱中恒重（2次称量误差小于0.0005g）。测定离心泥饼含固率，评价脱水程度。

五、实验结果

根据表1-19记录实验结果，比较不同脱水方案脱水性能。

表1-19 不同加药方案设计和脱水效果

加药方案（每个方案2平行样）	离心泥饼含固率/%	
	4000r/min,10min	2000r/min,10min
空白（浓缩污泥）		
只加0.5% PAM		
10%硫酸0.5% PAM		

六、注意事项

1. PAM要缓慢加入，且边加边充分搅拌，方能形成矾花。
2. 配制和使用硫酸溶液时要按操作规程进行溶解操作。

七、思考题

1. 使用30%NaOH进行pH调节对结果是否有影响？
2. 离心机的转速对污泥脱水效果有哪些影响？

第二节　综合性实验

实验一　SBR处理工艺实验

一、实验目的

1. 了解SBR法工艺系统的构造。

2. 理解和掌握SBR法的原理和特征。

3. 理解和掌握SBR法的监测指标的意义和运行管理。

二、实验原理

1. SBR法基本原理

SBR工艺作为活性污泥法的一种,其去除有机物的机理与传统的活性污泥法相同,即微生物利用污水中的有机物合成新的细胞物质,并为合成提供所需的能量;同时通过活性污泥的絮凝、吸附、沉淀等过程来实现有机污染物的去除;所不同的只是其运行方式。典型的SBR系统包含一座或几座反应池及初沉池等预处理设施和污泥处理设施,反应池兼有调节池和沉淀池的功能。该工艺被称为序批间歇式,它有两个含义:一是其运行操作在空间上按序排列,是间歇的;二是每个SBR的运行操作在时间上也是按序进行,并且也是间歇的。SBR法系统的运行分5个阶段,即进水期、反应期、沉淀期、排水排泥期和闲置期。当反应池充水,开始曝气后,就进入了反应期;待有机物含量达到排放标准或不再降解时,停止曝气。混合液在反应器中处于完全静止状态,进行固液分离,一段时间后,排放上清液。活性污泥留在反应池内,多余的污泥可通过放空管排出。至此,就完成了一个运行周期,反应器又处于准备进行下一周期运行的待机状态。图1-9为SBR法的基本运行模式。

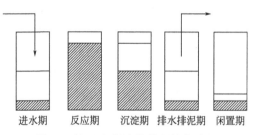

图1-9　SBR好氧生物处理基本过程

（1）进水期

进水阶段不仅是水位上升过程,更重要的是在反应器内进行着重要的生化反应。在这期间,根据不同微生物生长的特点,可以用曝气、厌氧搅拌或二者轮换的方式运行,如脱氮、释磷,则应保持缺氧状态,只进行缓慢搅拌。进水需要时间根据实际排水情况和设备条件而定,从处理效果考虑,进水时间以短为宜。

（2）反应期

当反应器充水至设计水位后,污水不再流入反应器内,曝气和搅拌成为该阶段的主要运行方式。其间,曝气一方面降解污水中BOD,另一方面进行硝化反应和磷的吸收。

在反应期,活性污泥中微生物周期性地处于高浓度及低浓度基质的环境中,反应器也相应地形成厌氧-缺氧-好氧的交替过程,使其不仅具有良好的有机物处理效能,而且具有良好的脱氮除磷效果。

反应期所需的反应时间是确定SBR处理工艺的一个非常重要的工艺设计参数。其取值的大小将直接影响处理工艺运行周期的长短。反应时间可通过对不同类型的废水进行研究，求出不同时间内污染物浓度随时间的变化规律来确定。

进入沉淀期之前，要进行短暂微曝气，来吹脱污泥上黏附的气泡或氮气，以保证沉淀效果。

（3）沉淀期

沉淀过程的功能是澄清出水、浓缩污泥，在 SBR 法中澄清出水是更为主要的。在连续流活性污泥法中，泥水混合液必须经过管道流入沉淀池沉淀的过程，从而有可能使部分刚刚开始絮凝的活性污泥重新破碎，SBR 法有效地避免了这一现象。此外，该工艺中污泥的沉降过程是在相对静止的状态下进行的，因而受外界的干扰甚小，具有沉降时间短、沉淀效率高的优点。

SBR 工艺的沉淀阶段所需的时间应根据污水的类型及处理要求而具体确定，一般为 1～2h。

（4）排水排泥期

SBR 反应器中的混合液在经过一定时间的沉淀后，将反应器中的上清液排出反应器，然后将相当于反应过程中生长而产生的污泥量排出反应器，以保持反应器内一定数量的污泥。一般而言，SBR 法反应器中的活性污泥数量一般为反应器容积的 50％左右。

（5）闲置期

闲置期的设置是保证 SBR 工艺处理出水水质的重要内容。闲置期的功能是在静置无进水的条件下，使微生物通过内源呼吸作用恢复其活性，为下一个运行周期创造良好的初始条件。通过闲置期后的活性污泥处于一种营养物的饥饿状态，单位重量的活性污泥具有很大的吸附表面积，因而当进入下个运行周期的进水期时，活性污泥便可充分发挥其较强的吸附能力而有效地发挥其初始去除作用。

闲置期所需的时间也取决于所处理的污水种类、处理负荷和所要达到的处理效果。

2. 监测指标及意义

（1）进出水的 BOD_5/COD

BOD_5、COD 分别代表废水中可被微生物氧化分解的有机物含量和近似的废水中全部有机物的含量。BOD_5/COD 指废水中可生物降解的有机物占全部有机物的百分比，即该废水的可生物降解程度。一般 $BOD_5/COD>0.3$ 就可以用生物法处理，反之可采用物理法或化学法。

通过对比进、出水的 BOD_5/COD 来判断生物处理系统运行的状况。若进、出水 BOD_5/COD 变化不大，出水 BOD_5 值也比较高，表明该系统运行不正常；反之，出水 BOD_5/COD 与进水 BOD_5/COD 相比下降较快，说明系统运行正常。

（2）出水的悬浮固体（ESS）

在废水中悬浮固体（SS）主要由砂、石等无机成分组成的非挥发性悬浮固体（FSS）和由纸、纤维、菜皮等有机成分组成的挥发性悬浮固体（VSS）两部分所组成。在生物处理中进水 SS 经沉砂、格栅、初沉等预处理工艺后被大部分去除，剩下的 SS 进入曝气池后也被大部分活性污泥吸附，只有极少部分随出水带走，成为出水悬浮固体（ESS）。其中 ESS 主要来源于沉降性能较差，结构松散，颗粒较小的活性污泥。因此，测定 ESS 对判断污泥性能好坏有极其重要的指标意义。污泥性能较好的处理系统，其 ESS 一般小于 30mg/L。

（3）曝气池中溶解氧（DO）的变化

当供气量不变，而曝气池 DO 有较大波动时，除了及时调整 DO 水平，还需查明原因。

如进水 pH 突变或毒液浓度突然增加时，DO 会增高，这是污泥中毒的最早症状；若曝气池 DO 长期偏低，则有可能使泥龄过短或负荷过高，应根据实际情况予以调整。

（4）污泥系统的调节与控制

污泥系统往往根据某一设定水质水量参数及处理目标设计而建造，但实际运行中，废水水质水量均在不断变化，环境条件也在变化，我们需要利用系统的弹性及特点，按照活性污泥中微生物的代谢规律进行调节控制，使系统处于最佳的运行状态。常用方法为 MLSS 法。即逐日测定 MLSS，根据 MLSS 增减情况掌握排泥量。具体使用时，应注意观察废水水质受季节而变化的规律，通过试凑法，找出不同季节与不同水质条件下能维持最佳运行状态的 MLSS 值，并维持下去。

一般难以降解的有毒废水宜采用较高浓度活性污泥以提高耐冲击的能力及减少污泥对毒物的负荷。但这时必须同时提高供氧量。

三、实验仪器与试剂

1. 实验仪器

（1）SBR 实验装置：如图 1-10 所示。

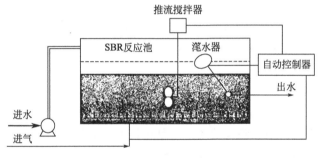

图 1-10　SBR 实验装置

（2）其他器材：实验测定（DO、pH、COD、BOD、氨氮、活性污泥评价指标及微生物镜检）所需相关仪器和玻璃器皿。

2. 实验试剂

测定 COD、BOD、氨氮等所需化学药剂。

3. 实验水样

城市污水水样。

四、实验步骤

1. 用城市污水注入 SBR 系统至设计水位，记下进水时间和 pH；测定进水 COD、BOD、氨氮。

2. 关闭进水泵，打开曝气开关，进入反应期，监测并记录 SBR 系统的 HRT、DO、pH。

3. 关闭曝气开关，进入沉淀期，监测并记录 SBR 系统的 HRT、DO、pH。

4. 沉淀完成后，控制滗水器上浮至液面，打开排水阀门，排出上清液；测定 SBR 处理出水的 COD、BOD、氨氮；测定活性污泥评价指标（MLSS、SV、SVI）及进行微生物镜检。

5. 在闲置阶段记录闲置时间和 pH，同时给予一定的曝气，以保证污泥的存活。

五、实验数据记录与结果讨论

1. SBR 工艺系统运行参数记入表 1-20。

表 1-20　SBR 系统运行参数表

HRT/h				DO/(mg/L)		pH			
进水期	反应期	沉淀期	闲置期	反应期	沉淀期	进水期	反应期	沉淀期	闲置期

2. 对进、出水水质进行采集，并对表 1-21 指标进行监测，记录数据。

表 1-21　SBR 工艺系统实验监测数据记录表

COD/(mg/L)		BOD$_5$/(mg/L)		氨氮/(mg/L)		污泥评价指标			微生物镜检
进水	出水	进水	出水	进水	出水	MLSS/(mg/L)	SV/%	SVI/(mL/g)	描述镜检结果

3. 分析 SBR 工艺运行状况。

六、注意事项

1. 实验前应充分熟悉 SBR 实验装置结构和运行操作方法，以及各指标检测方法、仪器使用方法和注意事项。

2. 实验前污泥应保持活性良好，必要时培养驯化。

3. SBR 装置运行过程中注意检查曝气器是否发生堵塞而使反应池内产生曝气死角，造成污泥堆积。

七、思考题

1. 结合本实验操作过程，谈谈对 SBR 工艺运行管理的认识。

2. SBR 工艺具有同时脱氮除磷的效果，且运行方式灵活，当利用 SBR 处理高浓度氨氮废水时，应该怎样合理调整 SBR 运行过程阶段？

实验二　A^2/O 处理工艺实验

一、实验目的

1. 掌握 A^2/O 工艺的组成和运行要点。

2. 掌握 A^2/O 工艺硝化、反硝化的工艺原理。

3. 根据实验运行情况确定去除率高、能耗小的运行参数，实现同步脱氮除磷。

二、实验原理

1. A^2/O 工艺基本过程

A^2/O（即厌氧-缺氧-好氧活性污泥，也称为 A-A-O）脱氮除磷工艺，它是在 A/O 除磷工艺基础上增设了一个缺氧池，并将好氧池流出的部分混合液回流至缺氧池，具有同步脱氮除磷功能，其工艺流程如图 1-11 所示。各反应单元功能如下。

（1）厌氧池

原污水与从沉淀池排出的含磷回流污泥同步进入，回流污泥中的聚磷菌释放磷，并吸收低级脂肪酸等易降解的有机物，同时对部分有机物进行氨化。

（2）缺氧池

首要功能是脱氮，反硝化细菌利用污水中的有机物作为碳源，将内回流混合液带入的硝基氮和亚硝基氮通过反硝化作用转为氮气，从而达到脱氮的目的，并使 BOD 继续下降。

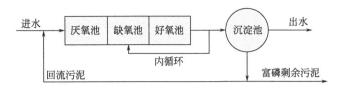

图 1-11 A²/O工艺流程图

（3）好氧池

主要是去除 BOD、硝化和吸收磷，在充足供氧的条件下，有机物进一步氧化分解，氨氮被硝化菌转化为硝基氮，而在厌氧池中充分释磷的聚磷菌则可以在好氧池中过量吸收磷，形成高磷污泥，通过剩余污泥排出以达到除磷的目的。

（4）沉淀池

功能是泥水分离，污泥一部分回流至厌氧反应器，剩余污泥排走。

2. A²/O工艺的特点

A²/O工艺在去除有机污染物的同时，能够实现脱氮除磷的效果。它在系统上是最简单的同步脱氮除磷工艺，总水力停留时间少于其他同类工艺，且反应流程上厌氧、缺氧、好氧交替运行，不利于丝状菌生长，污泥膨胀较少发生，生物除磷过程运行中无须投药，运行费用低，且污泥中含磷浓度高，具有较高的肥效，是实现污水回用和资源化的有效途径。

三、实验仪器及试剂

1. 实验仪器

（1）A²/O工艺实验装置：包括厌氧反应器、缺氧反应器、好氧反应器、沉淀池、原水箱、出水箱、小型进水蠕动泵、进水流量计、气体流量计、静音充氧泵、厌氧缺氧搅拌器、可控硅无级搅拌调速器、污泥回流蠕动泵、污泥回流流量计、混合液回流蠕动泵、混合液回流流量计、控制箱等。

（2）其他器材：实验测定（DO、pH、COD、氨氮、总氮、总磷）所需相关仪器和玻璃器皿。

2. 实验试剂

测试 COD、氨氮、总氮、总磷所需的化学药剂。

3. 实验水样

城市污水水样。

四、实验步骤

1. 实验准备

（1）确定测试指标及测试方法，包括 COD_{Cr}、氨氮、总氮、总磷等。

（2）按测试方法准备实验仪器、化学药剂及其他所需物品。

（3）检查工艺流程各单体构筑物、管件及管线，保证流程处于完好状态，学会正确操作。以清水试运行，确认设备运行正常。

（4）活性污泥的培养与驯化：如果是首次实验，需进行活性污泥的培养与驯化。如果是连续实验，本环节可省略。

2. A²/O运行实验

（1）初步确定运行参数：一般厌氧池 DO 在 0.2mg/L 以下，缺氧池 DO 在 0.5mg/L 以下，而好氧池 DO 在 2.0mg/L 左右；污泥混合液的 pH 值大于 7；SRT（污泥停留时间）为

8～15d，混合液回流比为 300％～400％，污泥回流比为 60％～100％。

（2）废水经水泵进入 A^2/O 工艺系统，按设定的运行参数进行调试运行。

（3）经过一段时间，取进水和出水分别进行相应的项目检测，判断实验效果。

3. 自主设计实验

方案参考：变更进水水质、混合液回流比、污泥回流比、SRT 等参数重复实验。

五、实验数据记录

1. A^2/O 工艺系统运行参数记入表 1-22。

表 1-22　A^2/O 工艺系统运行参数记录

DO/(mg/L)			污泥混合液 pH	SRT/d	混合液回流比	污泥回流比
厌氧池	缺氧池	好氧池				

2. 将 A^2/O 工艺系统进水和出水的水质指标检测结果记入表 1-23。

表 1-23　A^2/O 工艺进、出水水质指标检测结果

COD/(mg/L)		氨氮/(mg/L)		总氮/(mg/L)		总磷/(mg/L)	
进水	出水	进水	进水	出水	出水	进水	出水

六、注意事项

1. 由于实验装置结构较复杂、实验测定指标多样，A^2/O 运行实验前必须充分做好实验准备。

2. 设备连续运行，应保证原水箱水量充足、入水通畅、供电正常。

七、思考题

1. 简述 A^2/O 工艺的优缺点。

2. 举例说明 A^2/O 工艺的实际应用。

实验三　UASB 处理工艺实验

一、实验目的

1. 熟悉 UASB 反应器的内部构造和各部分的作用。

2. 掌握 UASB 反应器的运行及颗粒污泥的形成机制。

3. 通过动态实验加深了解 UASB 反应器的工艺参数。

二、实验原理

厌氧生物处理技术不仅用于有机污泥、高浓度有机废水，而且还能够处理低浓度污水，与好氧生物处理技术相比较，厌氧生物处理具有有机物负荷高、污泥产量低、能耗低等一系列明显的优点。升流式厌氧污泥床（UASB）是厌氧生物处理的一种主要构筑物，它集厌氧生物反应与沉淀分离于一体，有机负荷和去除率高，不需要搅拌设备。

1. UASB 反应器的工作原理

UASB 反应器内没有载体，是一种悬浮生长型的消化器，其构造如图 1-12 所示。在反应器的底部是浓度较高的污泥层，称污泥床，在污泥床上部是浓度较低的悬浮污泥层，通常把污泥层和悬浮层统称为反应区，在反应区上部设有气、液、固三相分离器。废水从污泥床底部进入，与污泥床中的污泥进行混合接触，微生物分解废水中的有机物产生沼气，微小沼气泡在上升过程中，不断合并，并逐渐形成较大的气泡。由于气泡上升产生较强烈的搅动，在污泥床上部形成悬浮污泥层。气、水、泥的混合液上升至三相分离器内，沼气气泡碰到分离器下部的反射板时，折向气室而被有效地分离排出；污泥和水则经孔道进入三

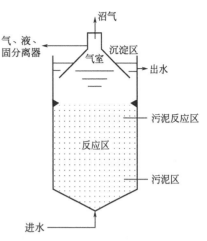

图 1-12　UASB 反应器示意图

相分离器的沉淀区，在重力作用下，水和泥分离，上清液从沉淀区上部排出，沉淀区下部的污泥沿着斜壁返回到反应区内。在一定的水力负荷下，绝大部分污泥颗粒能保留在反应区内，使反应区具有足够的污泥量。

反应区中的污泥层高度约为反应区总高度的 1/3，但其污泥量占全部污泥量的 2/3 以上。由于污泥层中的污泥量比悬浮层大，底物浓度高，酶的活性也高，有机物的代谢速度较快，因此，大部分有机物在污泥层被去除。研究结果表明，废水通过污泥层已有 80% 以上的有机物被转化，余下的再通过污泥悬浮层处理，有机物总去除率达 90% 以上。虽然悬浮层去除的有机物量不大，但是其高度对混合程度、产气量和过程稳定性至关重要。因此，应保证适当悬浮层乃至反应区高度。

2. UASB 反应器的组成

UASB 反应器的主要组成包括进水配水系统、反应区、三相分离器、出水系统、气室、排泥系统等。

（1）进水配水系统

其功能主要包括如下两个方面：

① 将废水均匀地分配到整个反应器的底部，使污水与微生物充分接触。

② 水力搅拌。一个有效的进水配水系统是保证 UASB 反应器高效运行的关键之一。

（2）反应区

反应区是 UASB 反应器中生化反应发生的主要场所，又分为污泥床区和污泥悬浮区，其中的污泥床区主要集中了大部分高活性的生物颗粒污泥（主要特征），是有机物的主要降解场所；由于气泡上升产生较强烈的搅动，在污泥床上部形成浓度较低的悬浮污泥层，而污泥悬浮区则是絮状污泥集中的区域。

（3）三相分离器

三相分离器由沉淀区、回流缝和气封等组成，其主要功能如下：

① 将气体（沼气）、固体（污泥）和液体（出水）分开。

② 保证出水水质。

③ 保证反应器内污泥量。

④ 有利于污泥颗粒化，直接影响反应器的处理效果。

（4）出水系统

出水系统的主要作用是将经过沉淀区后的出水均匀收集，并排出反应器。

（5）气室

气室也称集气罩，其主要作用是收集沼气。

（6）排泥系统

排泥系统的主要功能是均匀地排除反应器内的剩余污泥。

3. UASB 反应器的主要工艺特征

（1）污泥的颗粒化使反应器内的污泥平均浓度在 50g/L（以 VSS 计）以上，具有很高的容积负荷。

（2）实现了水力停留时间（HRT）和污泥停留时间（SRT）的分离，反应器的 HRT 相应较短，SRT 大，可达 30d。

（3）反应器内的污泥能形成颗粒污泥，颗粒污泥的特点：直径为 0.1～0.5cm，湿密度为 1.04～1.08kg/m^3；具有良好的沉淀性能和较高的产甲烷活性。

（4）不仅适用于处理高、中浓度的有机工业废水，还适用于处理低浓度的城市污水。

（5）UASB 反应器集生物反应和沉淀分离于一体，结构紧凑。

（6）无须设置填料，节省了费用，提高了消化池容积利用率。

（7）一般也无须设置搅拌设备，上升水流和沼气产生的上升气流起到搅拌的作用。

4. UASB 反应器的主要缺点

（1）进水中悬浮物需要适当控制，不宜过高，一般控制在 1000mg/L 以下。

（2）对水质和负荷突然变化比较敏感，耐冲击能力稍差。

三、实验仪器与材料

1. 实验仪器

UASB 反应器实验装置，以及各项目检测所需仪器。

2. 实验材料

厌氧接种污泥、废水。

3. 实验试剂

测定 COD、总氮所需的化学药剂，以及生物气计量用 NaOH 溶液。

四、实验步骤

培养出活性高、沉降性能优良并适于待处理污水水质的厌氧污泥是 UASB 启动成功的标志。颗粒污泥的形成是启动成功且运行良好的标志。

1. 投加接种污泥

采用污水处理厂消化池的消化污泥作为接种污泥，污泥的接种质量浓度不低于 10kg/m^{3}反应器容积。接种污泥的填充量应不超过反应器容积的 60%。添加部分颗粒污泥或破碎的颗粒污泥，可以提高颗粒化过程。

2. 初次启动

第一周将 UASB 反应器的有机负荷控制为 0.5kg/(m^3·d)，以后每隔一周增加一次有机负荷。一般把 UASB 反应器的初次启动和颗粒化过程分为三个阶段，分别为启动与提高污泥活性阶段、形成颗粒污泥阶段、逐渐形成颗粒污泥床阶段。

（1）阶段 1：启动的初始阶段。这一阶段是指反应器负荷低于 2kg/(m³·d)（以 COD 计）的阶段。这一阶段反应器负荷由 0.5～1.5kg/(m³·d)（以 COD 计）或污泥负荷 0.05～0.10kg/(kg·d)（以 COD 计）开始。

（2）阶段 2：反应器负荷（以 COD 计）上升至 2～5kg/(m³·d) 的启动阶段（一般要求溶解性 COD 去除率大于 80%，及时提高负荷）。在这一阶段污泥的洗出量增大，其中大多为絮状的污泥。一般从开始启动到 40d 左右，可以在反应器底部观察到颗粒污泥。

（3）阶段 3：这一阶段指反应器负荷（以 COD 计）超过 5kg/(m³·d)。这一阶段絮状污泥迅速减少，而颗粒污泥加速形成，直到反应器内不再有絮状污泥。在这一阶段反应器负荷可以增加到很大，当反应器大部分被颗粒污泥充满时，其最大负荷可以超过 50kg/(m³·d)。

3.动态处理实验

采用某种经过预处理的高浓度有机污水进行动态实验，定期取样测定进出水各项指标。

生物气的计量采用排水法，即在集气瓶中装入 NaOH 溶液，用量筒测定每日排出的 NaOH 溶液体积，以此来计量每日甲烷产量。

五、实验数据记录与处理

运行记录表参考表 1-24。

表 1-24　UASB 系统运行记录表

时间：_____

进水流量 Q_{inf}/(L/h)		
污泥床层高度 H/m		
反应器内温度 T/℃		
甲烷总产量 Q_{CH_4}/(L/d)		
pH	进水	
	出水	
进、出水 COD 浓度 COD_{tot}/(mg/L)	进水	
	出水	
	去除率/%	
纸滤后进、出水 COD 浓度 COD_{pf}/(mg/L)	进水	
	出水	
	去除率/%	
膜滤后进、出水 COD 浓度 COD_{mf}/(mg/L)	进水	
	出水	
	去除率/%	
进、出水总氮浓度 TN/(mg/L)	进水	
	出水	
	去除率/%	

六、注意事项

1.在污泥接种过程中，由于水中的溶解氧会很快被污泥中的兼性厌氧菌消耗并形成严格的厌氧条件，所以启动时不需要严格的厌氧条件。

2.如果能够直接从 UASB 反应器处理装置中取颗粒污泥进行接种，则可省去厌氧污泥培养驯化阶段。

七、思考题

1. UASB 反应器启动过程中应该注意哪些事项？

2. UASB 反应器启动方式有几种？

3. UASB 反应器运行中应控制的因子和要求是什么？

实验四　自来水的深度处理实验

一、实验目的

1.掌握 NTHL-Y-1 型水处理仪器的操作方法。

2.加深对砂滤、活性炭过滤、离子交换、精滤和臭氧消毒原理的了解。

3.掌握 pH 值、电导率和细菌等的测定方法。

二、实验原理

1.实验工艺流程

自来水深度处理工艺流程如图 1-13 所示。

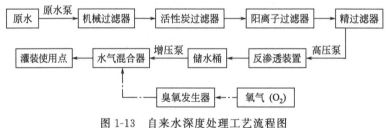

图 1-13　自来水深度处理工艺流程图

2.主要设备工作原理

（1）机械过滤器是利用过滤器内所装填料来截留水中的悬浮物及黏胶质颗粒。过滤器内填料一般为石英砂、无烟煤、颗粒多孔陶瓷等，可根据实际需要选择使用。

（2）活性炭过滤器主要用于去除水中有机物、胶体硅、微生物、余氯、臭和味及部分重金属离子，其滤料为活性炭颗粒。

（3）阳离子过滤器主要作用是使水质软化、除盐，其填料为阳离子交换树脂。

（4）精密过滤器主要用于去除水中微细粒径的悬浮颗粒，其过滤精度为 $1\mu m$、$3\mu m$、$5\mu m$、$10\mu m$ 等，根据实际需要选用。

（5）反渗透是用足够压力使溶液中的溶剂（一般指水）通过反渗透膜（或称半透膜）而分离出来。因为和自然渗透的方向相反，故称为反渗透。根据各种物料的不同渗透压，就可以使反渗透法达到进行分离、提取、纯化和浓缩的目的。卷式元件是根据反渗透法原理，将半透膜、导流层、隔网按一定排列黏合及卷制在排孔的中心管上。在外界压力作用下，一部分水通过半透膜的孔渗透到导流层内，再顺导流层水道流到中心管的排孔，经中心管流出。剩余部分（称为浓水）从隔网层另一端排出。

（6）水气混合器主要是利用臭氧消毒杀菌能力强、杀菌速度快的特点。纯净水在高压作用下经喷嘴喷出在型腔中形成负压，臭氧在负压下带入混合管，经收缩、扩张，使臭氧与纯净水均匀混合达到杀灭细菌的目的。

三、实验仪器与试剂

1. 实验仪器

(1) 实验装置：NTHL-Y-1 型水处理设备，臭氧发生器，RO 膜元件。

(2) 其他器材：各指标测定所需相关仪器和玻璃器皿。

2. 实验试剂

各指标测定所需的化学药剂。

四、实验步骤

1. 检查各管路是否按工艺要求接妥，电器线路是否完整，接线是否可靠。检查高、低压控制电接点压力表上、下限控制指针的位置，高压泵进口前的低压控制电接点压力表下限指针在 0.1MPa，高压泵出口的高压控制电接点压力表上限指针在 2.0MPa。

2. 开动预处理系统，打开过滤器的放气阀门，待放气阀门出水后，关闭放气阀门，预处理给水压力应指示在 0.15～0.35MPa。

3. 利用预处理给水压力，使水通过高压泵进入反渗透组件数分钟，以排除组件及管路中的空气。

4. 反渗透装置开启之前，必须检查经预处理后的原水是否达到反渗透装置进水指标要求，否则该设备不得投入使用。

5. 在任何情况下，反渗透装置周围的环境温度不得低于 10℃和高于 35℃，水温控制在 20～25℃为宜。

6. 打开高压泵进、出口阀门，浓水排放阀门，回水阀门和纯净水出口阀门；关闭各取样阀门。

7. 检查高压泵转动部分是否灵活，油位是否在规定的位置上，如发现异常，应采取必要的措施予以处理。

8. 开启反渗透装置的电源开关。

9. 开启高压泵，低压运行（0.3～0.5MPa）3～5min，以冲洗膜元件，然后逐渐调节进水阀门和浓水排放阀门，使压力缓慢上升。当压力升至 1.35～1.5MPa 压力值时使压力稳定下来，设备正常运转。

10. 检查各段压力，检查纯净水和浓水的流量是否正常，调整高压（浓水）阀门，以确保本装置的一级过滤回收率不大于 75%，二级过滤回收率不大于 90%。

11. 本反渗透装置停车时，首先要逐渐降低工作压力，注意关机时严禁突然降压，避免反渗透膜元件损坏，每下降 0.5MPa 保压运行 3min，压力下降至 0.8MPa 时关高压泵，最后关闭所有阀门，以保持反渗透组件内充满水。

12. 关闭本装置电源开关，关闭预处理系统设备。

五、实验结果记录

实验结果记录于表 1-25。

表 1-25　实验结果记录表

项目	处理前	处理后
色度/度		
浊度/NTU		
臭和味		

续表

项目	处理前	处理后
肉眼可见物		
pH 值		
电导率[(25±1)℃]/(μS/cm)		
氯化物(以 Cl⁻ 计)/(mg/L)		
铅/(mg/L)		
砷/(mg/L)		
铜/(mg/L)		
游离氯(以 Cl⁻ 计)/(mg/L)		
氰化物(以 CN⁻ 计)/(mg/L)		
挥发酚类(以苯酚计)/(mg/L)		
亚硝酸盐(以 NO₂⁻ 计)/(mg/L)		

六、注意事项

1. 开启设备前,应认真仔细阅读仪器使用说明书,严格按照操作步骤进行。

2. 设备启用前,先打开排水龙头 2min,以便排尽管内积垢和锈垢。

3. 调整好预处理给水压力、反渗透压力。

4. 严禁水倒流至臭氧发生器内,以免损坏机器,影响正常使用。

七、思考题

1. 利用此设备对自来水的深度处理有何特点?

2. 反渗透器在运行上有何特点?

3. 臭氧消毒后管网内有无剩余 O_3?有没有可能出现二次污染?

4. 用氧气瓶中的纯 O_2 和用空气中 O_2 作为臭氧发生器的气源,各有何利弊?

实验五　Fenton 氧化有机废水实验

一、实验目的

1. 了解 Fenton 试剂氧化处理有机废水的基本原理和操作步骤。

2. 掌握废水中亚甲基蓝的测定方法。

二、实验原理

1. 亚甲基蓝性质

亚甲基蓝(methylene blue,MB),又名 3,7-双(二甲氨基)吩噻嗪-5-鎓氯化物,是一种吩噻嗪盐,外观为深绿色青铜光泽结晶(三水合物),密度为 $1.0g/cm^3$,可溶于水及乙醇,不溶于醚类。其结构式如图 1-14 所示。

亚甲基蓝广泛应用于化学指示剂、染料、生物染色剂和药物等方面,由于其具有特殊的吩噻嗪环结构,是一种公认难降解的染料,因此对其进行降解处理是废水处理中的一项非常重要的工作。

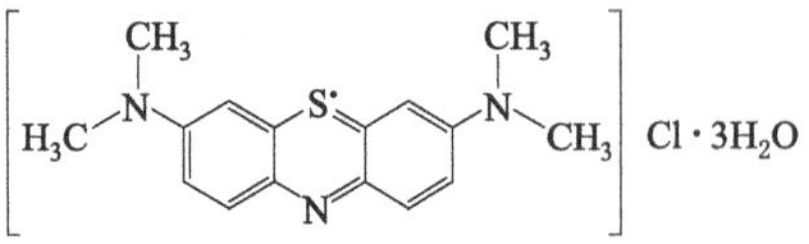

图 1-14　亚甲基蓝结构式

2. Fenton 氧化法原理

高级氧化法是指通过产生具有强氧化能力的羟基

自由基进行氧化反应，去除和降解水中污染物的方法。高级氧化法主要用于将大分子难降解有机物氧化降解成低毒和无毒小分子物质的水处理场合。芬顿（Fenton）氧化法是其中典型的代表之一，也是当前工业废水处理中应用最多的一种方法。

Fenton 氧化法是利用 Fenton 试剂（H_2O_2/Fe^{2+}）氧化处理有机废水的方法，属于一种以羟基自由基（·OH）为主要氧化剂的高级氧化技术。·OH 主要由 H_2O_2 在亚铁离子催化下生成，主要反应式大致如下：

$$H_2O_2 + Fe^{2+} \longrightarrow Fe^{3+} + OH^- + \cdot OH \tag{1-42}$$

$$\cdot OH + Fe^{2+} \longrightarrow OH^- + Fe^{3+} \tag{1-43}$$

$$\cdot OH + H_2O_2 \longrightarrow H_2O + HO_2 \cdot \tag{1-44}$$

$$Fe^{3+} + H_2O_2 \Longleftrightarrow Fe-OOH^{2+} + H^+ \tag{1-45}$$

$$Fe-OOH^{2+} \longrightarrow HO_2 \cdot + Fe^{2+} \tag{1-46}$$

·OH 氧化电位为2.80V，氧化能力与氟接近，能与废水中各类有机物迅速发生反应，氧化、降解有机物。故可应用于处理难以生化降解的有机废水或染料废水的脱色，对处理含酚、表面活性剂、水溶性高分子的废水特别有效。

影响 Fenton 氧化反应效果与速率的因素包括反应物本身的特性、H_2O_2 的剂量、Fe^{2+} 的浓度、pH 值、反应温度及时间等。

据相关文献，亚甲基蓝在水中产生最大吸收的波长为 664nm 左右。利用这个特性，便可以采用可见分光光度法测定废水中亚甲基蓝含量。通过测定 Fenton 氧化废水前后的亚甲基蓝含量，便可求得亚甲基蓝去除率。

三、实验仪器及试剂

1. 实验仪器

磁力搅拌器，可见分光光度计，50mL 的比色管若干，250mL 的三角烧瓶若干，不同规格的移液管或移液枪若干。

2. 实验试剂

双氧水（30%），七水硫酸亚铁，1mol/L 的 H_2SO_4 溶液，1mol/L 的 NaOH 溶液，亚甲基蓝溶液（10mg/L）。

3. 实验水样

模拟有机废水（0.5g/L 亚甲基蓝溶液）。

四、实验步骤

1. 亚甲基蓝标准曲线

向一组 9 支 50mL 的比色管中分别用移液管加入 0.00mL、1.00mL、2.00mL、4.00mL、6.00mL、8.00mL、10.00mL、12.50mL、15.00mL 事先配制好的亚甲基蓝溶液（10mg/L），向比色管中加蒸馏水至标线，于波长 664nm 左右处测定各比色管中亚甲基蓝的吸光度。

2. Fe^{2+} 浓度对亚甲基蓝降解的影响

在 6 只三角烧瓶中各加入100mL 模拟有机废水，调节 pH＝3.0～4.0，将烧杯置于磁力搅拌器上，往各烧瓶中分别加入 0g、0.2g、0.3g、0.4g、0.6g、0.8g 的七水硫酸亚铁固体，搅拌，再分别加入 0.5mL 双氧水，搅拌，反应一段时间（0.5h、1.0h、1.5h 及 2.0h 中选择一个点）后，加入 2～5mL 硫酸溶液（1mol/L 的 H_2SO_4）消除黄色氢氧化铁的干扰，或者加入 1mol/L NaOH 溶液调节 pH＝8.0～9.0，沉淀 30min（必要时加极少量 PAM 助凝）的方法处理。取一定体积上清液，测定溶液的吸光度，找出亚铁离子的最佳投加量，记入表 1-27 中。

3. 双氧水浓度对亚甲基蓝降解的影响

在 6 只三角烧瓶中各加入 100mL 模拟废水，调节 pH＝3.0～4.0，将烧杯置于磁力搅拌器上，往各烧瓶中加入前一步实验中确定的最佳的硫酸亚铁投加量，搅拌，再分别加入 0.2mL、0.3mL、0.5mL、0.8mL、1.0mL（或 1.5mL）双氧水，搅拌，反应一段时间（0.5h、1.0h、1.5h 及 2.0h 中选择一个点）后，加入 2～5mL 硫酸溶液（1mol/L 的 H_2SO_4）消除黄色氢氧化铁的干扰，或者加入 1mol/L NaOH 溶液调节 pH 值＝8.0～9.0 沉淀 30min（必要时加极少量 PAM 助凝）的方法处理。取一定体积上清液，测定溶液的吸光度，记入表 1-28 中。

五、实验数据记录与处理

1. 亚甲基蓝标准曲线

实验数据记入表 1-26，并绘制吸光度对亚甲基蓝含量（mg/L）的标准曲线。

表 1-26 亚甲基蓝标准曲线

烧杯号	1	2	3	4	5	6
亚甲基蓝浓度/(mg/L)						
亚甲基蓝吸光度						

2. Fenton 氧化实验结果

反应时间_____ min，反应温度_____℃，反应 pH 值_____。

表 1-27 Fe^{2+} 浓度对亚甲基蓝降解的影响

烧杯号		1	2	3	4	5	6
投药量	$FeSO_4$/g						
	H_2O_2/mL						
滤液吸光度							
剩余亚甲基蓝浓度/(mg/L)							
亚甲基蓝去除率/%							

表 1-28 双氧水浓度对亚甲基蓝降解的影响

烧杯号		1	2	3	4	5	6
投药量	$FeSO_4$/g						
	H_2O_2/mL						
滤液吸光度							
剩余亚甲基蓝浓度/(mg/L)							
亚甲基蓝去除率/%							

3. 最佳药剂投量

根据表 1-27 及表 1-28 作出药剂投量-亚甲基蓝去除率曲线，找出最佳药剂投量。

六、注意事项

1. 双氧水久置易分解，使用前应标定其浓度。

2. 硫酸亚铁加入后，搅拌至完全溶解再投加双氧水。

3. 测样前可用 $0.45\mu m$ 微孔滤膜过滤，以减少沉淀等待时间，加快实验进程。

七、思考题

1. 溶液 pH 值对 Fenton 反应有何影响？这种影响是如何造成的？

2. 有何措施可以进一步提高 Fenton 反应的氧化效果？

<h1 style="text-align:center">实验六　光催化降解有机染料甲基橙废水实验</h1>

一、实验目的

1. 了解 TiO_2 光催化降解有机污染物的基本原理。

2. 了解 TiO_2 光催化降解甲基橙的影响因素如 pH 值、甲基橙初始浓度等对甲基橙脱色率的影响。

3. 掌握光催化降解水中有机污染物的实验方法和过程。

二、实验原理

1. 甲基橙性质

甲基橙（methyl orange，MO），别名金莲橙 D，又名对二甲基氨基偶氮苯磺酸钠。甲基橙为橙黄色鳞片状晶体或粉末，微溶于水，不溶于乙醇。甲基橙的变色范围：pH<3.1 时变红，pH>4.4 时变黄，pH=3.1～4.4 时呈橙色。甲基橙属于阳离子型染料，是常用的纺织染料的一种，主要用于对纤维的染色。由于甲基橙分子结构中含有偶氮基（—N＝N—），不易被传统的氧化法彻底降解，容易造成环境污染。甲基橙分子式如图 1-15 所示。

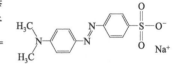

图 1-15　甲基橙分子式

从结构上看，它属于偶氮染料，这类染料是各类染料中最多的一种，约占全部染料的 50%。根据已有实验分析，甲基橙是较难降解的有机物，因而，以它作为研究对象有一定的代表性。

2. TiO_2 光催化原理

根据所使用的氧化剂及催化条件的不同，典型的高级氧化技术通常有芬顿氧化法、臭氧氧化法、光催化氧化法及湿式催化氧化法等。除芬顿氧化法外，目前，在高级氧化领域研究最为活跃的就是光催化氧化法，简称光催化法。TiO_2 具有价低无毒、化学及物理稳定性好、耐光腐蚀和催化活性高等优点，是目前广泛研究、效果较好的光催化剂。以 TiO_2 为催化剂的非均相纳米光催化氧化是一种具有广阔应用前景的水处理新技术，备受人们青睐。

TiO_2 光催化反应机理如式（1-47）及图 1-16 所示。半导体粒子具有能带结构，一般由填满电子的低能价带（VB）和空的

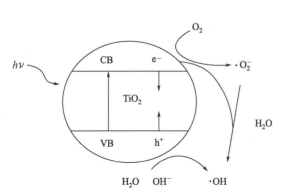

图 1-16　TiO_2 光催化反应机理图

高能导带（CB）构成，价带中最高能级与导带中的最低能级之间的能量差叫作禁带宽度或带隙能（E_g）。半导体的光吸收阈值与带隙能 E_g 有关，其关系式：$\lambda_g = 1240/E_g(eV)$。锐钛矿型的 TiO_2 带隙能为 $3.2eV$，光催化所需入射光最大波长为 $387.5nm$。当波长小于或等于 $387.5nm$ 的光照射时，TiO_2 价带上的电子（e^-）被激发跃迁至导带，在价带上留下相应的空穴（h^+），并迁移到表面：

$$TiO_2 + h\nu \longrightarrow h^+ + e^- \tag{1-47}$$

光生空穴（h^+）是一种强氧化剂，可将吸附在 TiO_2 颗粒表面的 OH^- 和 H_2O 分子氧化成 $\cdot OH$ 自由基。$\cdot OH$ 能够氧化相邻的有机物，也可扩散到液相中氧化有机物：

$$H_2O + h^+ \longrightarrow \cdot OH + H^+ \tag{1-48}$$

$$OH^- + h^+ \longrightarrow \cdot OH \tag{1-49}$$

导带电子（e^-）是一种强还原剂，它能与表面吸附的氧分子发生反应，产生 $\cdot O_2^-$ 自由基及 $\cdot OOH$ 自由基。

$$O_2 + e^- \longrightarrow \cdot O_2^- \tag{1-50}$$

$$H_2O + \cdot O_2^- \longrightarrow \cdot OOH + OH^- \tag{1-51}$$

$$2 \cdot OOH \longrightarrow O_2 + H_2O_2 \tag{1-52}$$

$$H_2O_2 + e^- \longrightarrow \cdot OH + OH^- \tag{1-53}$$

$$H_2O_2 + \cdot O_2^- \longrightarrow \cdot OH + OH^- + O_2 \tag{1-54}$$

上述反应过程中产生的活性氧化物种如 $\cdot OH$、$\cdot O_2^-$、$\cdot HOO$ 和 H_2O_2 等，可以氧化包括难生物降解化合物在内的众多有机物，使之完全矿化成 H_2O 和 CO_2 等无机小分子。

3. 光催化降解甲基橙的影响因素

（1）溶液初始浓度

光催化氧化的反应速率可用 Langmuir-Hinshelwood 动力学方程式即式（1-55）来描述：

$$r = kKC/(1 + KC) \tag{1-55}$$

式中　r——反应速率；

　　　C——反应物浓度；

　　　K——表观吸附平衡常数；

　　　k——发生于光催化活性位置的表面反应速率常数。

低浓度时，$KC \ll 1$，则式（1-55）可以简化为式（1-56）：

$$r = kKC = K'C \tag{1-56}$$

即在一定范围内，反应速率与溶质浓度成正比，初始浓度越高，降解速率越大；但是当初始浓度超过一定范围时，反应速率有可能随着浓度的升高而降低。因此，溶液的初始浓度应控制在一定的范围内。

（2）催化剂用量

在一定强度紫外光照射下 TiO_2 粒子被激发，继而在光催化体系中产生羟基自由基等系列活性氧化物种，因此，较多量的 TiO_2 必然能产生较多的活性物种来加快反应进程，从而提高降解效率，可是当催化剂超过一定量时反应速率不再增加。这是因为过多的 TiO_2 粉末会造成光的透射率降低及发生光散射现象，所以进行光催化降解反应时有必要选择一个最佳的催化剂加入量。

三、实验仪器与试剂

1. 实验仪器

722 型分光光度计 1 台、125W 高压汞灯 1 支、反应器 1 台、充气泵 1 个、恒温水浴 1 套、磁力搅拌器 1 台、离心机 1 台、台秤 1 台、秒表 1 块、移液管（10mL）2 支、吸耳球、离心管 6 支、容量瓶（500mL 和 1L 各 1 个）、烧杯若干。

2. 实验试剂

甲基橙储备液（1g/L）、纳米 TiO_2（P25）。

四、实验步骤

1. 1g/L 甲基橙储备液的配制

称取 0.5g 甲基橙溶于蒸馏水或纯净水中，转移到 500mL 容量瓶中，定容、摇匀，得到浓度为 1g/L 的甲基橙储备液。

2. 20mg/L 甲基橙反应液的配制

取 1g/L 甲基橙储备液 20mL 于 1L 容量瓶中定容，得到 20mg/L 的甲基橙反应液，用 HCl 和 NaOH 调节甲基橙的 pH 值为 3 左右。

3. TiO_2 对甲基橙的吸附实验

用量筒量取 20mg/L 的甲基橙 150mL，倒入反应器中，加入 0.2g TiO_2，暗处搅拌，分别于 10min、20min、30min、40min 和 50min 用一次性注射器（或移液管）取样于 10mL 离心管，取离心后上清液测定甲基橙吸光度。确定吸附达到平衡所需的时间。

4. 光催化反应实验

（1）直接光解和 TiO_2 光催化降解甲基橙的对比：取两个反应器，编号为 A、B。

① A 的条件：用量筒量取 20mg/L 的甲基橙 150mL，倒入 A 反应器中，放入搅拌子。

② B 的条件：用量筒量取 20mg/L 的甲基橙 150mL，倒入 B 反应器中，放入搅拌子，加入 0.2g TiO_2。

（2）将两反应器置于暗处，待吸附平衡后（根据吸附实验确定），放入光反应装置中，接通冷凝水，打开紫外灯进行光催化实验。

（3）分别于 0min、10min、20min、30min、40min 和 50min，用一次性注射器（或移液管）取样 10mL 于离心管，取离心后上清液测定甲基橙吸光度。

5. 甲基橙浓度的测定

采用 722 型分光光度计在波长为 462nm 下测定甲基橙吸光度。

（1）甲基橙标准曲线的绘制：取 7 支 10mL 比色管，用 10mL 移液管分别移取 20mg/L 甲基橙溶液 0mL、1.0mL、2.0mL、3.5mL、5mL、7.5mL、10mL 于比色管中，制得浓度为 0mg/L、2mg/L、4mg/L、7mg/L、10mg/L、15mg/L、20mg/L 的甲基橙溶液，绘制吸光度对浓度的标准曲线。

（2）样品浓度的测定：取出的样品在 8000r/min 转速下离心 5min，取上清液测定样品的吸光度，根据标准曲线计算甲基橙的浓度值，按式（1-57）计算甲基橙去除率。

$$\eta = \frac{C_0 - C_t}{C_0} \times 100\% \tag{1-57}$$

式中　C_0——甲基橙溶液的初始浓度，mg/L；

　　　　C_t——甲基橙溶液 t 时刻的浓度，mg/L。

五、实验数据记录与处理

1.将 TiO_2 对甲基橙的吸附结果填入表 1-29 中。

表 1-29 TiO_2 对甲基橙的吸附结果

吸附时间/min	0	10	20	30	40	50
溶液吸光度						
溶液浓度/(mg/L)						

2.将甲基橙溶液标准曲线数据填入表 1-30，以吸光度 A 为 x 轴、浓度 C 为 y 轴作标准曲线。

表 1-30 甲基橙标准曲线数据记录表

浓度/(mg/L)	0	2	4	7	10	15	20
吸光度							

3.将光降解反应样品吸光度值数据填入表 1-31 中，将计算所得的相应的浓度值填入表 1-32 中。

表 1-31 光降解甲基橙吸光度测定记录表

编号	0min	10min	20min	30min	40min	50min
A 样品(吸光度)						
B 样品(吸光度)						

表 1-32 光降解甲基橙浓度记录表

编号	0min	10min	20min	30min	40min	50min
A 样品中甲基橙浓度/(mg/L)						
B 样品中甲基橙浓度/(mg/L)						

4.绘制 A、B 实验条件下甲基橙浓度随时间的变化关系图，并与 TiO_2 对甲基橙的吸附结果进行比较。

5.采用作图法由实验数据确定反应级数。根据本实验的原理部分可知，该反应是一个表面催化反应，而一般表面催化反应更多的是零级反应；不妨设纳米 TiO_2 光催化降解甲基橙的反应是一级反应，即 $\ln(1/C) = k_1 t +$ 常数，以 $\ln(1/C)$ 对时间 t 作图，验证 $\ln(1/C)\text{-}t$ 关系是否成一直线（纳米 TiO_2 光催化降解甲基橙的反应是一级反应），并求出 K 值。

6.计算甲基橙去除率，填入表 1-33 中，并绘制 ηt 的线性关系图。

表 1-33 光降解甲基橙去除率记录表

编号	0min	10min	20min	30min	40min	50min
A 样品中甲基橙去除率/%						
B 样品中甲基橙去除率/%						

六、注意事项

1.打开紫外灯进行光催化实验前一定要检查是否已接通冷凝水，以免发生故障；实验结束后冷凝水管路容易遗漏，要记得关闭。

2.注意紫外光的实验安全。

3.吸附和光催化实验中要维持搅拌使 TiO_2 粉末呈悬浮状态，并在对比实验中保持转速基本一致。

七、思考题

1.在实验中，为什么用蒸馏水作参比溶液来调节分光光度计的透光率值为100％？一般选择参比溶液的原则是什么？

2.甲基橙光催化降解速率与哪些因素有关？

3.可见光催化剂和 TiO_2 有哪些优点？

第三节　创新性实验

实验一　粉煤灰絮凝剂的制备及其对实验室废水的处理

一、实验目的

1.掌握粉煤灰絮凝剂的制备方法。

2.了解粉煤灰絮凝剂吸附处理废水中 $Cr(VI)$ 和浊度的原理。

3.掌握单因素实验设计和正交实验设计的设计方法，重点掌握正交实验设计的优点及数据处理方法。

二、实验原理

粉煤灰是燃煤发电过程中的主要固体废物。粉煤灰不仅量大，占地面积大，而且给人们生产生活的环境造成了极大的危害。因此，开发粉煤灰的综合利用，化害为利已成为当前研究的重点和热点。粉煤灰是一种多孔性的固相物质，孔隙度可达 $60\%\sim70\%$。其颗粒基本上由低铁玻璃珠、多孔玻璃体及多孔炭粒组成，因此具有优良的吸附性能和过滤性能，能吸附污水中的悬浮物、脱除有色物质、降低色度、吸附并除去污水中的耗氧物质。在酸性条件下，粉煤灰中的铝、铁还可离解成为无机混凝剂，能够将污水中的悬浮物絮凝沉降，完成与水的分离。但普通粉煤灰吸附性能有限，直接用于处理废水效果较差。

粉煤灰具有一定的吸附能力，但吸附能力有限，故需将粉煤灰进行改性，以增强其吸附能力。粉煤灰改性的方法主要有湿法改性和干法改性。湿法改性是指利用酸溶解粉煤灰中的酸溶性物质，从而扩大粉煤灰的吸附能力。干法改性是指将粉煤灰和碱性物质（氢氧化钠、碳酸钠等）在高温（马弗炉）作用下，利用熔融态碱性物质加速粉煤灰中碱溶性物质的溶解，扩大粉煤灰内部空隙，从而增大粉煤灰的吸附能力。干法改性效果要好于湿法改性，但干法改性需要消耗较高能耗、处理时间长，而湿法改性条件易于控制、反应时间短，故本实验教学中采用湿法改性。

三、实验仪器与试剂

1.实验仪器

（1）恒温振荡器。

（2）烘箱。

（3）分光光度计。

（4）锥形瓶、烧杯。

2.实验试剂

（1）粉煤灰、废弃铝片渣。

（2）显色剂。2%显色剂制备：取二苯碳酰二肼1g溶于50mL丙酮中，加入2～3滴冰醋酸；0.2%显色剂制备：取二苯碳酰二肼0.1g溶于50mL乙醇中，再加入200mL规格为1∶9的H_2SO_4。

（3）缓冲溶液：12.15g冰醋酸，12g无水乙酸钠，溶于90mL蒸馏水（pH＝4.6）。

（4）对甲苯磺酸：5g/L。

（5）氢氧化钠溶液：30g/L。

（6）铬标准储备液。

（7）铬标准使用液。

（8）异戊醇（分析纯）。

（9）4-甲基-2-戊酮（分析纯）。

四、实验步骤

1.粉煤灰絮凝剂的制备

称取5g废铝片切碎、洗净、烘干，溶于50mL 30%的NaOH溶液中，待反应结束后，过滤，弃滤渣，收集滤液1待用；另称取100g粉煤灰于500mL烧杯中，加入体积混合酸（1mol/L HCl与1mol/L H_2SO_4）300mL，3g NaCl（助溶剂），在25℃磁力搅拌2h，得到酸处理后粉煤灰混合物2，将1、2按质量比1∶5混合均匀，即得到粉煤灰基混凝剂，该混凝剂为黑色黏稠状液体。

2.铬标准溶液配制

（1）铬标准储备液：重铬酸钾0.2829g，溶解转移定容到100mL容量瓶中。

（2）铬标准使用液：移取1mL铬标准储备液，稀释为1000mL（1mg Cr/mL）。

3.粉煤灰絮凝剂对Cr(Ⅵ)的吸附

取20mL水样装入250mL锥形瓶中，按照正交设计（表1-34）的组合依次确定实验条件，置于恒温磁力搅拌器上，先快速搅拌20min，再中速搅拌30min，最后慢速搅拌10min。冷却后过滤两次，取滤液测定其浊度、Cr(Ⅵ)含量，研究粉煤灰絮凝剂对Cr(Ⅵ)的处理效果。

表1-34　3因素3水平正交表

处理编号	第1列	第2列	第3列
1	1	1	1
2	2	3	1
3	3	2	1
4	1	2	2
5	2	1	2
6	3	3	2
7	1	3	3
8	2	2	3
9	3	1	3

本实验主要考虑水泥投加量、处理温度和处理溶液的 pH 值等三个因素的影响,实验中所采用的因素水平如表 1-35 所示。

表 1-35 实验所选的因素水平表

水平	因素		
	投加量/(g/100mL)	温度 T/℃	pH 值
1	0.2	30	5.5
2	0.4	45	7.0
3	0.6	60	8.5

五、实验数据记录与处理

1. Cr(Ⅵ) 标准曲线的绘制

分别吸取 0mL、1mL、2mL、3mL、4mL、5mL、6mL 铬标准使用液于 50mL 容量瓶中,加蒸馏水至 10mL,加 1mL 显色剂,摇匀显色 5min;加入 3mL 对甲基苯磺酸,2.9mL 30g/L 的 NaOH 溶液,5mL NaAC-HAc 缓冲溶液,摇匀,再加 20mL 萃取剂。振荡 5min,静置分层 10min,用分液漏斗分离,测有机相吸光度。绘制 Cr(Ⅵ) 的量对吸光度的标准曲线。

2. 粉煤灰絮凝剂对 Cr(Ⅵ) 处理效果

将实验数据记录在表 1-36 中。得出粉煤灰絮凝剂处理实验室废水的最佳实验条件及其处理效果。

表 1-36 实验结果与极差分析

实验号		投加量/(g/100mL)	温度/℃	pH 值	浊度去除率/%	Cr(Ⅵ)去除率/%
1						
2						
3						
4						
5						
6						
7						
8						
9						
浊度去除率	K_1					
	K_2					
	K_3					
	K_1 平均值					
	K_2 平均值					
	K_3 平均值					
	R					
Cr(Ⅵ)去除率	K_1					
	K_2					
	K_3					
	K_1 平均值					
	K_2 平均值					
	K_3 平均值					
	R					

六、注意事项

1. 开展正交设计实验时各组实验搅拌时长应尽量保持一致，以减少实验误差。

2. 各组实验搅拌完成后冷却时长、过滤次数应尽量保持一致。

七、思考题

1. 实验过程中为什么要选择先快速搅拌、再中速搅拌、最后慢速搅拌？

2. 粉煤灰絮凝剂吸附 Cr(Ⅵ) 的机理是什么？

实验二 矿物催化类 Fenton 固定床反应器深度处理印染废水

一、实验目的

1. 了解异相类 Fenton 反应和异相类 Fenton 催化剂。

2. 掌握异相类 Fenton 固定床反应器实验方法，能够分析主要影响因素。

二、实验原理

印染行业是我国的耗水大户和排污大户，其排放的印染废水是公认的难处理工业废水。随着我国环境保护力度加大，排放标准提高，对印染废水进行深度处理成为必然趋势。Fenton 氧化法对难降解废水的处理效果好，并且容易实施。传统的 Fenton 氧化技术以 H_2O_2/Fe^{2+} 为 Fenton 试剂，在实际应用中存在一些缺点，如铁泥产生量大、pH 适用范围较窄、H_2O_2 利用率低等，这促使研究者研究更优化的 Fenton 反应技术。

异相 Fenton 反应体系中催化剂以固态形式介入，已有研究表明反应对体系的 pH 要求不高，催化剂可重复使用，且相比常规的 Fenton 氧化能够达到更深度的处理效果。目前异相类 Fenton 反应催化剂主要有以下类型：①含铁矿物，如磁铁矿、赤铁矿、针铁矿、黄铁矿等；②负载型催化剂，如以活性炭、沸石或柱撑黏土为载体负载 Fe、Cu 等过渡金属的人工合成材料；③人工合成的含铁纳米颗粒催化剂。

天然含铁矿物来源广泛、性能稳定，本实验为含铁矿物/H_2O_2 异相类 Fenton 反应体系对低浓度印染废水的深度处理。结合反应池和滤池的功能，利用固定床反应器形成连续性动态处理体系，在实验中考察主要工艺条件对处理效果的影响。

三、实验仪器与试剂

1. 实验仪器

数显恒流泵，pH 计，分析天平，电热恒温鼓风干燥箱，循环水式真空泵，比色管，以及测定 COD_{Cr} 所需的仪器。固定床反应器实验装置如图 1-17 所示。

2. 实验试剂

氢氧化钠，硫酸（98%），双氧水（30%），均为分析纯，以及测定 COD_{Cr} 所需的试剂。

3. 矿物材料

经破碎研磨预处理的黄铁矿颗粒，过 100 目筛。

4. 实验水样

印染废水生化出水或印染漂洗废水，初始 COD_{Cr} 50～200mg/L。

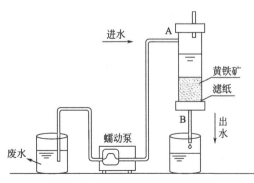

图 1-17 固定床反应器实验装置

四、实验步骤

1.测定原废水参数

测定原废水的 COD_{Cr}、色度、pH 值、水温。

2.组装实验装置

在反应柱底部填充 100g 的黄铁矿，按图 1-17 所示组装固定床反应器实验装置。

3.双氧水投加量对处理效果的影响实验

（1）根据废水 COD_{Cr} 的值，以 6mL/1000mg（以 COD_{Cr} 计）计算，得双氧水投加量记为 C（mL/L）。

（2）进行固定床反应器处理实验。实验废水用硫酸溶液调节 pH 为 3，经抽滤后取 200mL 至左边烧杯中，加入投加量为 C 的双氧水并搅拌均匀。室温下废水通过恒流泵以稳定流速从 A 进口输送至反应柱，反应后的滤出液从反应柱底部的 B 出口流出。

（3）测定反应柱出水的 COD_{Cr} 和色度。COD_{Cr} 的测定采用国家标准方法《水质　化学需氧量的测定　重铬酸盐法》（HJ 828—2017）测定，色度以稀释倍数法测定。

（4）重新在反应柱中装填 100g 黄铁矿，改变双氧水投加量分别为 $0.2C$、$0.5C$、$1.5C$、$2C$，重复进行步骤（2）、（3）的实验。

4.废水 pH 值对处理效果的影响实验

用氢氧化钠或硫酸溶液分别调节废水 pH 为 3、4、5、6、7，取步骤 3 所得最佳双氧水投加量，固定其他反应条件，进行废水的固定床反应器处理实验。

5.处理水量实验

在步骤 3、4 所得的优化处理条件下，将 100g 黄铁矿填充于反应器底部后，进行废水的连续处理，按照上述方法连续运行 6 次固定床反应实验。测定每 200mL 出水的 COD_{Cr} 和色度。

五、实验数据记录与处理

1.原废水指标

COD_{Cr} _____ mg/L，色度_____，pH 值_____，水温_____℃。

2.双氧水投加量实验结果

（1）记录不同双氧水投加量实验出水的 COD_{Cr} 和色度，计算不同双氧水投加量实验出水的 COD_{Cr} 去除率，数据填于表 1-37。

表 1-37　不同双氧水投加量条件下处理结果

水样 pH 值_____

项目	双氧水投加量/(mL/L)				
COD_{Cr}/(mg/L)					
COD_{Cr} 去除率/%					
色度					

（2）绘制 COD_{Cr} 去除率与双氧水投加量、色度与双氧水投加量的关系曲线图。

3.废水 pH 值实验结果

（1）记录不同废水初始 pH 值实验出水的 COD_{Cr} 和色度，计算不同废水初始 pH 值实验出水的 COD_{Cr} 去除率，数据填于表 1-38。

表 1-38 不同废水 pH 值条件下处理结果

双氧水投加量_____ mL/L

项目	水样 pH 值				
COD_{Cr}/(mg/L)					
COD_{Cr} 去除率/%					
色度					

（2）绘制 COD_{Cr} 去除率与 pH、色度与 pH 关系曲线图。

4.处理水量实验结果

（1）记录出水的 COD_{Cr} 和色度，计算出水的 COD_{Cr} 去除率，数据填于表 1-39。

表 1-39 处理水量实验结果

水样 pH 值_____，双氧水投加量_____ mL/L

项目	处理水量/L				
COD_{Cr}/(mg/L)					
COD_{Cr} 去除率/%					
色度					

（2）绘制 COD_{Cr} 去除率与处理水量、色度与处理水量关系曲线图。

六、注意事项

1.双氧水久置易分解，使用前应标定其浓度。

2.为对比双氧水投加量和废水初始 pH 值对处理效果的影响，每个条件进行实验时，反应柱中重新装填新的黄铁矿材料。

3.双氧水投加量体积较小不易操作时，可用蒸馏水稀释一定倍数后投加。

七、思考题

1.分析双氧水投加量和废水初始 pH 值对处理效果的影响。

2.固定床反应器有何优点？

实验三 海水电池技术去除海水养殖废水中氮磷

一、实验目的

1.了解海水养殖废水污染及控制方法。

2.理解海水电池技术原理。

3.掌握海水电池技术应用于废水处理的操作方法及其主要影响因素。

二、实验原理

近年来，随着我国海水养殖业的蓬勃发展，海水养殖废水排放总量已超过陆源污水排放量，使得近海水体中 N、P 等营养物质的浓度急剧增加，导致水质恶化，限制了海水养殖业的可持续发展，造成近海水域生态系统失衡。本实验应用海水电池技术去除海水养殖废水中的氮磷。

　　海水电池是以海水为电解质，并由阴阳电极、隔膜和外壳等几部分组合而成。海水电池依靠阳极金属材料在海水中腐蚀溶解提供阳极放电电流，阴极则依靠海水中的溶解氧在惰性电极上还原提供阴极电流。其中，镁合金与铝合金作为阳极材料成功应用于大功率海水电池中。海水电池作为一种新型高能量电源，具有资源丰富、比容量高、电位负、密度小、储存时间长、成本低和安全可靠等优点。

　　以镁条为电池负极，钛板为电池正极，将其置于海水养殖废水中，用导线将两电极连接形成闭合回路。电池阳极产生的 Mg^{2+} ［式（1-58）］可与废水中 NH_4^+、PO_4^{3-} 结合生成磷酸铵镁（$MgNH_4PO_4 \cdot 6H_2O$）沉淀［式（1-60）］，从而降低废水中的 N、P 浓度。而 $MgNH_4PO_4 \cdot 6H_2O$ 又是一种杂质含量低、肥效释放较为缓慢的农业肥料，废水处理的同时达到了资源化利用的目的。同时海水电池还对外输出一定的电能，可供养殖户需要。

　　阳极（负极）：

$$Mg \longrightarrow Mg^{2+} + 2e^- \tag{1-58}$$

　　阴极（正极）：

$$\frac{1}{2}O_2 + H_2O + 2e^- \longrightarrow 2OH^- \tag{1-59}$$

$$Mg^{2+} + NH_4^+ + H_nPO_4^{n-3} + 6H_2O \longrightarrow MgNH_4PO_4 \cdot 6H_2O + nH^+ \tag{1-60}$$

三、实验仪器与试剂

　　1.实验仪器

　　（1）海水电池实验装置：海水电池实验装置如图 1-18 所示。电极材料为镁条、钛板。

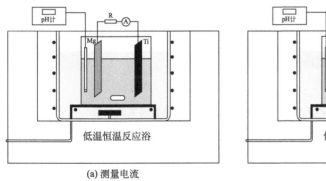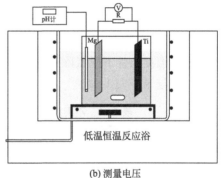

图 1-18　海水电池实验装置

　　（2）其他仪器：低温恒温反应浴，pH 计，数字万用表，离心机，以及测定氨氮（纳氏试剂分光光度法）和总磷（钼酸铵分光光度法）所需的仪器。

　　2.实验试剂

　　盐酸（AR），氢氧化钠（AR），以及测定氨氮（纳氏试剂分光光度法）和总磷（钼酸铵分光光度法）所需的试剂。实验测定用水为蒸馏水。

　　3.实验水样

　　海水养殖废水，或人工配制模拟海水养殖废水（NH₃-N 浓度 200～500mg/L，氮磷摩尔比以 1∶1 配制）。

四、实验步骤

　　1.组成海水电池实验装置（图 1-18）。以镁条为电池阳极，钛板为电池阴极，插入海水养殖废水中,用导线将两电极连接形成回路。电槽置于磁力搅拌器上,以使整个实验过程溶液保持均匀混合,避免产生浓度差异。pH 计置于反应器中,实时监控模拟海水的 pH 值(反应过程中通过滴加盐酸控制反应体系 pH 恒定)。

2.控制反应温度为 20℃,调节废水 pH 值分别为 6、8、10 进行实验。分别在反应 1h、2h 和 3h 取样,测定 NH_3-N 和 TP 浓度。

3.调节废水 pH 值为 8,分别控制反应温度在 10℃、20℃、30℃进行实验。分别在反应 1h、2h 和 3h 取样,测定 NH_3-N 和 TP 浓度。

4.根据上述得到的实验结果选择较适宜的温度和 pH 值条件进行实验,反应时间 7h,每隔 1h 记录电压和电流,取样测定 NH_3-N 和 TP 浓度。

五、实验数据记录与处理

1.原废水指标

NH_3-N 浓度_____ mg/L,TP 浓度_____ mg/L。

2.不同 pH 值条件下脱氮除磷的效果

将实验结果记录于表 1-40。

表 1-40　不同 pH 值条件海水电池技术去除氮磷实验记录

反应时间/h	NH_3-N/(mg/L)			TP/(mg/L)		
	pH 6	pH 8	pH 10	pH 6	pH 8	pH 10
1						
2						
3						

3.不同反应温度条件下脱氮除磷的效果

将实验结果记录于表 1-41。

表 1-41　不同温度条件海水电池技术去除氮磷实验记录

反应时间/h	NH_3-N/(mg/L)			TP/(mg/L)		
	10℃	20℃	30℃	10℃	20℃	30℃
1						
2						
3						

4.海水电池技术去除氮磷效果随时间的变化

(1)将实验结果记录于表 1-42。

表 1-42　海水电池技术处理养殖废水不同时间实验结果记录

反应时间/h	电压/V	电流/A	NH_3-N/(mg/L)	TP/(mg/L)
1				
2				
3				
4				

反应时间/h	电压/V	电流/A	NH_3-N/(mg/L)	TP/(mg/L)
5				
6				
7				

（2）绘制电压-时间、电流-时间曲线图。

（3）计算 NH_3-N 和 TP 去除率，绘制 NH_3-N 去除率-时间、TP 去除率-时间曲线图。

六、注意事项

1. 由于影响因素较多，对比实验时，每次所取原水样的水质应恒定。

2. 实验过程维持搅拌，保持水样均匀混合，避免产生浓度极化。

3. 考察温度影响时，水样先于水浴中搅拌一定时间恒定至所要求的温度后，再开始实验。

七、思考题

1. 查阅资料，简述海水养殖废水污染概况及主要控制方法。

2. 对于海水电池处理海水养殖废水氮磷污染反应，除实验中所考察的影响因素外，分析还有哪些影响因素？

实验四　废水处理组合工艺流程设计及评价实验

一、实验目的

1. 掌握中和-混凝沉淀过程，废水中溶解性金属离子中和、水解、沉淀的基本规律，了解工艺流程、主要设备结构、过程控制参数与技术经济指标。

2. 掌握活性污泥法中污染物的降解和微生物的增长递变规律、氧的供给与消耗之间的关系，了解工艺流程、主要设备结构、过程控制参数与技术经济指标。

3. 掌握中和-混凝沉淀与活性污泥法运行操作中主要参数的控制与有关指标的测定。

4. 加强理论知识应用能力、实验研究能力和团结协作能力，达到专业素质的综合提高。

二、实验原理

1. 中和-混凝沉淀工艺条件实验

（1）基本流程

基本流程如图 1-19 所示。

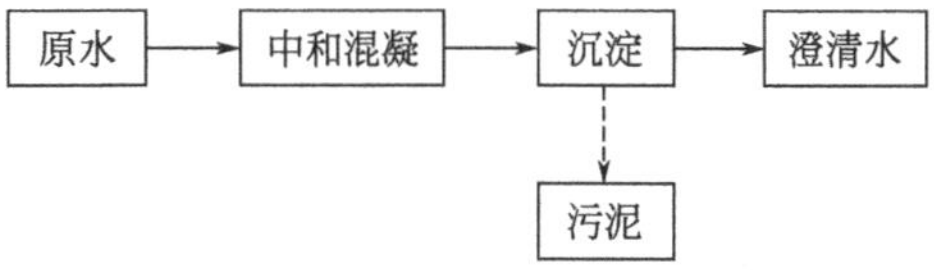

（2）实验程序与工艺条件的选择

① 原废水水质测定：测定水质指标为 pH 值、Cu、Pb、Zn、As、SO_4^{2-}、浊度等。

② 选定中和剂与混凝剂，决定投加方式与投加量，并配制试剂。

图 1-19　中和-混凝沉淀工艺流程图

③ 选择实验程序，决定搅拌方式、搅拌时间、搅拌强度等控制参数，进行实验，探讨中和-混凝沉淀净化废水的工艺条件与效果。

2. 多功能实验生化污水处理系统连续运行及有关参数测定实验

（1）基本流程

基本流程如图 1-20 所示。

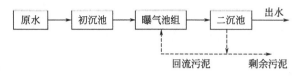

图 1-20　多功能实验生化污水处理系统流程图

本流程采用多功能多阶完全混合式实验水处理系统，具体设计的流程可在 1～4 阶之间选择。运行过程控制主要是系统的 DO 值和污泥浓度（以沉降比表示）。对传统好氧活性污泥法，所有曝气池的 DO 值都控制在 2～4mg/L；对厌氧-好氧工艺（A-O 法），厌氧池的 DO 值控制在小于 0.2mg/L，好氧池的 DO 值控制在大于 2mg/L。选定控制指标进行实验，探讨生化处理的工艺条件与效果。

（2）过程控制参数与测定

① 溶解氧（DO 值），是过程的主要控制参数之一，采用 DO 测定仪测定。

② COD 的测定采用国家标准方法（HJ 828—2017）或微波消解法。

③ TN 采用过硫酸钾氧化-紫外分光光度法。

④ TP 采用钼酸铵分光光度法。

⑤ 污泥沉降比（以 100mL 量筒测定）。

⑥ 浊度采用浊度计测定。

三、实验装置与仪器

1. 中和-混凝沉淀工艺设备

（1）实验装置：磁力搅拌器，500mL 烧杯。

（2）实验水样：铜冶炼厂酸性废水。

2. 多功能实验生化污水处理系统设备

（1）实验装置：多功能多阶完全混合式实验污水生化处理系统。

（2）实验水样：学校生活污水。

3. 各项监测分析设备

用于 DO、COD、TN、TP、浊度等指标分析的仪器设备。

四、实验步骤

1. 实验分组

全班分为两个大组，每个大组分为 4 个小组。其中一大组进行中和-混凝沉淀工艺条件实验，另一大组进行多功能实验生化污水处理系统连续运行及有关参数测定实验。

2. 实验准备

（1）中和-混凝沉淀工艺条件实验

① 熟悉实验装置，组装实验设备。

② 做好原水水质指标测定准备工作，包括领取试剂与设备、配制所需试剂、熟悉分析操作。

③ 选定中和剂与混凝剂，其中中和剂可选用 NaOH、Ca(OH)$_2$，混凝剂可选用 Fe$_2$(SO$_4$)$_3$、Al$_2$(SO$_4$)$_3$、PAC、PAM 等。

④ 选定搅拌方式、搅拌时间、搅拌强度等控制参数。

⑤ 写出实验方案，各小组实验计划原则上不相重复。

（2）多功能实验生化污水处理系统连续运行及有关参数测定实验

① 熟悉实验装置，按实验计划组装实验设备。

② 实验前 1 周开始进行生化污泥的培养和驯化，曝气池中的污泥浓度为 3000～

4000mg/L。

③ 做好水质指标、过程参数测定准备工作，包括领取试剂与设备、配制所需试剂、熟悉分析操作。

④ 选定运行过程控制指标，主要是系统的 DO 值和污泥浓度（以沉降比表示）。

⑤ 写出实验方案，各小组实验计划原则上不相重复。

3.实验实施

(1) 中和-混凝沉淀工艺条件实验

① 测定原水水样水质指标。各小组测定结果互相交流，确定原水各指标测定结果正确。

② 按所制订的实验方案，开始中和-混凝实验。

③ 沉淀后取水样测定与原水对应的各项指标。

(2) 多功能实验生化污水处理系统连续运行及有关参数测定实验

① 测定原水的 COD、TN、TP 和 DO 等值。

② 检查确认处理系统配置合理，开始系统连续运行实验。按计划通过测定 DO 调整曝气强度，使之达到要求。

③ 记录运行过程及定时监测数据，连续运行实验时间尽可能不少于 48h。

五、实验数据记录与处理

1.实验完成后由各组组织总结、分析监测的有关数据。

2.根据设计的表格清晰记录实验数据，进行数据处理与运算。

3.绘制相关工艺条件与测定指标的关系曲线图。

4.分析讨论过程的影响因素。

六、注意事项

1.具体计划安排与实验方案由大组内共同讨论提出，实验结果能够较全面反映工艺条件的影响，并经教师审核后执行。

2.一定要做好各项实验准备工作再开始工艺处理实验，以免影响实验进程。

3.大组内各小组实验完成后，实验结果互相交流，并反映到实验报告中。

4.每人需撰写完整的实验报告，包括实验目的、实验原理、装置与运行、分析监测数据以及处理结果分析与讨论等内容。

七、思考题

1.说明所进行的实验中是否还存在一些不足？如何改进？

2.结合整个实验的实际开展过程，举例谈一谈所碰到的困难和解决方式，以及有何收获。

第二章 大气污染控制实验

第一节 验证性实验

实验一 移液管法测定粉尘粒径分布

一、实验目的

1. 掌握使用移液管法测定粉体粒度分布的原理和方法。

2. 加深对 Stokes 颗粒沉降速度方程的理解,灵活运用该方程。

3. 根据粒度测试数据,能作出粒度累积频率分布曲线。

二、实验原理

通风与除尘中所研究的粉尘都是由许多大小不同粉尘粒子所组成的聚合体。粉尘的粒径分布也叫分散度——即粉尘中各种粒径或粒径范围的尘粒所占的百分数。以数量统计形式表征的粉尘粒径分布称为粉尘粒径数量分布;以质量统计形式表征的粉尘粒径分布称为粉尘粒径质量分布。粉尘的粒径分布不同,其对人体到的危害以及除尘的机理也都不同,掌握粉尘的粒径分布是进行除尘器设计和研究的基本条件。

本实验使用液体重力沉降法(安德逊移液管法)来测定分析粉尘的粒径分布。液体重力沉降法是根据不同大小的粒子在重力作用下,在液体中的沉降速度各不相同这一原理而得到的。粒子在液体(或气体)介质中作等速自然沉降时所具有的速度,称为沉降速度,其大小可以用斯托克斯公式表示。

$$v_t = \frac{(\rho_p - \rho_L)g d_p^2}{18\mu} \qquad (2\text{-}1)$$

式中　v_t——粒子的沉降速度,cm/s;

　　　μ——液体的动力黏度,g/(cm·s);

　　　ρ_p——粒子的真密度,g/cm³;

　　　ρ_L——液体的密度,g/cm³;

　　　g——重力加速度,981cm/s²;

　　　d_p——粒子的直径,cm。

由式（2-1）可得：

$$d_p = \sqrt{\frac{18\mu v_t}{(\rho_p - \rho_L)g}} = \sqrt{\frac{18\mu H}{(\rho_p - \rho_L)gt}} \tag{2-2}$$

这样，粒径便可以根据其沉降速度求得。由于沉降速度是沉降高度与沉降时间的比值，以此替换沉降速度。使上式变为：

$$t = \frac{18\mu H}{(\rho_p - \rho_L)gd_p^2} \tag{2-3}$$

式中　H——粒子的沉降高度，cm；

　　　t——粒子的沉降时间，s。

粒子在液体中沉降情况可用图 2-1 表示。粉样放入玻璃瓶内某种液体介质中，经搅拌后，使粉样均匀地扩散在整个液体中，如图 2-1 中状态甲。经过 t_1 后，因重力作用，悬浮体由状态甲变为状态乙。在状态乙中，直径为 d_1 的粒子全部沉降到虚线以下，由状态甲变到状态乙，所需时间为 t_1。根据式（2-3）应为：

$$t_1 = \frac{18\mu H}{(\rho_p - \rho_L)gd_1^2} \tag{2-4}$$

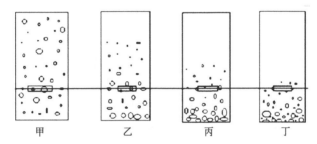

图 2-1　颗粒在液体中的沉降状态示意图

粒径为 d_2 粒子全部沉降到虚线以下（即达到状态丙）所需时间为：

$$t_2 = \frac{18\mu H}{(\rho_p - \rho_L)gd_2^2} \tag{2-5}$$

同理：

$$t_i = \frac{18\mu H}{(\rho_p - \rho_L)gd_i^2} \tag{2-6}$$

根据上述关系，将粉体试样放在一定液体介质中，自然沉降，经过一定时间后，不同直径的粒子将分布在不同高度的液体介质中。根据这种情况，在不同沉降时间、不同沉降高度上取出一定量的液体，称量出所含有的粉体质量，便可以测定出粉体的粒径分布。

三、实验仪器与装置

液体重力沉降瓶（图 2-2）、称量瓶、恒温水浴、分析天平、烘箱、干燥器、秒表、温度计、烧杯、1000mL 及 100mL 量筒等。

分散液：六偏磷酸钠（分子量为 611.8）水溶液，浓度

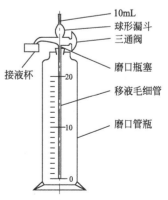

图 2-2　液体重力沉降瓶

为 0.003mol/L。

粉尘：滑石粉，真密度为 2.7g/cm³。

四、实验步骤

1.沉降瓶有效容积 V 的检定

（1）加水至略低于沉降瓶标线处，用温度计测定水温并记录。

（2）插入移液管，并使三通阀置于吸液状态，调节水面准确到 20cm 标线。

（3）取出移液管，将沉降瓶中的水移至 1000mL 量筒中，测定体积 V。

2.吸液一次液面下降高度 Δh 的标定

（1）与步骤 1 的①、②相同。

（2）用移液管连续 n 次抽吸、排液，记录相应液面下降总高度 H_n，则每次吸液后，液面下降高度 $\Delta h = H_n/n$。

3.移液管有效长度的测定

即移液管 20cm 标线至底部的长度。

4.预定吸液时间的计算

将粉样按粒径大小分组（如 50～40μm、40～30μm、30～20μm、20～10μm、10～5μm），按式（2-3）计算出每组内最大粉粒由液面沉降到移液管底部所需的时间，即为该粒径的预定吸液时间，并把它填入记录表内。

5.悬浊液的制备与装入

（1）称取约 6g 干燥过的粉体，精确至 1/10000g，放入烧杯中，先向烧杯中加入 50～100mL 的分散液，使粉体全部润湿后，再加液到 300mL 左右。

（2）把悬浊液搅拌 15min 左右，倒入沉降瓶中，把移液管插入沉降瓶中，然后由通气孔继续加分散液直到零刻度线（即 600mL）为止。

6.测定

（1）一手持沉降瓶底，另一手执其上部，并以手指堵住通气孔，将沉降瓶作上下振荡，并时而倾倒振荡，持续 2～3min。振荡终了时，迅速反复倾倒。然后置于平台上，按下秒表，作为沉降开始时刻（$t=0$）。

（2）按步骤 4 计算出的预定吸液时间进行吸液。匀速向外拉注射器，使液体沿移液管缓缓上升至 10mL 刻度线，立即关闭活塞，使液体和排液管相通，匀速向里推注射器，使 10mL 液体被压入已称重的称量瓶（注意要先做好编号）内。然后由排液管吸蒸馏水冲洗 10mL 容器，冲洗水排入称量瓶中，冲洗进行 2～3 次。

按上述步骤根据计算的预定吸液时间依次操作，直至最小粒径为止。

（3）试样的干燥和称量。把全部称量瓶放入电烘箱中，在低于 100℃ 的温度下烘干，再在 110℃ 的温度烘 1h，然后再置于干燥器内，冷却至常温，取出称量。

五、实验数据记录与处理

1.数据记录

将测定实验数据记录于表 2-1、表 2-2。

表 2-1　移液管检定、试样及分散液物性

沉降瓶	沉降瓶有效容积 V/mL	
	吸液一次液面下降值 Δh/cm	
	沉降瓶中移液管有效长度/cm	

试样	试样名称	
	真密度/(g/cm³)	
	试样质量/mg	
分散液	分散剂名称	
	分散液温度/℃	
	分散液黏度/[g/(cm·s)]	
	分散剂浓度/(g/L)	
	10mL 分散液含分散剂质量 m_d/g	

表 2-2　测试结果记录表

项目	1次	2次	3次	4次	5次	6次
沉降高度 H_i/cm						
粒径 d_i/μm	50	40	30	20	10	
沉降时间 t_i/s						
称量瓶编号						
空称量瓶质量 m_{0i}/g						
试样烘干后称量瓶质量 P_i/g						
称量瓶增重($P_i - m_{0i}$)/g						
粉体试样质量 m_i($m_i = P_i - m_{0i} - m_d$)/g						
筛下累积百分数 F_i/%						

2.数据处理

各粒径的筛下累计百分数按下式计算：

$$F_i = \frac{P_i - m_{0i} - m_d}{m_c} \tag{2-7}$$

式中　F_i——粒径为 d_i 的粉尘的筛下累计百分数，%；

$\quad\quad m_c$——10mL 原始样液的含尘量，g。

根据表 2-2 作出质量累积频率分布曲线（可用 Excel 处理）。

六、注意事项

1.在洗涤和使用沉降瓶等玻璃仪器时要轻拿轻放，避免损坏。

2.沉降瓶用毕，应用水冲洗干净，否则可能导致塞子堵塞而无法旋转。

3.吸液应注意的问题如下：

（1）每次吸 10mL 样品要在 15s 左右完成，则开始吸液时间应比计算的预定吸液时间提前 0.5×15＝7.5(s)。

（2）每次吸液应力求为 10mL，太多或太少的样品应作废。

（3）吸液应匀速，不允许移液管中液体倒流。

（4）向称量瓶中排液时，应防止液体溅出。

七、思考题

1.从实验结果标绘出的曲线，你可以得出哪些结论？

2. 通过实验，对液体重力沉降法有什么理解和认识？对实验有何改进意见？

3. 为什么要选用分散剂和分散液？

4. 为什么吸液过程不允许移液管内液体倒流？

实验二　旋风除尘器性能测定

一、实验目的

1. 提高对旋风除尘器结构形式和除尘机理的认识。

2. 掌握旋风除尘器主要性能指标测定内容，并且对影响旋风除尘器性能的主要因素有较全面的了解。

二、实验原理

旋风除尘器是利用旋转的含尘气体所产生的离心力，将尘粒从气流中分离出来的一种气固分离装置。

含尘气体从入口导入除尘器的外壳和排气管之间，形成旋转向下的外旋流。悬浮于外旋流的粉尘在离心力的作用下移向器壁，并随外旋流转到除尘器下部，由排尘孔排出。

1. 气体温度和含湿量的测定

由于除尘系统吸入的是室内空气，所以近似用室内空气的温度和湿度代表管道内气流的温度 t_s 和相对湿度 Φ。

2. 管道中气体流量按下式计算：

$$Q_s = A v_0 \tag{2-8}$$

式中　A——管道横断面积，m^2；

　　　v_0——含尘气体的流速，m/s。

3. 除尘效率的测定与计算

除尘效率采用质量浓度法测定，即用等速采样法同时测出除尘器进、出口管道中气流平均含尘浓度 ρ_1 和 ρ_2，按下式计算除尘效率：

$$\eta = \left(1 - \frac{\rho_2 Q_2}{\rho_1 Q_1}\right) \times 100\% \tag{2-9}$$

三、实验仪器与装置

使用粉尘名称：滑石粉。

旋风除尘器装置技术参数：气体动力装置布置为负压式；气体进口管直径 100mm；气体出口管直径 100mm；旋风分离器直筒直径 250mm×400mm 高；旋风分离器进口连接尺寸 90mm×200mm；末端进口尺寸 90mm×125mm；下锥体高 800mm；装置总高 2350mm；装置总长 1960mm；装置总宽 550mm；壳体由有机玻璃制；风机电源电压为三相 380V。

四、实验步骤

1. 实验准备工作

测量记录室内空气的相对湿度；测量记录当地大气压力；测量记录除尘器进出口测定断面直径和断面面积。

2. 实验步骤

(1) 启动风机，测定各点流速和风量。

(2) 启动风机和发尘装置，调整好发尘浓度（ρ_1），使实验系统运行达到稳定。

（3）测定除尘效率：保持风量与尽可能维持进口粉尘浓度不变，观察除尘系统中的含尘气流的变化情况和除尘效率。

（4）改变系统风量，重复上述试验，确定旋风除尘器在各种工况下的性能。

（5）停止发尘，关闭风机。

五、实验数据记录与处理

1. 数据记录

将测定实验数据记录于表 2-3、表 2-4。

表 2-3　旋风除尘器处理风量测定结果记录表

当地大气压力 P/kPa	烟气相对湿度 $\Phi/\%$	除尘器管道横断面积 A/m^2	除尘器入口面积 F/m^2

表 2-4　除尘效率与入口速度测定结果记录表

测定次数	Q_s $/(m^3/h)$	$v_0/(m/s)$	除尘器进口气体含尘浓度/(mg/m^3)	除尘器出口气体含尘浓度/(mg/m^3)	除尘效率/%
1					
2					
3					
4					

2. 数据处理

整理不同 v_1 下的 η 资料，绘制 v_1-η 实验性能曲线，分析入口速度对旋风除尘器除尘效率的影响。

六、注意事项

1. 除尘过程可能会造成室内飘尘且浓度较高，实验操作时应佩戴口罩。

2. 粉尘传感器使用一定时间后，必须定时清洁，以保证其测量精度。

3. 长期不使用时，应将装置内的灰尘清干净，放在干燥、通风的地方。如果再次使用，要先将装置内的灰尘清干净再使用。

七、思考题

1. 旋风除尘器的工作原理是什么？

2. 影响旋风除尘器性能的因素有哪些？

3. 旋风除尘器适合应用于哪些情况下的颗粒物的去除？

实验三　板式静电除尘器性能测定

一、实验目的

1. 熟悉电除尘器的电极配置和供电装置。

2. 掌握电除尘器除尘效率的主要影响因素。

二、实验原理

除尘效率是除尘器的基本技术性能之一。电除尘器除尘效率的测定是了解电除尘器工作状态和运行效果的重要手段。

1.电除尘器的除尘原理

电除尘器的除尘原理是使含尘气体的粉尘微粒，在高压静电场中荷电，荷电尘粒在电场的作用下，趋向集尘极和放电极，带负电荷的尘粒与集尘极接触后失去电子，成为中性而黏附于集尘极表面上，为数很少带电荷尘粒沉积在截面很少的放电极上。然后借助于振打装置使电极抖动，将尘粒脱落到除尘的集灰斗内，达到收尘目的。

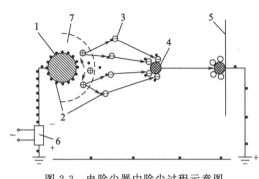

图 2-3　电除尘器中除尘过程示意图
1—电晕极；2—电子；3—离子；4—粒子；
5—集尘极；6—供电装置；7—电晕区

电除尘器中的除尘过程如图 2-3 所示，大致可分为三个阶段：

（1）粉尘荷电在放电极与集尘极之间施加直流高电压，使放电极发生电晕放电，气体电离，生成大量的自由电子和正离子。在放电极附近的所谓电晕区内正离子立即被电晕极（假定带负电）吸引过去而失去电荷。自由电子和随即形成的负离子则因受电场力的驱使向集尘极（正极）移动，并充满到两极间的绝大部分空间。含尘气流通过电场空间时，自由电子、负离子与粉尘碰撞并附着其上，便实现了粉尘的荷电。

（2）粉尘沉降荷电粉尘在电场中受电场力的作用被驱往集尘极，经过一定时间后达到集尘极表面，放出所带电荷而沉积其上。

（3）清灰集尘极表面上的粉尘沉积到一定厚度后，用机械振打等方法将其清除掉，使落入下部灰斗中。放电极也会附着少量粉尘，隔一定时间也需进行清灰。

2.指标的测定和计算

（1）气体温度和含湿量的测定

由于系统吸入的是室内空气，所以近似用室内空气的温度和相对湿度代表管道内气流的温度 t_s 和相对湿度 Φ。

（2）管道中气体流量的测定

气体流量计算公式如下：

$$Q_s = A v_0 \qquad (2\text{-}10)$$

式中　A——管道横断面积，m^2；

　　　v_0——含尘气体的流速，m/s。

（3）除尘效率的测定和计算

除尘效率采用质量浓度法测定，即用等速采样法同时测出除尘器进、出口管道中气流平均含尘浓度 ρ_1 和 ρ_2，按下式计算。

$$\eta = \left(1 - \frac{\rho_2 Q_{s2}}{\rho_1 Q_{s1}}\right) \times 100\% \qquad (2\text{-}11)$$

三、实验仪器与装置

使用粉尘名称：滑石粉。

静电除尘器装置技术参数：板间距 70mm；通道 3 个；放电极 9 根，材料高强度钼丝；集尘板尺寸 780mm×280mm，材料普通镀锌钢板；集尘极总面积 0.32m^2；电场电压 0～

40kV；电流0～10mA；气体进、出管直径100mm；电除尘器外形尺寸为长300mm，宽350mm，高1100mm。

四、实验步骤

1.实验准备工作

仔细检查设备的接线是否接地，如未接地请先将接地接好方能通电。

2.实验步骤

（1）开启风机，测定各点流速和风量。

（2）检查无误后，将控制器的电流插头插入交流220V插座中。将"电源开关"旋柄扳于"开"的位置。控制器接通电源后，低压绿色信号灯亮。

（3）将电压调节手柄逆时针转到零位，轻轻按动高压"启动"按钮，高压变压器输入端主回路接通电源。这时高压红色信号灯亮，低压信号灯灭。

（4）启动风机后开始发尘，顺时针缓慢旋转电压调节手柄，使电压慢慢升高。待电压升至开始出现火花时停止升压。读取并记录U_{max}、I_{max}。

（5）停机时将调压手柄旋回零位，按停止按钮，则主回路电源切断。这时高压信号灯灭，绿色低压信号灯亮。再将电源"开关"关闭，即切断电源。

（6）断电后，高压部分还有残留电荷，必须使高压部分与地短路消去残留电荷，再按要求做下一组的实验。

（7）测定除尘效率：启动风机后开始发尘，保持电场电压U_2（低于火花放电电压）不变，尽可能保持进口粉尘浓度不变，改变系统风量4次，测定静电除尘器在各种工况下的性能。

（8）保持风量与尽可能维持进口粉尘浓度不变，顺时针缓慢旋转电压调节手柄，使电压慢慢升高进行实验测试，测定4次，读取并记录U_2、I_2；同时观察除尘系统中的含尘气流的变化情况和除尘效率。

五、实验数据记录与处理

1.数据记录

将测定实验数据记录于表2-5～表2-7。

表2-5 电除尘器处理风量测定结果记录表

当地大气压力 P/kPa	烟气相对湿度 $\Phi/\%$	除尘器管道横断面积 A/m^2	除尘器入口面积 F/m^2

表2-6 除尘效率与入口速度测定结果记录表

测定次数	U_2/kV	$Q_s/(m^3/h)$	$v_0/(m/s)$	除尘器进口气体含尘浓度/(mg/m^3)	除尘器出口气体含尘浓度/(mg/m^3)	除尘效率/%
1						
2						
3						

表 2-7　除尘效率与直流高电压测定结果记录表

测定次数	Q_s/(m³/h)	U_2/kV	除尘器进口气体含尘浓度/(mg/m³)	除尘器出口气体含尘浓度/(mg/m³)	除尘效率/%
1					
2					
3					

2.数据处理

(1)除尘效率与入口速度的关系。在 U_2、I_2 固定情况下，整理 4 组不同 v_0 下的 η 资料，绘制 v_0-η 实验性能曲线，分析入口速度对电除尘器除尘效率的影响。

(2)除尘效率与直流高电压 U_2 的关系。在 Q_s 固定情况下，整理 4 组不同 U_2 下的 η 资料，绘制 U_2-η 实验性能曲线，分析直流高电压对电除尘器除尘效率的影响。

(3)试根据绘制的 v_0-η、U_2-η 实验性能曲线，分析入口速度 v_0、直流高电压 U_2 对电除尘器除尘效率的影响的变化规律。

六、注意事项

1.实验中要注意人身安全，不要靠近高压电源、高压配电箱等处，以免发生意外。

2.已通过高压后，在调整放电极间距前，应通过接地棒将放电极上的电荷放掉，以免静电伤人。

3.经过一段时间实验后，应将放电极、收尘极和灰斗中粉尘清理干净，以保证前后实验结果的可比性。

七、思考题

1.电源输出电压高低对静电除尘器除尘效率有何影响？

2.实验步骤中要求发尘量随流量的增减而相应增减，试分析其原因。

实验四　碱液吸收气体中的二氧化硫

一、实验目的

1.改变气流速度，观察填料塔内气液接触状况和液泛现象。

2.掌握吸收法净化废气中 SO_2 的实验原理及操作过程。

二、实验原理

含 SO_2 的气体可采用吸收法净化。由于 SO_2 在水中溶解度不高，常采用化学吸收法。吸收 SO_2 的吸收剂种类较多，本实验采用 NaOH 溶液作为吸收剂，吸收过程发生的主要化学反应为：

$$2NaOH + SO_2 \longrightarrow Na_2SO_3 + H_2O \tag{2-12}$$

$$Na_2SO_3 + SO_2 + H_2O \longrightarrow 2NaHSO_3 \tag{2-13}$$

本实验过程中通过测定填料吸收塔进、出口气体中 SO_2 的含量，即可近似计算出吸收塔的平均净化效率，进而了解吸收效果。

原理：二氧化硫被甲醛缓冲液吸收后，生成稳定的羟甲基磺酸加成化合物，加碱后又释放出二氧化硫与盐酸副玫瑰苯胺作用，生成紫红色化合物，根据颜色深浅，比色测定。

比色步骤如下：

（1）将待测样品混合均匀，取 10mL 放入试管中。

（2）向试管中加入 0.5mL 0.6％的氨基磺酸钠溶液，和 0.5mL 的 1.5mol/L NaOH 溶液混合均匀，再加入 1.00mL 的 0.05％对品红混合均匀，20min 后比色。

（3）比色用 72 型分光光度计，将波长调至 577nm。将待测样品放入 1cm 的比色皿中，同时用蒸馏水放入另一个比色皿中作参比，测其吸光度（如果浓度高时，可用蒸馏水稀释后再比色）。

SO_2 浓度（$\mu g/m^3$）按下式计算：

$$c(SO_2) = \frac{(A_k - A_0) \times B_S}{V_s} \times \frac{L_1}{L_2} \tag{2-14}$$

式中　A_k——样品溶液的吸光度；

$\quad\quad A_0$——试剂空白溶液吸光度；

$\quad\quad B_S$——校正因子，$\mu g/(A \cdot 15mL)$（以 SO_2 计），$B_S = 0.044\mu g/(A \cdot 15mL)$（以 SO_2 计）；

$\quad\quad V_s$——换算成参比状态下的采样体积，L；

$\quad\quad L_1$——样品溶液总体积，mL；

$\quad\quad L_2$——分析测定时所取样品溶液体积，mL。

测定浓度时，注意稀释倍数的换算。实验中通过测出填料塔进、出口气体的全压，即可计算出填料塔的压降；若填料塔的进、出口管道直径相等，用 U 形管压差计测出其静压差即可求出压降。本实验采用填料吸收塔，用 5％ NaOH 或 Na_2CO_3 溶液吸收 SO_2。

通过实验可初步了解用填料塔的吸收净化有害气体研究方法，同时还有助于加深理解在填料塔内气液接触状况及吸收过程的基本原理。

三、实验装置与试剂

1. 实验装置

SO_2 吸收实验装置如图 2-4 所示。

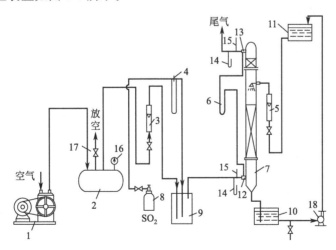

图 2-4　SO_2 吸收实验装置

1—空压机；2—缓冲罐；3—转子流量计（气）；4—毛细管流量计；5—转子流量计（水）；6—压差计；7—填料塔；
8—SO_2 钢瓶；9—混合缓冲器；10—储液槽；11—高位液槽；12,13—取样口；14—压力计；
15—温度计；16—压力表；17—放空阀；18—泵

吸收液从高位液槽经由水泵并通过转子流量计，由填料塔上部经喷淋装置喷入塔内，流经填料表面由塔下部排出，回入储液槽。空气由高压离心风机与 SO_2 气体相混合，配制成一定浓度的混合气。SO_2 来自钢瓶，并经流量计计量后进入进气管。含 SO_2 的空气从塔底部进气口进入填料塔内，通过填料层后，气体经除雾器后由塔顶排出。

2. 实验试剂

(1) 甲醛吸收液：将已配好的 20mg/L 甲醛吸收储备液稀释 100 倍后，供使用。

(2) 对品红储备液：将配好的 0.25% 的对品红稀释 5 倍后，配成 0.05% 的对品红，供使用。

(3) 1.50mol/L NaOH 溶液：称 NaOH 6.0g 溶于 100mL 容量瓶中，供使用。

(4) 0.6% 氨基磺酸钠溶液：称 0.6g 氨基磺酸钠，加 1.50mol/L NaOH 溶液 4.0mL，用水稀释至 100mL，供使用。

(5) 5% 碱液：将 26.25g NaOH 加适量蒸馏水溶解转移至 500mL 容量瓶，加水至刻度，供使用。

四、实验步骤

1. 连接实验装置，检查系统是否漏气，并在储液槽中注入配制好的 5% 的碱溶液。

2. 打开吸收塔的进液阀，并调节液体流量，使液体均匀喷淋，并沿填料表面缓慢流下，以充分润湿填料表面，当液体由塔底流出后，将液体流量调节至 400L/h 左右。

3. 开高压离心风机，调节气体流量，使塔内出现液泛。仔细观察此时的气液接触状况，并记录下液泛的气速。

4. 逐渐减小气体流量，在液泛现象消失后。即在接近液泛现象，吸收塔能正常工作时，开启 SO_2 气瓶，并调节其流量，使气体中 SO_2 的含量为 0.01%～0.5%（体积分数）。

5. 经数分钟，待塔内操作完全稳定后，开始测量并记录有关数据。

6. 在液体流量不变，并保持气体中 SO_2 浓度在大致相同的情况下，改变气体的流量，按上述方法，测取 4～5 组数据。

7. 实验完毕后，先关掉 SO_2 气瓶，待 1～2min 后再停止供液，最后停止鼓入空气。

五、实验数据记录与处理

1. 数据记录

将测定实验数据记录于表 2-8。

表 2-8　实验结果及整理

序号	气体流量/(L/h)	吸收液流量/(L/h)	液气比	液泛速度/(m/s)	空速/h^{-1}	塔内气液接触情况	净化率/%
1							
2							
3							
4							

2. 数据处理

(1) 填料塔的平均净化效率（η）可由下式近似求出：

$$\eta = \left(1 - \frac{c_2}{c_1}\right) \times 100\% \tag{2-15}$$

式中　c_1——填料塔入口处二氧化硫浓度，mg/m^3；

c_2——填料塔出口处二氧化硫浓度，mg/m^3。

（2）计算出填料塔的液泛速度：

$$v = Q/F \tag{2-16}$$

式中　Q——气体流量，m^3/h；

　　　F——填料塔截面积，m^2。

（3）绘出液量与效率的曲线 Q-η。

六、注意事项

1.碱液具有腐蚀性，操作时应佩戴手套，避免与皮肤直接接触；SO_2 具有刺激性，注意防止泄漏，并佩戴口罩。

2.填料塔吸收循环液中不宜含有固体（不能采用钙盐吸收剂），较长时间不用时需用清水洗涤。

3.在操作过程中，控制一定的液气比及气流速度，及时检查设备运转情况，防止液泛、雾沫夹带现象发生。

七、思考题

1.从实验结果标绘出的曲线，可以得出哪些结论？

2.通过实验，对吸收法净化废气有何新的认识？

实验五　炉内喷钙脱硫

一、实验目的

1.加深对干法脱硫工艺的了解，初步掌握脱硫效率的实验研究方法。

2.掌握钙硫比、停留时间、反应温度等因素对干法脱硫效率的影响。

二、实验原理

干法喷钙类脱硫工艺具有设备简单、投资低、脱硫费用少、占地面积小、脱硫产物呈干态而易于处理等特点，但是脱硫效率低，因此通常用于低硫煤电厂的脱硫，特别适用于老电厂的脱硫改造。

喷钙脱硫技术由两步脱硫反应组成。首先，作为固硫剂的石灰石粉料喷入锅炉炉膛，$CaCO_3$ 分解成 CaO 和 CO_2，热解产生的 CaO 与烟气中的 SO_2 反应，脱除一部分硫：

$$CaO + SO_2 + \frac{1}{2}O_2 \longrightarrow CaSO_4 \tag{2-17}$$

然后，烟气进入锅炉后部的活化反应器（或烟道），通过有组织的喷水增湿，一部分尚未反应的 CaO 转变成具有较高反应活性的 $Ca(OH)_2$，继续与烟气中的 SO_2 反应，从而完成脱硫的全过程：

$$CaO + H_2O \longrightarrow Ca(OH)_2$$

$$Ca(OH)_2 + SO_2 + \frac{1}{2}O_2 \longrightarrow CaSO_4 + H_2O \tag{2-18}$$

系统脱硫性能的主要因素包括炉膛喷射石灰石的位置、石灰石的粒度、活化器内的喷水量和钙硫比等。

三、实验仪器与装置

1.实验装置

管式沉降炉实验系统如图 2-5 所示。

实验用 SO_2 模拟气体是由压缩空气和钢瓶气混合而成的。SO_2 模拟气体中的氧气含量通过调整压缩空气的流量进行调整，SO_2 浓度水平通过调节纯 SO_2 钢瓶控制，CO_2 气体含量通过调节 CO_2 钢瓶气体控制，最后通过调整 N_2 钢瓶流量进行气体平衡调整。

温度系统由温控仪和热电偶组合而成，温控仪最高控制温度可达 1700℃，温控仪与两根热电偶配合使用。

对于微量给粉而言，给粉量的控制精度将直接影响到实验结果的精度。保证给粉量精度和物料均匀连续地加入烟气中是提高实验精度的重要保障。本实验采用气力-振动式给粉装置，如图 2-6 所示。

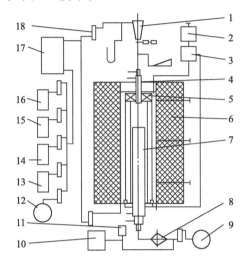

图 2-5　管式沉降炉实验系统示意图

1—给粉器；2—调压器；3—温控仪；4—水冷输粉管；
5—调直器；6—试验炉；7—水冷取样枪；8—气固分离器；
9—真空泵；10—抽气泵；11—气体分析仪；12—空压机；
13—氮气瓶；14—氧气瓶；15—CO_2 瓶；
16—SO_2 瓶；17—混合器；18—流量计

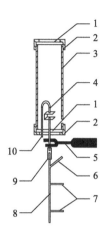

图 2-6　气力-振动式给粉装置示意图

1—橡胶板；2—端盖；3—钢管；4—给粉器；
5—振动器；6—输粉风入口；7—测压点；
8—测压立管；9—连接胶管；
10—给粉风入口

在给粉过程中，固硫剂（石灰石粉）装入给粉管，气体从上部吹入，造成粉状脱硫剂上部局部流态化。同时，为了避免物料在给粉管中发生堵塞，振荡给粉管，导致固硫剂从下部细管由给粉气流引出送入反应炉。改变脱硫剂给粉量，可以通过调节振荡器的输入电压来改变振荡幅度加以实现。由于在固定流化气量的前提下，给粉量和给粉管下部细管的压降呈线性关系，在实际操作中可以利用这个关系来控制给粉量。具体方法是：首先，获得给粉量和压降比的实验曲线，利用线性回归拟合关系式；然后，根据需要的给粉量，计算所需的压力降；最后，调节气流大小和振荡器电压就可以调整压力降，进而控制给粉量。

2.实验仪器

本实验的气体测量系统主要采用脉冲荧光 SO_2 分析仪。整个系统在使用前需先用 SO_2 标准气体进行标定。在实验前需要预热 1h 左右。

四、实验步骤

本实验采用单因素实验方法，分别研究钙硫比、停留时间和反应温度对脱硫效率的影响。

1.钙硫比的影响

设定 SO_2 的初始浓度（体积分数）为 $1000×10^{-6}$，反应温度和停留时间分别为 1000℃

和 2s，钙硫比分别取 0.5、1.0、1.5、2.0 和 2.5。

2. 停留时间的影响

设定反应温度为 1000℃，SO_2 体积分数为 1000×10^{-6}，钙硫比为 2，停留时间 0.2～2.0s。

3. 反应温度的影响

设定 SO_2 体积分数为 1000×10^{-6}，钙硫比为 2，停留时间 2s，温度分别取 700℃、800℃、900℃、1000℃、1100℃ 和 1200℃。

五、实验数据记录与处理

1. 数据记录

将测定实验数据记录于表 2-9～表 2-12。

2. 数据处理

（1）给粉器的给粉量与压力降之间的关系。线性拟合给粉器的给粉量与压力降之间的关系。

表 2-9　压力降与给粉量之间的关系

实验次数	1	2	3	4	5	···
压力降/Pa						
给粉量/(g/h)						

（2）炉内喷钙脱硫效率。绘制脱硫效率随各因素的变化曲线。

表 2-10　钙硫比对脱硫效率的影响

SO_2 初始浓度：1000×10^{-6}　反应温度：1000℃　停留时间：2s　处理气量：_____ m^3/h

钙硫比	0.5	1.0	1.5	2.0	2.5	···
脱硫剂用量/(g/h)						
排气浓度/10^{-6}						
$\eta/\%$						

表 2-11　停留时间对脱硫效率的影响

SO_2 初始浓度：1000×10^{-6}　反应温度：1000℃　钙硫比：2

停留时间/s	0.2	0.5	1.0	1.5	2.0	···
处理气量/(m^3/h)						
脱硫剂用量/(g/h)						
排气浓度/10^{-6}						
$\eta/\%$						

表 2-12　反应温度对脱硫效率的影响

SO_2 初始浓度：1000×10^{-6}　停留时间：2s　钙硫比：2

处理气量：_____ m^3/h　脱硫剂用量：_____ g/h

反应温度/℃	700	800	900	1000	1100	1200
排气浓度/10^{-6}						
$\eta/\%$						

六、注意事项

1. 碱液具有腐蚀性，操作时应佩戴手套，避免与皮肤直接接触。

2. SO_2 具有刺激性，注意防止泄漏，并佩戴口罩。

七、思考题

1. 钙硫比、停留时间和反应温度等因素是如何影响脱硫效率的？

2. 分析脱硫率随温度变化的原因。

<h2 style="text-align:center">实验六　选择性催化还原法（SCR）去除氮氧化物</h2>

一、实验目的

1. 熟悉催化转化法去除氮氧化物的原理。

2. 掌握 SCR 催化转化氮氧化物废气处理的特性与规律。

3. 掌握 SCR 催化转化法去除氮氧化物的实验过程及操作方法。

二、实验原理

随着我国烟气和机动车尾气排放标准日益严格，对烟/尾气中的主要污染物氮氧化物（NO_x）在富氧条件下的排放控制变得越来越紧迫，而其中最有效易行的就是选择性催化还原法（SCR）——通过在 SCR 装置或催化转化器将 NO_x 转化为无害的氮气。

在催化剂的作用下，烟气/汽车尾气中的氮氧化物被外加的氨气还原剂选择性还原，总的反应方程式为：

$$4NO+4NH_3+O_2 \longrightarrow 4N_2+6H_2O \tag{2-19}$$

$$2NO_2+4NH_3+O_2 \longrightarrow 3N_2+6H_2O \tag{2-20}$$

本实验以钢瓶气为气源，以高纯氮气为平衡气，模拟烟气/汽车尾气中一氧化氮（NO）和氧气（O_2）浓度，并设定其流量，在不同温度下，通过测量催化剂反应器进出口气流中 NO_x 的浓度，评价催化剂对 NO_x 的去除效率。

通过改变气体总流量改变反应的空速（GHSV，气体量与催化剂样品量之比，h^{-1}），通过调节 NO 的进气量改变其入口浓度，评价催化剂在不同空速、不同 NO 入口浓度条件下的活性。

三、实验仪器与装置

本实验采用固定床反应器实验系统。利用高压钢瓶气 N_2、NO、O_2、NH_3 模拟汽车尾气，反应器进出口的 NO_x 浓度由尾气分析仪测定。本实验采用的催化剂为自制 SCR 催化剂。

SCR 固定床反应器实验装置如图 2-7 所示。

四、实验步骤

1. 催化剂的选择

本实验设备中采用的是 V_2O_5 催化方式。

2. 催化剂活性评价

（1）称取催化剂样品约 200mg，装填于反应器中。

（2）连接实验系统气路，检查气密性。

（3）调节质量流量计设置各气体流量，使总流量约为 200mL/min，NO 浓度约为 500×10^{-6}，NH_3 约为 500×10^{-6}，O_2 约为 5%，设置气路为旁通（气体不经过反应器），测量并记录不经催化转化的 NO_x 浓度，即入口浓度。

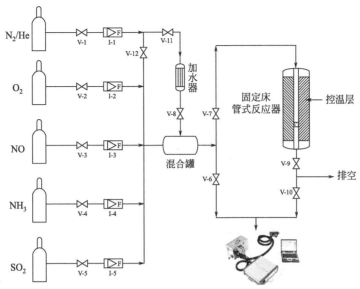

图 2-7　SCR 固定床反应器实验装置

（4）切换气路使气体通过反应器，设定反应器初始温度为 150℃。

（5）待温度稳定后测定 NO_x 浓度，待其稳定后记录数值，即为 NO_x 的出口浓度。

（6）以 5℃/min 的速率将反应器温度升至 450℃，每隔 20℃记录一次数据，到达指定温度后实验结束，关闭 NO、O_2 和 NH_3，降温。

（7）关闭气瓶及仪器，关闭系统电源，整理实验室。

3.空速对催化转化效率的影响

在催化剂活性最高的两个温度下，通过改变总气量改变反应空速，测定催化剂的活性，每个流量下待出口浓度稳定后记数。

流量设定为 200mL/min、400mL/min、600mL/min、800mL/min。

五、实验数据记录与处理

1.数据记录

将测定实验数据记录于表 2-13 和表 2-14。

表 2-13　催化剂制备条件记录表

实验日期：_____　　记录人：_____				
催化剂：_____　　　　　制得催化剂重量/g：_____				
前驱体				
称取重量/g				
最终组成及比例				
实验步骤：				
1	称量			
种类及质量				
2	溶解			
溶液种类				
去离子水体积/mL				
操作顺序及现象				

实验步骤:					
3	浸渍				
搅拌时间/h		转速/(r/min)		加热时长/min	
4	烘干及焙烧				
烘干温度及时间		焙烧温度及时间		升温速率/(℃/min)	

表 2-14 转化效率影响实验记录表

实验日期:_____ 记录人:_____					
催化剂:_____		重量/mg:_____			
气体	N_2	NO		O_2	NH_3
流量/(mL/min)					
浓度					
空速:					
温度/℃	150	170	190	210	230	250
NO_x 出口浓度/10^{-6}						
转化效率/%						
温度/℃	270	290	310	330	350	370
NO_x 出口浓度/10^{-6}						
转化效率/%						
温度/℃	390	410	430	450		
NO_x 出口浓度/10^{-6}						
转化效率/%						

2. 数据处理

（1）绘制操作效率-温度、效率-空速曲线。

（2）计算最佳条件下催化剂的活性，对实验条件下的催化剂去除氮氧化物的性能进行评价。

六、注意事项

1. 实验前检查装置是否接通电源，保证反应器各截止阀处于关闭状态。

2. 气体钢瓶须按规范操作，检漏时开启各钢瓶阀门，将减压阀二次表调至 0.3MPa 左右。

3. NO_x 具有刺激性，实验过程注意防止泄漏，并佩戴口罩。

七、思考题

1. 催化反应动力学及反应机理是什么？

2. 实验中有何存在的问题及尚需改进的地方？

<h2 style="text-align:center">实验七 活性炭吸附气体中的氮氧化物</h2>

一、实验目的

1. 理解吸附法净化有毒废气的原理和特点。

2.掌握活性炭吸附、样品分析和数据处理的技术。

二、实验原理

活性炭吸附广泛应用于防止大气污染、水质污染或有毒气体净化领域。用吸附法净化氮氧化物尾气是一种简便、有效的方法。通过吸附剂的物理吸附性能和大的比表面将尾气中的污染气体分子吸附在吸附剂上；经过一段时间，吸附达到饱和。然后使吸附质解吸下来，达到净化的目的，吸附剂解吸后重复使用。

活性炭是基于其较大的比表面（可高达 $1000m^2/g$）和较高的物理吸附性能吸附气体中的氮氧化物。活性炭吸附氮氧化物是可逆过程，在一定的温度和压力下达到吸附平衡，而在高温、减压下被吸附的氮氧化物又被解吸出来，活性炭得到再生。

在工业应用中，由于活性炭填充层的操作条件根据活性炭的种类，特别是吸附细孔的比表面、孔径分布以及填充高度、装填方法、原气条件的不同而异。所以通过实验应该明确吸附净化尾气系统的影响因素较多，操作条件是否合适直接关系到方法的技术经济性。

本实验采用玻璃夹套式 U 形吸附器，用活性炭作为吸附剂，吸附净化浓度约 2500×10^{-6} 的模拟尾气，得出吸附净化效率数据。

三、实验仪器与试剂

1.实验仪器规格

吸附器，硬质玻璃材质，直径 $d=15mm$，高度 $H=150mm$，1 个；果壳活性炭，粒径 200 目；42L 医用氧气袋，1 个；10L 氮气瓶，1 个；多孔玻板吸收管，2 只；比色管，30 支；LZB-3WB 玻璃转子流量计，0.2~2L/min；721 型分光光度计，1 台。

2.实验试剂

对氨基苯磺酸，分析纯，1 瓶；盐酸萘乙二胺，分析纯，1 瓶；冰醋酸，分析纯，1 瓶；亚硝酸钠，分析纯，1 瓶。

3.实验的装置、流程

本实验采用 U 形吸附器，如图 2-8 所示。吸附器内装填活性炭。

活性炭吸附实验装置如图 2-9 所示。

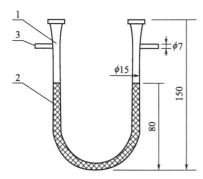

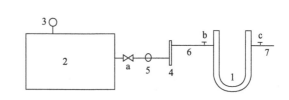

图 2-8　吸附器结构简图

1—吸附器；2—吸附层；30—进气口

图 2-9　活性炭吸附实验装置

1—U 形管吸附器；2—氧气袋；3—真空压力表；4—转子流量计；

5—稳压阀；6—进气取样口；7—出气取样口；

a—针形阀；b,c—霍夫曼夹

四、实验步骤

1.准备 NO_2 吸收。确定合适的装炭量和气体流量，一般预选气体浓度为 2500×10^{-6}

左右，气体流量约 50L/h，装炭量 10g。

2.检查管路系统，使阀门 a 关闭，处于吸收系统状态。

3.开启阀门 a、b 和 c，保持气流稳定流动，同时记录开始吸附的时间。

4.运行开始后每 5min 取样分析，每次取样 3 个。

5.当吸附进化效率低于 80％时，停止吸附操作。

6.实验结果取样分析用盐酸萘乙二胺比色法。

五、实验数据记录与处理

1.数据记录

将不同时间下测试的吸光度测定数据记录于表 2-15。

表 2-15　不同时间下测试的吸光度测定数据

次数	0min	5min	10min	15min	20min	25min	30min	35min	40min	45min	…
1											
2											
3											

2.数据处理

（1）根据吸光度值计算 NO_2 浓度。

（2）绘制活性炭吸附 NO_2 的穿透曲线。

六、注意事项

1.玻璃 U 形吸附器易碎，实验中注意用力适度，不要损坏。

2.气体钢瓶须按规范操作，NO_x 具有刺激性，实验过程注意防止泄漏，并佩戴口罩。

七、思考题

1.吸附剂的比表面积越大，其吸附容量和吸附效果就越好吗？为什么？

2.活性炭吸附 NO_x 随时间的增加吸附净化效率逐渐降低，试从吸附原理出发分析活性炭的吸附容量及操作时间。

实验八　表面活性剂促进水吸收法治理氯苯废气

一、实验目的

1.熟悉吸收塔的基本原理及构造，掌握设备操作过程。

2.熟悉表面活性剂促进吸收的基本原理。

二、实验原理

目前，挥发性有机物净化通常采用液体吸收法，其具有工艺成熟、使用范围广和费用低等优点。但氯苯在水中的溶解度很小，因此提高液体吸收法净化低浓度氯苯废气效率的关键就在于尽量突破亨利定律的限制，使低浓度下氯苯水溶液的平衡浓度达到或接近其饱和溶解度。基于表面活性剂具有亲水和亲脂基团，可以降低液相的表面张力，减小液膜阻力；在浓度达到临界胶束浓度后可在液相中形成胶团，从而提供大量的疏水空间，从而对氯苯等难溶有机物具有增溶作用。

本实验采用含氯苯气体作为目标污染物进行研究，将表面活性剂添加到填料塔的喷淋液中，分析其在不同浓度下对氯苯吸收效果的影响。填料塔吸收工艺流程如图 2-10 所示。

三、实验仪器与装置

1. 实验装置

水吸收塔实验装置；废气配气系统；微型真空泵、微量注射器、具塞试管、活性炭采样管。

2. 实验仪器

气相色谱仪。

3. 实验试剂

氯苯，色谱纯；二硫化碳，色谱纯；表面活性剂，Tween-80。

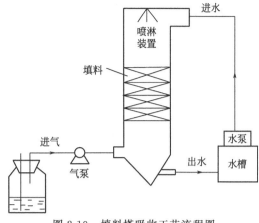

图 2-10 填料塔吸收工艺流程图

四、实验步骤

1. 采集未加表面活性剂的气体样品

先在未加表面活性剂的条件下以吸收塔逆流吸收废水中的氯苯，吸收过程持续 90min，每 15min 采集一个吸收后废气样品。同时采集进气样品。

2. 采集加入表面活性剂的气体样品

在吸收液中加入表面活性剂 Tween-80，浓度为 60mg/L，再逆流吸收废气，吸收过程持续 90min，每 15min 采集一个吸收后废气样品。同时采集进气样品。

3. 检测气体样品

用气相色谱仪来检测气体样品的氯苯含量。

4. 色谱条件

柱温：180℃；载气：高纯氧，流量 1.5mL/min；气化室温度：225℃；燃气：氢气，流量 50mL/min；检测器温度：250℃；助燃气：空气，流量 300mL/min。

5. 绘制标准曲线

分别加入 0.2mL、0.5mL、0.9mL、1.4mL、1.8mL、2.5mL 的氯苯纯溶液于 10mL 的棕色容量瓶中，用二硫化碳定容，绘制成浓度梯度分别为 22.1mg/L、55.3mg/L、99.5mg/L、154.8mg/L、199.1mg/L、387.1mg/L 的标准溶液，然后分别测量。

五、实验数据记录与处理

1. 数据记录

将测定数据记录于表 2-16。

表 2-16　表面活性剂促进水吸收法治理氯苯废气实验记录表

氯苯量/μL	浓度/(mg/L)	峰面积
0.2		
0.5		
0.9		
1.4		
1.8		

2. 数据处理

(1) 根据数据绘制标准曲线。

（2）对比表面活性剂添加前后水吸收氯苯废气效率的变化。

六、注意事项

1. 氯苯具有毒性和刺激性，实验过程注意防止泄漏，并佩戴口罩。

2. 填料塔分为几个单元，各单元之间用多孔板分隔，以保证气流均匀分布。

七、思考题

1. 试说明为什么加入表面活性剂会增加水体对氯苯的吸收。

2. 试陈述吸收塔的类型、构造及吸收原理。

实验九　CO_2 吸收能力的测定

一、实验目的

1. 了解二氧化碳吸收装置的基本结构及流程。

2. 掌握二氧化碳吸收量的计算方法。

3. 掌握吸收剂在不同温度下对二氧化碳吸收速率的变化规律。

二、实验原理

温室效应引起的气候变暖已成为全球性的重要环境问题，化石能源的使用产生的大量 CO_2 是引起气候变暖的主要原因。开发有效的 CO_2 捕集技术受到广泛关注。目前已发展了化学吸收法、吸附法、膜吸收法和低温蒸馏法、离子液体法等 CO_2 捕集技术，其中化学吸收法是目前最有效的 CO_2 捕集技术。

化学吸收法是利用化学吸收剂与二氧化碳发生化学反应以达到吸收二氧化碳的目的，化学吸收剂包括无机吸收剂、有机吸收剂和混合吸收剂等。化学吸收法中吸收液直接与气体进行接触，因此有高选择性，应用较为广泛，技术较为成熟。化学吸收法常用的吸收剂有氨水、热钾碱溶液、有机胺溶液、氢氧化钠溶液等。化学吸收法的优点主要有：①对二氧化碳的分离效果好，处理量大，且脱除产品纯度高；②该方法适合于二氧化碳分压低的情况。

采用热的碳酸钠溶液来吸收原料气中的二氧化碳从而生成碳酸氢钠，达到脱除二氧化碳的目的。总反应方程式为：

$$Na_2CO_3 + CO_2 + H_2O \Longleftrightarrow 2NaHCO_3 \qquad (2-21)$$

在一系列基元反应步骤中 CO_2 直接参与了其中两个反应：

$$CO_2 + OH^- \Longleftrightarrow HCO_3^- \qquad (2-22)$$

$$CO_2 + H_2O \Longleftrightarrow HCO_3^- + H^+ \qquad (2-23)$$

该化学反应为可逆反应，人们利用这个反应原理吸收和分离回收二氧化碳。反应进行的程度不仅与化学平衡有关，还和气液平衡有关。吸收时碳酸钠与二氧化碳反应生成碳酸氢钠；解吸时将其加热至碳酸氢钠的分解温度即可发生逆反应，释放出 CO_2 并重新生成碳酸钠。

三、实验仪器与装置

图 2-11 为 CO_2 吸收实验装置。

将 CO_2 通入吸收液，通气量为 50mL/min，由转子流量计控制。每隔一段时间，经不分光红外 CO_2 分析仪（精度为 $\pm 0.02\%$）检测出气口 CO_2 浓度，计算对 CO_2 的吸收量。吸收实验在常温常压下进行。

四、实验步骤

1. 配制 CO_2（$0.7\% < c < 1.0\%$）

采用动态配气法配制 CO_2（$0.7\% < c < 1.0\%$）。

2. 配制吸收剂碳酸钠溶液（$m = 0.04732g$）

称取 0.05g Na_2CO_3 粉末于 250mL 烧杯中，加入 160mL 蒸馏水充分溶解，转移至 250mL 圆底烧瓶。

3. 组装 CO_2 吸收装置

（1）设置水浴锅温度（20℃）。

（2）接通不分光红外 CO_2 分析仪电源，开机预热 30min。

（3）将装有吸收剂碳酸钠溶液的圆底烧瓶塞上具 L 形连通管的橡胶塞，其中一端插

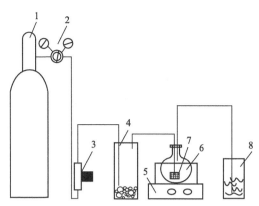

图 2-11　CO_2 吸收实验装置

1—CO_2 钢瓶；2—气体减压阀；3—转子流量计；
4—气体缓冲瓶；5—水浴锅；6—圆底烧瓶；
7—曝气头；8—尾气吸收瓶

入吸收剂液面底部，另一只置于吸收剂液面上，然后置于水浴锅中。

（4）对 CO_2 气袋施压，观察转子流量计，并调节其底部旋钮控制 CO_2 流量在 50mL/min 匀速流动。

（5）CO_2 气袋右侧与圆底烧瓶连接。

（6）在开始计时，每隔 4min 使用通过不分光红外 CO_2 分析仪测定右端为尾气口 CO_2 浓度，并记录下数据，直至浓度低于仪器检测下限或 CO_2 浓度达到稳定值。

五、实验数据记录与处理

1. 数据记录

每隔 4min 记录一次数据直至实验结束，将测定数据记录于表 2-17。

表 2-17　不同温度下碳酸钠对 CO_2 的吸收量随时间的变化　　　　单位：10^{-3}

温度/℃	0min	2min	4min	8min	12min	16min	20min	24min	28min	32min	…
20											
40											
60											

2. 数据处理

根据数据绘制曲线，分析曲线变化规律和原因。

六、注意事项

1. 严格控制吸收瓶中的液位，保持在一定的高度。

2. 转子流量计的使用方法：读数方法应该以浮标最大截面的位置为准。

3. 调节气、水流量时要缓慢调节。

七、思考题

1. 如何能够获取恒速稳定的 CO_2 源？

2. 试分析如何增加 CO_2 的吸收性能。

实验十　吸附法治理恶臭气体

一、实验目的

1. 了解甲硫醇的基本性质和配气原理。
2. 了解活性炭吸附甲硫醇的基本原理和工艺流程。
3. 掌握甲硫醇的测定方法及其原理。

二、实验原理

凡是能刺激人的嗅觉器官，普遍引起不愉快或厌恶、损害人体健康的气体称为恶臭气体。恶臭污染是大气、水、废弃物等物质中的异味通过空气介质，作用于人的嗅觉思维而感知的一种污染，是一种日益引起全球重视的大气污染公害。地球上存在的 200 多万种化合物中，1/5 具有气味，约有 1 万种为重要的恶臭物质。除硫化氢和氨外，恶臭物质大多为有机物。这些有机物具有沸点低、挥发性强等特征，简称 VOCs（挥发性有机化合物）。

恶臭物质分布广、影响大，它除了刺激人的嗅觉器官使人觉得不愉快外，还对人的呼吸系统、消化系统、内分泌系统、神经系统和精神产生不利影响，高浓度情况下会导致急性中毒甚至死亡。

吸附法是使得恶臭气体通过吸附剂填充层而被吸附去除的方法，常用的吸附剂一般为活性炭、硅藻土以及陶瓷碎片等。有时也根据吸附气体成分的特殊性使用添加药剂的吸附填料。在吸附法中较常用的方法是活性炭吸附法。利用气体吸附来治理恶臭气体是一种行之有效的方法。被吸附到固体表面的物质称为吸附质，附着吸附质的物质称为吸附剂。吸附现象的发现及其应用具有悠久的历史，广泛应用于基本有机化工、石油化工等生产部门，成为必不可少的分离手段。由于吸附过程能有效地捕集浓度很低的有害物质，在环境保护方面的应用越来越广泛。如有机污染物的回收净化、低浓度二氧化硫和氮氧化物尾气的净化处理等。吸附过程既能使尾气达到排放标准保护大气环境，又能回收这些气态污染物，实现废物资源化。

虽然所有的固体表面，对于流体或多或少都具有物理吸附作用，但合乎工业要求的吸附剂，必须具备下面几个条件：①要具有巨大的内表面，而其外表面往往仅占总表面的极小部分，故可看作是一种极其疏松的固态泡沫体；②对不同气体具有选择性的吸附作用；③较高的机械强度、化学与热稳定性；④吸附容量大；⑤来源广泛，造价低廉；⑥良好的再生性能。

活性炭是应用最早、用途较广的一种优良吸附剂。它是由各种含碳物质干馏炭化并经活化处理而得到的，炭化温度一般低于 873K，活化温度为 1123～1173K，通常活化剂为水蒸气或热空气。近年来，氯化锌、氯化镁、氯化钙及硫酸盐也用作活化剂。

活性炭是孔穴十分丰富的吸附剂，比表面积为 $600\sim1600\text{m}^2/\text{g}$，具有优异的吸附能力。制作活性炭的原材料来源非常广泛，各种木材、木屑、果壳、泥煤、褐煤、烟煤和无烟煤以及各种含碳的工业废物都可以制成活性炭。

本实验根据吸附原理，以甲硫醇为目标污染物，经过实验室配气，完成低浓度甲硫醇吸附净化。吸附剂采用活性炭，主要的吸附装置为活性炭填料塔。在填料塔内，甲硫醇被活性炭填料吸附，干净的气体通过排出口排出。实验中需要完成配气、吸附装置启动、测试以及吸附装置停止等各项操作。

三、实验仪器与装置

1. 实验装置

吸附实验装置如图 2-12 所示，包括鼓风机、恶臭气体发生器、缓冲罐和活性炭填料柱。

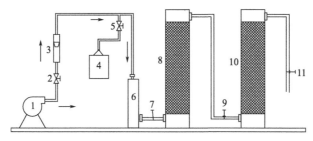

图 2-12 吸附实验装置

1—鼓风机；2—进气流量控制阀门；3—流量计；4—恶臭气体发生器；5—恶臭气体发生器出口阀；
6—缓冲罐；7—进口取样点（c_0）；8——级活性炭填料柱；9——级吸附取样点（c_1）；
10—二级活性炭填料柱；11—二级吸附取样点（c_2）

2. 实验仪器及试剂

活性炭；100mL 注射器（带橡胶封头）10 根；气相色谱仪；甲硫醇。

四、实验步骤

1. 实验准备

（1）按流程图搭好实验装置并试漏。

（2）校定流量计并绘出流量曲线图。

（3）将活性炭放入烘箱中，在 100℃以下烘 1~2h，过筛备用。

2. 实验步骤

（1）标准曲线绘制：用 6 支 100mL 注射器分别吸 0mL、5mL、10mL、20mL、30mL、50mL 甲硫醇标准气（1mg/mL），用清洁空气稀释至 100mL，其浓度分别为 0mg/m^3、50mg/m^3、100mg/m^3、200mg/m^3、300mg/m^3、500mg/m^3；用气相色谱对标准样品进行测定，测量峰面积或峰高，绘制标准曲线。

（2）称取适量活性炭，装入填料柱（填料装填高度约为 30cm）；对一级填料柱进行称重。

（3）开启进气流量控制阀。

（4）开启鼓风机并调节流量，根据填料柱直径，计算空塔流速为 0.2m/s 时的流量。

（5）将甲硫醇（分析纯）试剂置入恶臭气体发生器内的鼓泡瓶，鼓泡口低于液面高度；小鼓泡瓶置于超级恒温水浴槽内，根据不同废气浓度选择不同的水浴温度；开启恶臭气体发生器出口阀，控制入口甲硫醇浓度约为 300mg/m^3。

（6）每间隔 5min 取样检测一级吸附塔出口气体中甲硫醇浓度。

（7）当一级活性炭吸附柱出口甲硫醇浓度有甲硫醇检出时，停止实验。

（8）停止实验时，先关闭恶臭气体发生器出口阀，然后停掉鼓风机。

（9）拆下一级填料柱进行称重。

（10）整理实验室内务，切断所有带电设备电源。

五、实验数据记录与处理

1. 数据记录

按表 2-18 记录实验数据。

表 2-18 吸附实验记录表

第_____组 姓名_____ 实验日期_____ 温度_____ 相对湿度_____

时间/min	气体流量/(L/min)	C_0/(mg/m³)	C_1/(mg/m³)	C_2/(mg/m³)	吸附量/mg
0					
5					
10					
15					
20					

2.数据处理

（1）根据测定数据绘制吸附曲线，确定常数 K、n。

（2）连续流系统：绘制第一根吸附柱的穿透曲线；计算甲硫醇在不同时间内转移到活性炭表面的量，计算法可以采用图解面积法（矩形法或梯形法），求得吸附管进气或出气曲线与时间的面积；画出甲硫醇去除量与时间的关系曲线。

六、注意事项

1.实验中应确保系统密封无泄漏。

2.入口甲硫醇浓度可通过温度控制，必要时可引入小股气流进入恶臭气体发生器。

3.应定期对二级吸附活性炭填料进行更换。

4.取样品时，应在取样前开启取样阀，取样后迅速关闭取样阀。

5.注意操作顺序，避免室内污染。

七、思考题

1.影响吸附容量的因素有哪些？在实验中若空塔气速、进口浓度值发生变化，将会对吸附容量值产生什么影响？

2.若要测定气体进口浓度的变化对吸附容量的影响，该怎样做实验？

第二节 综合性实验

实验一 烟气压力、流速及流量的测定

一、实验目的

1.掌握气体净化系统中测量烟气压力的方法。

2.掌握通过压力计算烟气流速及流量的方法。

二、实验原理

在一个气体净化系统安装完成后，正式投入运行前，不需进行试运行和测试调整。对于已经运转但效果不好的净化系统，则需通过测试等方法查明原因，找出解决问题的方法。在正常运行中，也需连续或定期地检测净化装置的操作参数，如温度、压力、流量及排放浓度等。

1.测定位置的选择和测点的确定

在测定管道中气体的温度、湿度、压力、流速及污染物浓度之前,都需要先选择好合适的测定断面位置,确定适宜的测点数目。这对于测试结构是否准确,是否有代表性,并耗用尽可能少的人力和时间,是一项非常重要的准备工作。

(1)测点位置的选择

测定断面的位置,应尽可能选在气流分布均匀稳定的直管段,避开产生涡流的局部阻力构件(如弯头、三通、变径管及阀门等)。若测定断面之前有局部阻力构件时,则测定断面局部阻力构件时,两者相距最好大于3D。测定断面距局部阻力构件的距离,原则上至少在1.5D以上,同时要求管道中气流速度在5m/s以上。此外,由于水平管道中的气流速度分布和污染物浓度分布一般不如垂直管道内均匀,所以在选择测定断面位置时应优先考虑垂直管段。

确定断面位置附近要有足够的空间,便于安放测试仪器和进行操作,同时便于接通电源等因素,也是需要考虑的问题。

圆形管道的测点如图2-13所示。

(2)测点的确定

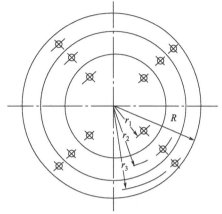

图 2-13 圆形管道的测点

测定位置选定后,还应根据管道截面形状和大小等因素确定测点的数目。当管道较大且其中气流和污染物分布不均匀时,测点数目适当多些,但也不宜过多,以免测定工作量加大。通常是将管道断面划分成若干个等面积圆环(或矩形),各个等面积圆环(或矩形)的中心作为测点。对于圆形管道和矩形管道内测点的确定方法分别介绍如下。

① 圆形管道 对于圆形断面的管道,采用划分为若干等面积同心圆环的方法。圆环数目取决于管道直径的大小,一般可按表2-19的规则确定。但管道直径大于5m时,应按每个圆环面积不超过1m²来划分。在每个圆环面积中设四个测点,四点位于相互垂直的两直径上(图2-13)。各测点距管道内壁的距离按下式计算:

在1m<D/2的区间
$$l = \frac{D}{2}\left(1 - \sqrt{\frac{2n-1}{2m}}\right) \tag{2-24}$$

在1m>D/2的区间
$$l = \frac{D}{2}\left(1 + \sqrt{\frac{2n-1}{2m}}\right) \tag{2-25}$$

表 2-19 圆形管道等面积圆环数和测点数的确定

管道直径 D/m	圆环数	测点数
$D<1$	1~2	4~8
$1<D<2$	2~3	8~12
$2<D<3$	3~4	12~16
$3<D<5$	4~5	16~20

为了测定计算方便,表2-20中给出了测点距管道内壁的距离,其中的点号是从管壁算起的一个轴向的点数,测点距离是以与管道直径之比的形式给出。

表 2-20　测点距离管道内壁的距离（以管道直径 D 计）

测点号	圆环数					
	1	2	3	4	5	6
1	0.146	0.067	0.044	0.033	0.022	0.021
2	0.854	0.250	0.146	0.105	0.082	0.067
3		0.750	0.294	0.195	0.145	0.118
4		0.933	0.706	0.321	0.227	0.177
5			0.854	0.679	0.334	0.250
6			0.956	0.805	0.656	0.355
7				0.895	0.773	0.645
8				0.967	0.855	0.750
9					0.918	0.823
10					0.978	0.882
11						0.993
12						0.979

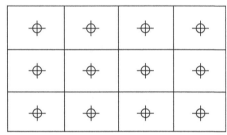

图 2-14　矩形管道的测点位置

② 矩形管道　对于矩形断面的管道，通常是划分成若干等面积的小矩形（或正方形），每个小矩形的中心即为测点的位置（图 2-14）。小矩形数目（即测点数）可按表 2-21 确定。表中数值仅适用于断面积小于 $20m^2$ 的管道。当管道断面积大于 $20m^2$ 时，每个小矩形的边长不应超过 1m。

在测定断面位置和测点数确定后，还需适当确定管壁上开孔的位置和数目。原则上测孔要尽可能少开，但又能满足使测点管（测压管和采样管）插到各测点的需要。对于圆形管道，至少要开两个测孔，最多为四个。对于水平敷设的矩形管道，一般可沿垂直边开孔，尽量避免在易积尘的底边开孔。当用滤筒作为内部采样装置时，也不要在水平管道的顶部开孔，以免采样时滤筒的进口朝下将捕集的尘样倒出来。测孔的大小应以能把最大的采样装置插入管道为准，通常测孔直径应不小于 75mm。为了便于经常打开使用，测孔上可焊一节短管，装一丝堵。当被测气体是高温或有毒气体，且又处于正压状态时，为防止气体外喷伤人，采样孔应有防喷装置，如装一带有闸板阀的密封管等。

表 2-21　矩形管道测点数的确定

管道断面积 A/m^2	等面积小矩形数	测点数	小矩形的最大边长/m
$A<1$	2×2	4	0.5
$1<A<4$	3×3	9	0.7
$4<A<9$	3×4	12	1
$9<A<16$	4×4	16	1
$16<A<20$	4×5	20	1

2.压力的测定

管道中气体压力的测定包括全压 P_t、静压 P_s 和动压 P_k 三项。管道中任一点气流的全压等于该点的气流静压和动压的代数和，即 $P_t=P_s+P_k$。因此，这三项数值可以根据需要分别测量，也可以测得其中两项而求出第三项。

管道中气流的压力一般用测压管配用不同测量范围和精度的压力计测得。常用的压力计有 U 形压力计、倾斜式微压计和补偿式微压计等。常用的测压管有毕托管。标准毕托管有足够的精度，其校正系数近似于 1。但由于它的测孔很小（尤其是静压孔），用于含尘气流中测定时容易堵塞，因此标准毕托管适宜于在较清洁的管道中使用，或用于校正其他毕托管或流量测量装置。S 形毕托管适合于含尘浓度较大的管道中使用。它由两根同样的金属管组成，测端做成方向相反的两个互相平行的开口，测定时一个开口面向气流，接受气流的全压，另一开口背向气流，接受气流的静压。由于气流绕流的影响，背向气流的开口所测得的静压值比实际静压值小。因此用 S 形毕托管测定气流速度时，必须事前用标准毕托管加以校正，在一定流速下，用标准毕托管测得的流速 v 与用 S 形毕托管测得的速度 v_s 之比值，称为 S 形毕托管的校正系数 K_s，即 v/v_s。

对于每一根 S 形毕托管以及同一根毕托管在不同的流速范围内，校正系数 K_s 值都不同。因此每一根 S 形毕托管都应在其使用的流速范围内加以校正。K_s 值的一般范围为 $0.8\sim0.9$。由于 S 形毕托管的断面面积较大，测量时受涡流和气流不均匀性的影响，在低流速下的灵敏度将下降，所以一般不宜测量小于 3m/s 气流速度。

当气流的压力较高时，一般用 U 形管压力计作为指示仪表。这时所测得的气体压力（或压差）值（Pa）为：

$$P=\rho_L gh \tag{2-26}$$

式中　h——U 形管中两液面之间的高度差，mm；

　　　ρ_L——测压液体的密度，g/cm^3；

　　　g——重力加速度，m/s^2。

常用测压液体有水、酒精和水银等，在常温常压下其密度分别为 $1.0g/cm^3$、$0.81g/cm^3$ 和 $13.6g/cm^3$。当气流的压力较小时，一般用倾斜式微压计（图 2-15）测定，这时测得的压力值（Pa）为：

$$P=\rho_L gl\sin\alpha=Kgl \tag{2-27}$$

式中　α——倾斜管与水平面的夹角，（°）；

　　　l——倾斜管中液柱的长度，mm；

　　　K——倾斜角修正系数。

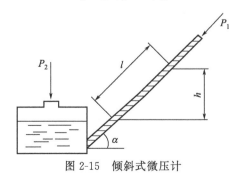

图 2-15　倾斜式微压计

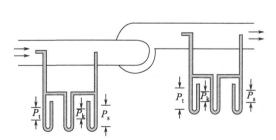

图 2-16　测压管与微压计的连接方式

在测定管道中气流的全压、静压和动压时，测压管和微压计之间的连接方法如图 2-16 所示。在负压管道中气体的全压和静压皆为负值，所以测压管与微压计的连接方式与正压管道中不同。

3.流速和流量的计算

测出管道中某点气流的动压值 P_k（Pa），便可按下式计算出该点的气流速度：

$$v = K_p \sqrt{\frac{2P_k}{\rho}} \qquad (2\text{-}28)$$

式中　ρ——气体的密度，kg/m^3；

K_p——毕托管的校正系数。

管道中同一横断面上各点的流速分布通常是不均匀的，因此要取断面上若干点的流速的平均值代表断面平均速度，即：

$$\bar{v} = \frac{v_1 + v_2 + \cdots + v_n}{n} \qquad (2\text{-}29)$$

若将各点流速 v_1、$v_2 \cdots v_n$ 用各点的动压 P_{k1}、$P_{k2} \cdots P_{kn}$ 代替，则上式化为：

$$\bar{v} = K_p \sqrt{\frac{2\overline{P_k}}{\rho}} \qquad (2\text{-}30)$$

式中　$\overline{P_k}$——该断面的平均动压，其平均公式为：

$$\overline{P_k} = \left(\frac{\sqrt{P_{k1}} + \sqrt{P_{k2}} + \cdots + \sqrt{P_{kn}}}{n} \right)^2 \qquad (2\text{-}31)$$

这样，便可在测出断面各点的动压值 P_{k1}、$P_{k2} \cdots P_{kn}$ 后，按照上式求出断面平均动压 $\overline{P_k}$，然后在求出断面平均速度 $\bar{v}$。

计算出断面平均流速后，即可按管道断面积 A 计算出通过管道的气体流量（m^3/h）：

$$Q = 3600\bar{v}A \qquad (2\text{-}32)$$

三、实验仪器与装置

实验采用的实验仪器与装置包括标准毕托管、倾斜式微压计等，具体参考实验原理部分。

四、实验步骤

1.测量烟道尺寸，确定测点数及测量位置。

2.测量气体动压，计算平均气体流速及气体流量。

3.测定填料塔前后压差，确定填料塔压力损失。

五、实验数据记录与处理

1.数据记录

按表 2-22 记录实验数据。

表 2-22　烟气压力、流速及流量的测定数据记录表

烟道断面积：_____　　测点数：_____

测点	烟道全压/Pa	烟道静压/Pa	烟道动压/Pa	毕托管系数 K_p
1				
2				
3				
4				
5				
6				

2.数据处理

根据数据计算断面平均流速和断面流量。

六、注意事项

1.在一个气体净化系统安装完成后，正式投入运行前，不需进行试运行和测试调整。

2.对于已经运转但效果不好的净化系统，则需通过测试等方法查明原因，找出解决问题的方法。

七、思考题

1.烟气压力、流速及流量的测定实验有哪些影响因素？

2.如何理解实验原理？

实验二　粉尘真密度和浓度的测定

（一）粉尘真密度的测定

一、实验目的

1.了解测定粉尘真密度的原理并掌握真空法测定粉尘真密度的方法。

2.了解引起真密度测量误差的因素及消除方法，提高实验技能。

二、实验原理

物质的密度：

$$\rho = \frac{m}{V_c} \tag{2-33}$$

测定原理：先将一定量的试样用天平称量，然后放入比重瓶中，用液体浸润粉尘，再放入真空干燥器中抽真空，排除粉尘颗粒间隙的空气，从而得到粉尘试样在真密度条件下的体积，然后根据式（2-33）计算可得到粉尘的真密度。

设比重瓶的质量为 m_0，容积为 V_s，瓶内充满已知密度 ρ_s 的液体，则总质量为：

$$m_1 = m_0 + \rho_s V_s \tag{2-34}$$

当瓶内加入质量为 m_c，体积为 V_c 的粉尘试样后，瓶中减少了 V_c 体积的液体，故有：

$$m_2 = m_0 + \rho_s(V_s - V_c) + m_c \tag{2-35}$$

粉尘试样体积可根据上述两式表示为：

$$V_c = \frac{m_1 - m_2 + m_c}{\rho_s} \tag{2-36}$$

所以粉尘的真密度为：

$$\rho_c = \frac{m_c}{V_c} = \frac{m_c \rho_s}{m_1 + m_c - m_2} = \frac{m_c \rho_s}{m_s} \tag{2-37}$$

式中　m_s——排除液体的质量；

m_c——粉尘质量；

m_1——比重瓶加液体的质量；

m_2——比重瓶加液体和粉尘的质量；

V_c——粉尘真体积。

三、实验仪器与装置

1.实验仪器

比重瓶：100mL，2只；分析天平：0.1mg，一台；真空泵：真空度＞0.9×10^5Pa；烘箱：0～150℃，一台；真空干燥器：300mm，一只；滴管：一支；烧杯：250mL，一个。

2.实验材料

滑石粉试样，蒸馏水，滤纸若干。

四、实验步骤

1.将粉尘试样约25g放在烘箱内，于105℃下烘干至恒重（实验老师负责）。

2.将上述粉尘试样用分析天平称重，记下粉尘质量 m_c。

3.将比重瓶洗净，编号，烘干至恒重，用分析天平称重，记下质量 m_0。

4.将比重瓶加蒸馏水至标记，擦干瓶外边的水再称重，记下瓶和水的质量 m_1。

5.将比重瓶中的水倒去，加入粉尘 m_c。（比重瓶中粉尘试样不少于20g）。

6.用滴管向装有粉尘试样的比重瓶中加入蒸馏水至比重瓶容积的一半左右，使粉尘润湿。

7.把装有粉尘试样的比重瓶和装有蒸馏水的烧杯一同放入真空干燥器中，盖好真空干燥器的盖子，抽真空。保持真空度在98kPa下15～20min，以便水充满所有间隙，同时去除烧杯内蒸馏水中可能存在的气泡。

8.停止抽气，通过放气阀向真空干燥器缓慢进气，待真空表恢复常压指示后打开真空干燥器，取出比重瓶和蒸馏水杯，将蒸馏水加入比重瓶至标记，擦干瓶外表面的水后称重，记下其质量 m_2。

五、实验数据记录与处理

1.数据记录

按表2-23记录实验数据。

表 2-23　粉尘真密度的测定数据记录表

比重瓶编号	粉尘质量 m_c/g	比重瓶质量 m_0/g	比重瓶加水质量 m_1/g	比重瓶加粉尘和水质量 m_2/g	粉尘真密度 ρ_c/(kg/m³)
平均					

2.数据处理

（1）将测定数据代入真密度表达式即可计算出真密度。

（2）做三个平行样品，要求3个样品测定结果的绝对误差不超过±0.02g/cm³。

六、注意事项

1.抽真空过程中注意盖好真空干燥器的盖子。

2.实验过程中不要造成粉尘和水溢出比重瓶。

七、思考题

1.测定粉尘真密度的原理什么？

2.结合试验测定的结果，讨论该实验过程中可能产生误差的原因及可能的改进措施。

（二）总粉尘浓度的测定

一、实验目的

1.熟练掌握滤膜的装置和拆置，流量的调整，气路的检查，粉尘采样仪的现场布点和采样操作（特别是采样时间的判断），分析天平的使用。

2.基本掌握影响测定结果的重要环节和注意事项，生产环境空气中总粉尘浓度的测定的劳动卫生学评价。

3.了解认识滤膜重量法测定总粉尘浓度的原理。

二、实验原理

1.含尘空气的浓缩法采样及采尘滤膜的称量分析。

2.滤膜重量法原理：抽取含尘空气，将粉尘阻留在滤膜上，由采样后滤膜的增重量，求出单位体积空气中粉尘的质量（mg/m^3）。

三、实验仪器与装置

1.实验仪器

粉尘采样器；过氯乙烯纤维滤膜；滤膜夹、滤膜盒；镊子；秒表；干燥器；分析天平。

2.实验耗材

过氯乙烯纤维滤膜。

3.实验准备要求

（1）每实验组：滤膜夹、滤膜盒、镊子一套；过氯乙烯纤维滤膜数张。

（2）每实验室：粉尘采样器、干燥器、秒表一套。

（3）分析天平：仪器室分析天平数台。

四、实验步骤

1.滤膜准备

用镊子取下滤膜衬纸，将滤膜放在分析天平上称量，记录编号和重量。装置好滤膜于采样夹（要求无褶皱，无裂缝，毛面向上）。在空气干净处调好采样所需流量后，放入采样盒内。

2.采样

在选定的采样点以 100L/min 流量采样。采样时间根据滤膜的增重而定（以 1～10mg 为宜），一般不得少于 10min（当粉尘浓度高于 $10mg/m^3$ 时，采气量不得少于 $0.2m^3$；低于 $2mg/m^3$ 时，采气量应为 $0.5～1m^3$）。记录采样时间、气体流量、采样点的气温、气压、相对湿度和生产工作情况。

3.采样结束

用镊子将滤膜从滤膜夹上取下，受尘面内折叠几次，用衬纸包好，储存于采样盒内（或装入采样夹内，带回实验室）。

4.滤膜处理

已采样滤膜，一般情况下即可称量。但采样时现场空气相对湿度在 90% 以上或有水雾时，应将滤膜放在干燥器内 2h 后称量，然后再放入干燥器中 30min，再次称量。当相邻两次的称量结果之差小于 0.1mg 时，取其最小值。

五、实验数据记录与处理

1.数据记录

按表 2-24 记录实验数据。

表 2-24 粉尘真密度的测定数据记录表

采样点	1	2	3	4	5
采样时间					
气温/℃					
气压/kPa					
相对湿度/%					
采样流量 L/min					
采样体积/L					
采样前滤膜质量/mg					
采样后滤膜质量/mg					

2.数据处理

空气粉尘浓度（mg/m³）按下式计算：

$$C=[(m_2-m_1)/V_0]\times 1000 \tag{2-38}$$

式中　m_1——采样前滤膜质量，mg；

　　　m_2——采样后滤膜质量，mg；

　　　V_0——标准状态下所采含尘空气体积，L。

六、注意事项

1.过氯乙烯纤维滤膜不耐高温，易溶于有机溶剂。在高温现场可改为玻璃纤维滤膜。

2.已采样滤膜可留作测定粉尘分散度的材料。

3.采样现场空气中有油雾时，可用石油醚或航空汽油浸洗，晾干后再称量。

4.流量计和分析天平均应按国家规定的时间按时检定和校验。

七、思考题

1.滤膜增重过多或过少，对测定结果有何影响？

2.影响测定结果的重要因素还有哪些？

实验三　除尘脱硫一体化装置模拟实验

一、实验目的

1.熟悉湿式除尘脱硫一体化装置的组成及运行过程。

2.掌握湿式除尘脱硫一体化装置的工作原理。

3.掌握采用烟气平行采样仪测定烟气中烟尘和二氧化硫浓度的方法。

二、实验原理

1.除尘原理

湿式除尘脱硫过程是以水、气、固三相工艺技术组成的一个系统，如何增大水、气、固的接触面积将直接影响除尘脱硫效果，为增大接触面积，湿式净化装置采用自激式核凝原理实现除尘脱硫。内部结构是在除尘室内设置自循环给水、收缩段、弧形板、扩张段、阶段折流等。作用过程是烟气通过风机作用产生高速气流冲击液面，由于烟气气速高、气温高，可产生大量微小水滴及过饱和水蒸气，烟气中较大粒径粉尘颗粒在流动过程中与水滴直接碰撞聚结沉降，微细颗粒作为过饱和蒸气的凝结核，使蒸汽均匀地冷凝于每个微粒上凝聚增大，由 $0.1\sim1\mu m$ 增大到 $5\mu m$ 以上，经过较长的折流挡板和气液分离器将液固混合物从烟气中分离，达到除尘效果。

2.脱硫的主要原理

湿式脱硫的主要作用有两个：一是水对二氧化硫的物理吸收，二氧化硫溶于水 $SO_2+H_2O\rightleftharpoons H_2SO_3$，这是一个可逆过程，烟气脱硫效果受到最大溶解度的限制；二是化学吸收，烟气中 SO_2 与水中碱性物质发生中和反应。反应机理如下：

$$SO_2(气)\rightleftharpoons SO_2(液) \tag{2-39}$$

$$SO_2(液)+H_2O\rightleftharpoons H_2SO_3\rightleftharpoons H^++HSO_3^- \tag{2-40}$$

$$HSO_3^-\rightleftharpoons H^++SO_3^{2-} \tag{2-41}$$

$$H^++OH^-\rightleftharpoons H_2O \tag{2-42}$$

从反应机理来看，脱硫效率与气、液、固三相湍流状态、洗涤液的浓度及碱度有关。采用双碱法，双碱法包括吸收和再生两个步骤。该法吸收 SO_2 采用钠基碱，因为它易吸收 SO_2，反应速率快，反应充分，与钙基相比，在较低液气比时得到较高的脱硫效率。而运行中实际消耗的是廉价的石灰（钙基），因为吸收 SO_2 的废水进入再生池，用石灰使 NaOH 或 Na_2CO_3 再生，重新进入除尘器内与 SO_2 发生反应。由于生成 $CaSO_3$ 的沉淀反应不在除尘器内部，而是在沉淀再生池中进行，因此，不会在除尘器及管道中产生结垢和堵塞现象，在除尘器内部是吸收反应，生成的是 Na_2SO_3。所以双碱法具有高脱硫率、不易堵塞结垢等优点，而实际消耗的是便宜的石灰，运行费用也较低。

（1）吸收反应

$$2NaOH+SO_2\longrightarrow Na_2SO_3+H_2O \tag{2-43}$$

$$Na_2CO_3+SO_2\longrightarrow Na_2SO_3+CO_2\uparrow \tag{2-44}$$

$$Na_2SO_3+SO_2+H_2O\rightleftharpoons 2NaHSO_3 \tag{2-45}$$

（2）氧化反应

$$2Na_2SO_3+O_2\longrightarrow 2Na_2SO_4 \tag{2-46}$$

在氧量不足的情况下，该反应不易发生。

（3）再生反应

对吸收液的再生：

$$CaO+H_2O\longrightarrow Ca(OH)_2 \tag{2-47}$$

$$2NaHSO_3+Ca(OH)_2\longrightarrow Na_2SO_3+CaSO_3\cdot\frac{1}{2}H_2O\downarrow+\frac{3}{2}H_2O \tag{2-48}$$

$$Na_2SO_3+Ca(OH)_2+\frac{1}{2}H_2O\longrightarrow 2NaOH+CaSO_3\cdot\frac{1}{2}H_2O\downarrow \tag{2-49}$$

有氧存在时：

$$2CaSO_3\cdot\frac{1}{2}H_2O+O_2+3H_2O\longrightarrow 2CaSO_4\cdot2H_2O\downarrow \tag{2-50}$$

3.循环水系统

循环水系统由循环水池、循环水泵、循环水管道和加药装置组成。循环水池满足锅炉脱硫循环用水的需要，并能保证其沉淀反应时间。本系统采用零排放闭环运行，以避免二次污染。循环水池由两部分组成：沉淀池、清水池。脱硫采用双碱法，双碱法 CaO 溶解液在进入沉淀池前加入；随冲渣水一起进入沉淀池，双碱法在沉淀池中进行再生反应，NaOH 得以再生，反应生成的沉淀 $CaSO_3$、$CaSO_4$ 及灰渣在沉淀池被捞出。运行初期用的 NaOH 及运行中需补充的 NaOH 在清水池中加入，pH 调节在进入沉淀池前进行，其 pH 值应根据煤种的含硫量进行调控。pH 值控制在 9～10。

三、实验仪器与装置

1. 实验流程

模拟实验流程如图 2-17 所示。

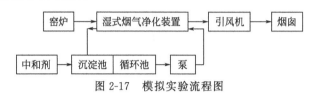

图 2-17　模拟实验流程图

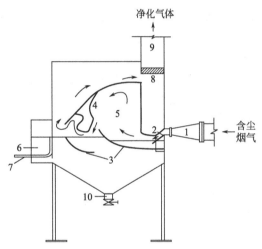

图 2-18　除尘脱硫一体化装置

1—进气管；2—收缩管；3—R 形弧板；4—挡板；
5—S 形通道；6—溢流水箱；7—溢流管；
8—除湿装置；9—排气管；10—卸灰管

2. 实验装置

实验装置包括微电脑烟尘平行采样仪、玻璃纤维滤筒、镊子、分析天平、烘箱、橡胶管等。除尘脱硫一体化装置见图 2-18。

四、实验步骤

1. 滤筒的预处理：测试前先将滤筒编号，然后在 105℃烘箱中烘 2h，取出后置于干燥器内冷却 20min，再用分析天平测得初重 G_1 并记录。

2. 检查烟尘平行采样仪干燥筒内的硅胶干燥剂，保证其呈蓝色，清洗瓶内装入 3% 的 H_2O_2 150mL，仔细阅读该装置的说明及线路连接图，连接线路。然后打开电源开关，预热 20～30min。

3. 启动风机：风机启动应在无负荷或负荷很低的情况下，否则会烧坏电机。因此要在风机前的阀门处于全闭的情况下启动风机，待运行正常，打开阀门。

4. 启动微型自吸泵，为系统供水，通过压力表控制压力在 0.1kg 左右。

5. 在烟气进口配备粉尘吸入送尘装置。

6. 实验装置性能测试。

(1) 把预先干燥、恒重、编号的滤筒用镊子小心装在采样管的采样头内，再把选定好的采样嘴装到采样头上。

(2) 用橡胶管将采样管连接到烟尘测试仪上，将采样枪采样嘴和毕托管伸入除尘脱硫一体化装置烟气进口采样口内，使采样嘴背对气流预热 10min 后转动 180°，即采样嘴正对气流方向，同时打开抽气泵的开关进行等速采样。

(3) 采样完毕后，关掉仪器开关，抽出采样枪，待温度降下后，小心取出滤筒保存好。

(4) 采尘后的滤筒称重：将采集尘样的滤筒放在 105℃烘箱中烘 2h，取出置于玻璃干燥器内冷却 20min 后，用分析天平称重 G_2 并记录。

（5）计算各采样点烟气的含尘浓度。

（6）在除尘脱硫一体化装置的烟气出口烟道上采样口内，同时测定相应的烟气参数并记录。

（7）测试完毕，整理实验室。

五、实验数据记录与处理

1. 数据记录

将测定实验数据记录于表 2-25～表 2-27。

表 2-25 除尘脱硫一体化装置进出口烟气参数数据记录表

测定日期_____

项目	大气压力/kPa	大气温度/℃	烟气温度/℃	烟道全压/Pa	烟道静压/Pa	烟气干球温度/℃	烟气湿球温度/℃	烟气含湿量 χ_{sw} /(kg/kg)
烟气进口								
烟气出口								

表 2-26 除尘脱硫一体化装置进出口烟气含尘浓度测定实验记录表

烟道断面积_____ m² 测点数_____

采样点编号	动压/Pa	烟气流速/(m/s)	采样嘴直径/mm	采样流量/(L/min)	采样时间/min	采样体积/L	换算体积/L	滤筒号	滤筒初期质量/g	滤筒总质量/g	烟尘浓度/(mg/L)
1											
2											
3											
……											

表 2-27 除尘脱硫一体化装置的除尘效率记录表

项目	烟道断面平均流速/(m/s)	烟道断面流量/(m³/s)	平均烟尘浓度/(mg/L)	除尘器的除尘效率/%
烟气进口				
烟气出口				

2. 数据处理

计算除尘效率和脱硫效率。

六、注意事项

1. 风机启动应在无负荷或负荷很低的情况下，否则会烧坏电机。

2. 采集尘样滤筒的干燥温度不宜偏高和偏低，以 105℃为宜。

七、思考题

1. 湿式除尘脱硫一体化装置的工作原理是什么？

2. 吸收剂的 pH 值对脱硫效率有什么影响？

实验四　吸收塔烟气脱硫脱碳一体化实验

一、实验目的

1. 熟悉环栅式喷射鼓泡吸收塔装置的组成及运行过程。

2. 掌握环栅式喷射鼓泡吸收塔装置的工作原理。

3. 掌握测定吸收塔压力损失、二氧化硫及二氧化碳浓度的方法。

二、实验原理

环栅式布气吸收塔中，$CaCO_3$ 吸收液用泵输送至吸收液入口（图 2-20 中位置 4），进入吸收液环形通道内（图 2-20 中位置 5），经由通道低端圆锥形喷孔（图 2-20 中位置 6）喷进吸收塔内，装置运行前于塔内注入一定量的吸收液，对内筒下部的开口和环栅起到水封的效果，并可根据实验需求来调整装置内吸收液高度。

装置运行过程中吸收液通过锥形喷孔不断喷入环形布气室（图 2-20 中位置 8 所示）内，跟模拟烟气产生第一次吸收反应，此时气体为连续相，吸收液为分散相，接触过程对烟气中灰尘有一定清洗降温作用。

模拟烟气经气体进口（图 2-20 中位置 7 所示）切向高速进入吸收塔内，在气体环形通道中减速旋转向下形成相对稳定气流，进入的气流的压力迫使环形通道内液体下降，从而在内筒的里外两侧形成液位差，气流经过环栅孔时被切割，分股从吸收液中穿过，气液之间发生第二次吸收反应，此时气体为分散相，吸收液为连续相，气流被吸收液切割成更细小的气泡，在内筒内部形成鼓泡区，气、液之间接触更加完全。

气体的穿行引起吸收液的剧烈扰动，气流在进入吸收液后向上运行的过程中，因吸收液的旋转和剧烈扰动而延长了停留时间，有利于气流和吸收液之间的充分接触，提高气液的传质效率。

环栅式喷射鼓泡吸收塔装置与喷射鼓泡管式吸收装置相比，结构简单便于加工和维护，布气装置结构所造成的压力损失以及运行过程中所产生的压力损失均低于喷射管式布气装置，在实验条件相同时，环栅式喷射鼓泡吸收塔的脱硫脱碳能力也具有明显的优势。

三、实验仪器与装置

实验装置包括环栅式喷射鼓泡吸收塔装置、U 形玻璃管测压计 1 台；pH 计 1 台等。

环栅式喷射鼓泡吸收塔装置的实验流程如图 2-19 所示。

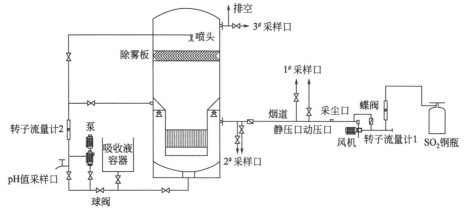

图 2-19　环栅式喷射鼓泡吸收塔装置的实验流程图

环栅装置结构见图 2-20。

四、实验步骤

1. 配制 $CaCO_3$ 吸收液存放于吸收液容器内，$CaCO_3$ 溶液质量浓度为 1.37%，由过 300 目筛的 $CaCO_3$（粒径 $48\mu m$）固体粉末和 360L 水混合而成。

2. 启动泵，将吸收液送入吸收塔内。

3. 启动风机：风机启动应在无负荷或负荷很低的情况下，否则会烧坏电机。因此要在风机前的阀门处于全闭的情况下启动风机，待运行正常，打开阀门。

4. 调节 SO_2、CO_2 和空气的进气量，控制烟气中 SO_2 浓度在 $3000mg/m^3$ 左右，二氧化碳浓度在 12% 左右。

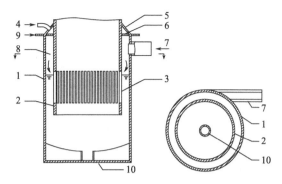

图 2-20　环栅装置结构示意图

1—外筒；2—内筒；3—环栅状布气孔；4—吸收液入口；
5—吸收液环形通道；6—喷孔；7—气体进口；
8—环形布气室；9—横梁；10—吸收液出口

5. 用蝶阀控制吸收塔的总进气量大小，测量运行过程中吸收塔的压力损失。

6. 压强由 U 形玻璃管测压计测定，测量步骤为：①往玻璃管中加入清水至与管上 0 刻度平齐；②将玻璃管的一端开口用橡胶管连接装置的全压测量点，另一端通大气，管内出现的液位差，即为全压水柱；③将玻璃管的一端开口用橡胶管连接装置的静压测量点，另一端通大气，管内出现的液位差，即为静压水柱；④将玻璃管的两端分别连接装置的全压测量点和静压测量点，管内出现的液位差，即为动压水柱。

7. 控制压力值在 3.0kPa 左右，分别在装置的进气管、出口处采样，测量 SO_2 和 CO_2 的浓度及采样时间；在 pH 计采样口处采样，测定 pH 值及采样时间。SO_2 的浓度采用碘量法测定，CO_2 的浓度采用 CO_2 分析仪测定。

8. 测试完毕，整理实验室。

五、实验数据记录与处理

1. 数据记录

将测定实验数据记录于表 2-28～表 2-30。

表 2-28　环栅式喷射鼓泡吸收塔装置进气量与压力损失关系测定数据记录表

测量次数	大气压力/kPa	大气温度/℃	烟气温度/℃	烟道全压/mmH₂O	烟道静压/mmH₂O	烟气动压/mmH₂O	烟道断面积/m²	进气量/(m³/h)
1								
2								
3								
4								
5								
6								

表 2-29 环栅式喷射鼓泡吸收塔装置的脱硫效率记录表

序号	采样时间/min	pH 值	进气管 SO$_2$ 浓度 /(mg/m^3)	出气管 SO$_2$ 浓度 /(mg/m^3)	脱硫效率 /%
1					
2					
3					
4					
5					
6					

表 2-30 环栅式喷射鼓泡吸收塔装置的脱碳效率记录表

序号	采样时间/min	pH 值	进气管 CO$_2$ 浓度 /(mg/m^3)	出气管 CO$_2$ 浓度 /(mg/m^3)	脱碳效率 /%
1					
2					
3					
4					
5					
6					

2. 数据处理

(1) 烟气流量及流速的计算

烟气的流量根据所测量的管道压力计算得出,计算公式如下:

$$Q_s = v_s \times F \times 3600 \qquad (2\text{-}51)$$

式中　Q_s——烟气流量,m^3/h;

　　　v_s——烟气流速,m/s;

　　　F——烟道断面积,m^2。

在烟气组分与空气近似,露点温度处于 35～55℃,烟气的绝对压力在 750～770mmHg 柱的状态下,烟气的流速计算公式可简化为:

$$V_s = 0.24 K_p \sqrt{273 + t_s} \sqrt{H_d} \qquad (2\text{-}52)$$

式中　K_p——毕托管系数;

　　　t_s——烟气温度,℃;

　　　H_d——烟气动压,mmH$_2$O。

(2) SO$_2$ 浓度的计算

使用国家标准 HJ/T 60—2000 碘量法所述步骤对模拟烟气进行采样,用 0.010mol/L 碘标准溶液滴定样品至蓝色,用 V(mL) 表示此时碘标准溶液的消耗量,另外用相同的方法对同体积的吸收液进行校准滴定,记录下消耗量 V_0(mL),按以下公式计算烟气中的 SO$_2$ 浓度。

国家标准 HJ/T 60—2000 中 SO$_2$ 浓度按照以下公式进行计算:

$$C = \frac{(V - V_0) \times C(1/2I_2) \times 32.0}{V_{nd}} \times 1000 \quad (2\text{-}53)$$

式中　C——标准状况下干烟气的 SO_2 浓度，mg/m^3；

$C(1/2I_2)$——碘标准溶液浓度，mol/L；

V_{nd}——标准状况下干烟气的采样体积，L；

32.0——1mol/L 碘标准溶液（$1/2I_2$）相当的二氧化硫（$1/2SO_2$）的质量，g。

$$C = \frac{C' \times 64}{22.4} \quad (2\text{-}54)$$

式中　C'——标准状况下干烟气的 SO_2 浓度，mL/m^3；

64——二氧化硫的摩尔质量，g/mol；

22.4——气体标准状况摩尔体积常数，L/mol。

根据式（2-53）和式（2-54）得出直观的计算公式：

$$M = \frac{C_{I_2} V_{I_2} \times 0.032 \times 22400}{64} \quad (2\text{-}55)$$

$$V_{SO_2} = \frac{M}{M + V_S} \times 100\% \quad (2\text{-}56)$$

式中　M——二氧化硫体积数，mL；

C_{I_2}——碘标准溶液浓度，mol/L；

V_{I_2}——所取碘标准溶液体积数，mL；

0.032——1mmol/L 碘标准溶液（$1/2\ I_2$）相当的二氧化硫（$1/2\ SO_2$）的质量，g；

22400——标准状况下 1mol 二氧化硫的体积，mL；

64——标准状况下 1mol 二氧化硫的质量，g；

V_S——量气管中吸收二氧化硫后剩余的气体体积，mL；

V_{SO_2}——烟气中二氧化硫体积分数，%。

根据式（2-55）计算出装置各测量点二氧化硫的体积分数，从而可进一步计算各个吸收阶段的脱硫效率，用来说明脱硫系统的脱硫能力大小，脱硫效率计算如下：

$$\eta = \frac{V_{SO_2} - V'_{SO_2}}{V_{SO_2}} \times 100\% \quad (2\text{-}57)$$

式中　η——脱硫效率，%；

V_{SO_2}——入口烟气二氧化硫体积分数，%；

V'_{SO_2}——出口烟气二氧化硫体积分数，%。

六、注意事项

1. 风机启动应在无负荷或负荷很低的情况下，否则会烧坏电机。

2. SO_2 具有刺激性，高浓度 CO_2 导致窒息，注意防止气体泄漏，并保持室内通风。

七、思考题

1. 绘制吸收塔进气量与压降关系曲线，分析压降随进气量变化的原因。

2. 绘制吸收塔 pH 值、脱硫率、脱碳率与时间关系曲线，分析曲线变化规律及原因。

3. 分析吸收塔中 SO_2 和 CO_2 的竞争关系及影响因素。

实验五 活性炭的改性及其 CO_2 吸附-脱附性能评价

随着人类社会现代化进程的加快推进和经济全球化的迅猛发展，化石能源（煤、石油和天然气等）的大量消耗，使 CO_2 的释放量以惊人的加速度增长，导致大气中 CO_2 含量急剧升高，全球气候变暖，从而严重地威胁到人类的生存环境和社会经济的持续发展。许多学者致力于寻找经济有效的方法捕集 CO_2。目前 CO_2 捕集的方法主要有溶剂吸收法、吸附法和膜分离法等。吸附法具有能耗低、经济效益高、应用条件（温度、压力）宽等特点而成为一种具有较好应用前景的方法。本实验由 4 个小实验组成，分别是有机胺修饰活性炭吸附剂的制备、CO_2 吸附性能评价 1——胺负载量对吸附量的影响、CO_2 吸附性能评价 2——温度对吸附量的影响以及 CO_2 脱附性能评价——温度对脱附性能的影响。

（一）有机胺修饰活性炭吸附剂的制备

一、实验目的

1. 掌握有机胺修饰活性炭吸附 CO_2 的原理。

2. 掌握活性炭的筛分、酸处理步骤与原理。

3. 掌握浸渍法负载有机胺（二乙胺）对活性炭进行修饰的方法。

二、实验原理

吸附分离法是基于气体与固体吸附剂表面上活性点之间的分子间引力来实现的。利用吸附剂对混合气中的 CO_2 的选择性可逆吸附作用来分离回收 CO_2 达到目的。吸附剂对 CO_2 的吸附量随着压力和温度的变化而变化，压力越大，吸附量越大；温度越低，吸附量越大。

20 世纪 60 年代，开始使用吸附分离法捕集脱除 CO_2。用于 CO_2 吸附的材料主要有碳质多孔材料、沸石分子筛、氨基修饰硅基介孔材料、金属框架有机物等。活性炭（AC）凭借其独特的耐水性、稳定的化学性质及容易再生等优点在 CO_2 吸附方面具有很大的应用潜力。

CO_2 在 AC 上的吸附可分为物理吸附和化学吸附两部分，其中物理吸附主要依赖于孔体积和比表面积，化学吸附则主要与含氮官能团种类和数量有关。为了对活性炭进行扩孔，采用 10% 的硝酸在 80℃ 对活性炭进行氧化处理，增加其孔体积和比表面积。AC 表面上碱性官能团的种类和数量显著影响其对酸性 CO_2 的吸附。通过对 AC 进行表面改性，减少酸性基团或者引入碱性基团，可强化其对 CO_2 的吸附。

采用有机胺溶液浸渍法对 AC 进行氨基修饰是增加表面碱性官能团的常用改性方法。硝酸处理可在活性炭表面引入羧基等官能团，有利于有机胺与其反应而实现负载。考虑到硝酸具有强腐蚀和氧化性，采用冰醋酸代替硝酸。

三、实验仪器与装置

1. 实验装置

天平、筛子（20 目）、烧杯、玻璃棒。

2. 实验材料

（1）活性炭颗粒。

（2）冰醋酸、二乙胺。

四、实验步骤

1. 活性炭的筛分

采用 20 目的筛子对活性炭颗粒进行过筛，取筛上活性炭获得 3 组粒径大于 20 目的活性炭，每组质量约为 15g，分别称重记录。

2. 酸处理

将 3 组活性炭置于烧杯中，分别采用 50mL 浓度 5% 的冰醋酸在 80℃ 水浴条件下对 3 组活性炭进行氧化处理浸渍 30min，分离出活性炭，用去离子水冲洗 3 次以上，洗掉活性炭表面的乙酸，使冲洗水 pH 值大于 6。

3. 二乙胺修饰

对步骤 2 中的 3 组活性炭分别负载 15%、30% 和 45% 的二乙胺（质量分数），步骤如下，将 3 组活性炭置于烧杯中，分别加入 30mL 水和 15%、30% 和 45% 的二乙胺，静置 30min 后在 90℃ 下干燥，得到的 3 组胺修饰活性炭，分别记作 AC-DEA-15%、AC-DEA-30% 和 AC-DEA-45%。

五、实验数据记录与处理

1. 计算 3 组胺修饰活性炭与未修饰活性炭的质量差。

2. 求 3 组改性活性炭中二乙胺的实际负载量。

六、注意事项

1. 二乙胺具有刺激性，实验时注意佩戴口罩。

2. 高浓度 CO_2 导致会窒息，实验过程注意防止气体泄漏，并保持室内通风。

七、思考题

1. 在活性炭改性过程中与二乙胺之间发生了什么反应？

2. 改性活性炭中二乙胺的负载量是否是越大越好？

（二） CO_2 吸附性能评价 1——胺负载量对吸附量的影响

一、实验目的

1. 熟悉 CO_2 吸附性能的评价方法。

2. 掌握重量法测试吸附性能的原理和方法。

3. 考察有机胺负载量对吸附量的影响。

二、实验原理

CO_2 吸附性能指标包括吸附量、选择性、循环吸附-脱附性能、吸附热、抗水抗硫能力等。

吸附性能评价的方法分为重量法和体积法，重量法是通过天平对吸附前后的材料进行称重而实现，采用的仪器除了普通天平之外，还可以使用热重仪（TG）和智能重量分析仪（IGA）。体积法常用的仪器为比表面积及孔径分析仪（也称为氮物理吸附仪）。

胺负载量是吸附量的重要影响因素之一。胺负载量与活性炭表面碱性吸附位数量呈正相关，在一定范围下胺负载量越大，碱性吸附位越多，吸附量越大，然而，当胺负载达到一定量后，会堵塞吸附剂孔道，因此过多的胺负载不利于吸附。

三、实验仪器与装置

1. 实验装置

氧气袋、U 形吸附器、流量计、乳胶管、天平、水浴锅、铁架台等。

2. 实验材料

（1）有机胺修饰活性炭颗粒。

(2) CO_2/N_2 混合气。

四、实验步骤

1.装置连接

CO_2/N_2 混合气冲入氧气袋，将 AC-DEA-15％称重，记录数据后装入 U 形吸附器，再次称重，记录数据，然后用乳胶管将氧气袋、流量计和 U 形吸附器连接起来，U 形吸附器置于水浴锅中。

2.吸附测试

向水浴锅中加水，将温度升至50℃，在 80mL/min 的流量下进行吸附，并同时用秒表计时，每隔1min，将 U 形吸附器两端的管路断开，仔细擦干表面水分，然后称重记录，然后重新连接管路，1min 后再次称重，如此反复，直至连续 4～5 次重量变化不大，停止实验。

3.再次测试吸附

重复步骤 1 和 2 两次，分别将 AC-DEA-15％换成 AC-DEA-30％和 AC-DEA-45％。

五、实验数据记录与处理

1.数据记录

将测定实验数据记录于表 2-31 和表 2-32。

表 2-31　装填不同胺负载量活性炭的 U 形管的质量随吸附时间的变化　　单位：g

胺负载量	0 min	1 min	2 min	3 min	4 min	5 min	6 min	7 min	8 min	9 min	10 min	11 min	12 min	13 min	14 min	15 min	16 min	17 min	18 min	19 min	20 min
15％																					
30％																					
45％																					

表 2-32　U 形管中单位质量的活性炭的吸附量随吸附时间的变化　　单位：mg/g

胺负载量	0 min	1 min	2 min	3 min	4 min	5 min	6 min	7 min	8 min	9 min	10 min	11 min	12 min	13 min	14 min	15 min	16 min	17 min	18 min	19 min	20 min
15％																					
30％																					
45％																					

2.数据处理

(1) 计算每个数据对应的净增重和单位重量活性炭的增重值（mg/g）。

(2) 以 t/min 为横坐标，单位质量活性炭的增重值（mg/g）为纵坐标，分别画出 AC-DEA-15％、AC-DEA-30％和 AC-DEA-45％的吸附曲线。

(3) 分析吸附曲线的变化趋势，说明最佳胺负载量。

六、注意事项

1.实验过程应保证装置连接处的气密性良好。

2.高浓度 CO_2 导致会窒息，实验过程注意防止气体泄漏，并保持室内通风。

七、思考题

1.二乙胺负载量与 CO_2 吸附量之间是否为线性关系？

2.改性活性炭中二乙胺的负载量是否是越大越好？

（三） CO_2 吸附性能评价 2——温度对吸附量的影响

一、实验目的

1.掌握 CO_2 吸附性能指标。

2.掌握重量法测试吸附性能的原理和方法。

3.考察温度对吸附量的影响。

二、实验原理

温度是吸附量的重要影响因素之一。根据吸附作用力的不同，吸附类型分为物理吸附和化学吸附，一般而言，低温有利于物理吸附，较高的温度有利于化学吸附。如图 2-21 所示，同一污染物可能在较低温度下发生物理吸附，若温度升高到吸附剂具备足够高的活化能时，发生化学吸附。物理吸附的温度一般为 $0\sim40℃$，温度越低，吸附量越大；化学吸附的温度一般 $>40℃$，并且随着温度的升高，吸附量先增大后变小，因此有最佳吸附温度。由于胺修饰活性炭表面碱性的氨基官能团可以与酸性气体分子 CO_2 反应，该吸附属于化学吸附。

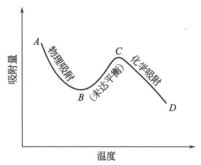

图 2-21 不同吸附类型中吸附量与
温度的关系示意图

本实验选择的吸附温度分别是 $50℃$、$60℃$ 和 $70℃$，使用重量法考察不同温度对吸附量的影响。

三、实验仪器与装置

1.实验装置

氧气袋、U 形吸附器、流量计、乳胶管、天平、水浴锅、铁架台等。

2.实验材料

（1）有机胺修饰活性炭颗粒。

（2）CO_2/N_2 混合气。

四、实验步骤

1.装置连接

CO_2/N_2 混合气冲入氧气袋，将实验（二）中 $50℃$ 下吸附量最大的胺修饰活性炭 AC-DEA-X％称重，记录数据后装入 U 形吸附器，再次称重，记录数据，然后用乳胶管将氧气袋、流量计和 U 形吸附器连接起来，U 形吸附器置于水浴锅中。

2.吸附测试

向水浴锅中加水，将温度升至 $60℃$，在 $80mL/min$ 的流量下进行吸附，并同时用秒表计时，每隔 $1min$，将 U 形吸附器两端的管路断开，仔细擦干表面水分，然后称重记录，然后重新连接管路，$1min$ 后再次称重，如此反复，直至连续 $4\sim5$ 次重量变化不大，停止实验。

3.再次测试吸附

重复步骤 1 和 2，在 $70℃$ 下测试吸附量。

五、实验数据记录与处理

1.数据记录

将测定实验数据记录于表 2-33 和表 2-34。

表 2-33　装填胺修饰活性炭的 U 形管的质量在不同吸附温度下随吸附时间的变化　　单位：g

吸附温度	0 min	1 min	2 min	3 min	4 min	5 min	6 min	7 min	8 min	9 min	10 min	11 min	12 min	13 min	14 min	15 min	16 min	17 min	18 min	19 min	20 min
50℃																					
60℃																					
70℃																					

表 2-34　U 形管中单位质量的活性炭的吸附量随吸附时间的变化　　单位：mg/g

吸附温度	0 min	1 min	2 min	3 min	4 min	5 min	6 min	7 min	8 min	9 min	10 min	11 min	12 min	13 min	14 min	15 min	16 min	17 min	18 min	19 min	20 min
50℃																					
60℃																					
70℃																					

2. 数据处理

（1）计算每个数据对应的净增重和单位质量活性炭的增重值（mg/g）。

（2）以 t/min 为横坐标，单位质量活性炭的增重值（mg/g）为纵坐标，分别画出 50℃、60℃ 和 70℃ 下的吸附曲线，50℃ 下吸附量测试数据请参考实验（二）。

（3）分析吸附曲线的变化趋势，说明最佳吸附温度。

六、注意事项

1. 实验过程应保证装置连接处的气密性良好。

2. 高浓度 CO_2 导致会窒息，实验过程注意防止气体泄漏，并保持室内通风。

七、思考题

1. 温度对物理吸附和化学吸附分别有何影响？

2. 胺修饰活性炭与 CO_2 之间的反应属于哪种吸附类型？

（四）　CO_2 脱附性能评价——温度对脱附性能的影响

一、实验目的

1. 掌握吸附剂的 4 种再生方法和再生原理。

2. 掌握吸附剂加热再生的方法。

3. 考察加热温度对脱附的影响。

二、实验原理

当吸附进行一定时间后吸附剂的表面就会被吸附物所覆盖，吸附逐渐达到饱和，使吸附能力急剧下降，此时就需将被吸附物脱附，使吸附剂得到再生。通常工业上采用的再生方法有下列几种。

1. 加热解吸再生

吸附为放热过程。从热力学观点可知，温度降低有利于吸附，温度升高有利于脱附。这是因为分子的动能随温度的升高而增加，使吸附在固体表面上的分子不稳定，不易被吸附剂表面的分子吸引力所控制，也就越容易逸入气相中去。工业上利用这一原理，提高吸附剂的温度，使被吸附物脱附。加热的方法有：一是用内盘管间接加热；二是用吸附质的热蒸气返回床层直接加热。两种方法也可联合使用。显然，吸附床层的传热速率也就决定了脱附速率。

2. 降压或真空解吸再生

吸附过程与气相的压力有关。压力高，吸附进行得快脱附进行得慢。当压力降低时，脱附现象开始显著。所以操作压力降低后，被吸附的物质就会脱离吸附剂表面返回气相。有时为了脱附彻底，甚至采用抽真空的办法。这种改变压力的再生操作，在变压吸附中广为应用。

3. 吹扫再生

将吸附剂所不吸附或基本不吸附的气体通入吸附剂床层，进行吹扫，以降低吸附剂上的吸附质分压，从而达到脱附。当吹扫气的量一定时，脱附物质的量取决于该操作温度和总压下的平衡关系。

4. 溶剂萃取

选择合适的溶剂，使吸附质在该溶剂中的溶解性能远大于吸附剂对吸附质的吸附作用，将吸附质溶解下来，再进行适当的干燥便可恢复吸附能力。

本实验选择加热解吸和氮气吹扫联用的方法对饱和吸附剂进行再生，加热温度分别为 80℃ 和 90℃，吹扫流量为 60mL/min。

三、实验仪器与装置

1. 实验装置

氧气袋、U 形吸附器、流量计、乳胶管、天平、水浴锅、铁架台等。

2. 实验材料

(1) 有机胺修饰活性炭颗粒。

(2) CO_2/N_2 混合气，N_2 吹扫气。

四、实验步骤

1. 装置连接

CO_2/N_2 混合气冲入氧气袋，将实验（二）中 50℃ 下吸附量最大的胺修饰活性炭 AC-DEA-X% 称重，记录数据后装入 U 形吸附器，再次称重，记录数据，然后用乳胶管将氧气袋、流量计和 U 形吸附器连接起来，U 形吸附器置于水浴锅中。

2. 吸附

向水浴锅中加水，将温度升至实验（三）中最佳吸附温度，在 80mL/min 的流量下进行吸附，并同时用秒表计时，直到吸附量不变后停止吸附，停止吸附的时间参考实验（三）。

3. 脱附

将氧气袋中的 CO_2/N_2 换成纯 N_2 气源，将 U 形吸附器移出水浴锅，向水浴锅中加水，将温度升至 80℃ 后，将 U 形吸附器的下端再放入水浴锅，在 60mL/min 的 N_2 流量下进行加热吹扫再生，并同时用秒表计时，每隔 1min，将 U 形吸附器两端的管路断开，仔细擦干表面水分，然后称重记录，然后重新连接管路，1min 后再次称重，如此反复，直至连续 4～5 次重量变化不大，停止实验。

4. 再次测试脱附

重复步骤 2 和 3，在 90℃ 下测试脱附性能。

五、实验数据记录与处理

1. 数据记录

将测定实验数据记录于表 2-35 和表 2-36。

表 2-35　装填胺修饰活性炭的 U 形管的质量在不同脱附温度下随脱附时间的变化　单位：g

吸附温度	0 min	1 min	2 min	3 min	4 min	5 min	6 min	7 min	8 min	9 min	10 min	11 min	12 min	13 min	14 min	15 min	16 min	17 min	18 min	19 min	20 min
80℃																					
90℃																					

表 2-36　U 形管中单位质量的活性炭的脱附量随脱附时间的变化　　单位：mg/g

吸附温度	0 min	1 min	2 min	3 min	4 min	5 min	6 min	7 min	8 min	9 min	10 min	11 min	12 min	13 min	14 min	15 min	16 min	17 min	18 min	19 min	20 min
80℃																					
90℃																					

2.数据处理

（1）计算每个数据对应的净失重和单位重量活性炭的失重值（mg/g）。

（2）以 t/min 为横坐标，单位质量活性炭的失重值（mg/g）为纵坐标，分别画出 80℃ 和 90℃ 下的脱附曲线，计算每个脱附温度下对应的脱附效率。

（3）分析吸附曲线的变化趋势，说明脱附温度对脱附效率的影响。

六、注意事项

1.实验过程应保证装置连接处的气密性良好。

2.高浓度 CO_2 导致会窒息，实验过程注意防止气体泄漏，并保持室内通风。

七、思考题

1.吸附剂再生的方法有哪些？

2.在加热条件下 CO_2 从活性炭表面脱附的原因是什么？

实验六　汽车尾气排放检测与催化转化

一、实验目的

1.了解机动车尾气的组成及其产生的机理。

2.掌握机动车尾气分析仪的测量原理和操作方法。

3.掌握催化转化法去除汽车尾气中氮氧化物的原理和方法。

4.熟悉影响催化效果的主要因素。

二、实验原理

机动车尾气成分非常复杂，其主要污染物包括 CO_2、CO、NO_x、HC（碳氢化合物）、炭烟等，其中 CO、HC、NO_x 和炭烟对人类和环境造成很大的危害。CO 是因燃烧时供氧不足造成的，在汽油机中，主要是由于混合气较浓，在柴油机中是由于局部缺氧。HC 是由于燃烧时不完全，及低温缸壁使火焰受冷熄灭，电火花微弱，混合气形成条件不良而造成的。NO_x 是燃烧过程中，在高温、高压条件下，原子氧和氮化合的结果。炭烟是燃油在高温缺氧条件下裂解生成的。

机动车在急速工况下［急速工况，指发动机无负载运转状态，即离合器处于结合位置，变速箱处于空挡位置（对于自动变速箱的车应处于"停车"挡或"P"挡）；采用化油器供油系统的车，阻风门处于全开位置；油门踏板处于完全松开位置］，发动机汽缸内通常处于不完全燃烧状况，此时尾气中 CO 和 HC 的排放相对较高，但 NO_x 排放则很低。由于怠速工况时机动车没有行驶负载，无须底盘测功机就可进行尾气排放检测，故虽然怠速时不能全面反映实际运行工况下的机动车排放，但仍是目前各国普遍采用的在用车排放检测方法之一。

机动车尾气怠速检测的主要内容是尾气中 CO 和 HC 含量，一般采用多气体（四气：HC、CO、CO_2、O_2；或五气：HC、CO、CO_2、O_2、NO）红外气体分析仪。其基本原理是根据物质分子吸收红外辐射的物理特性，利用红外线分析测量技术确定物质的浓度。红外线气体分析仪光学平台如图 2-22 所示。测试原理：红外光源发射出的连续光谱全部通过长度固定的含有被测气体混合组分的气体层，利用待测气体成分对特

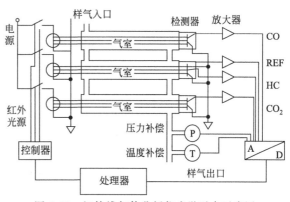

图 2-22　红外线气体分析仪光学平台示意图

定波长的红外辐射能的吸收程度来测定它的浓度，测量温度变化或由红外探测器将热量变化转换成为压力变化，测定温度或压力参数以完成对气体浓度的定量分析。

大多数气体分子的振动和转动光谱都在红外波段。当入射红外辐射的频率与分子的振动转动特征频率相同时，红外辐射就会被气体分子所吸收，引起辐射强度的衰减。利用这种气体分子对红外辐射吸收的原理而制成的红外气体分析仪，具有测量精度高、速度快以及能连续测定等特点。红外光源辐射的红外光线，经由微处理器操作的电子开关控制发出低频的红外光脉冲，检测和参比脉冲光束通过气室到达检测器，多元型的检测器的检测单元前均有一个窄带干涉光滤片，红外光电检测器件分别接收到对应波长的光，将光电信号线性放大后，送入 A/D 转换器，转换成数字信号送到微处理器处理。在检测气路上分别有压力传感器和温度传感器进行压力和温度补偿校正，以消除外界环境变化对气体浓度测量误差的影响。

红外线气体分析仪的工作原理见图 2-23。尾气经取样探头通过一级过滤器，再经过二级过滤器过滤，由电磁阀进入采样气泵，形成样气后，被送入红外光学平台的气室，检测各种气体。CO 对 $4.67\mu m$ 波长的红外光敏感，HC 对 $3.45\mu m$ 波长的红外光敏感，各种气体红外光敏感波长见图 2-24。

机动车排放的尾气中最主要的成分是 NO，因此可用选择性催化还原法进行去除。这种烟气脱硝技术主要利用氨作为其还原剂，把 NO 选择性地还原成 N_2。其中 NH_3 拥有相对比较高的选择性，如处在某种温度限定内，它将会和 NO 产生反应，其还能够不被其中烟气中的氧所氧化。与此同时，其中会有少量的 NO_2 也会被还原成 N_2。由此，SCR 烟气脱硝技术相比较无选择性的还原剂脱硝产生的效果要好。

NH_3-SCR 的实验反应原理如下：

$$4NO+4NH_3+O_2 === 4N_2+6H_2O \qquad (2-58)$$

$$2NO_2+4NH_3+O_2 === 3N_2+6H_2O \qquad (2-59)$$

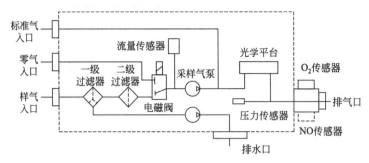

图 2-23　红外线气体分析仪

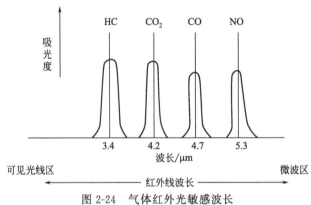

图 2-24　气体红外光敏感波长

三、实验仪器与装置

实验仪器包括汽油车尾气四气（或五气）分析仪，1 台；转速计，1 台；点火正时仪，1 台；测温仪，1 台。

实验流程如图 2-25 所示。本实验装置包括尾气排放检测系统、催化剂制备系统、温度控制和反应系统、气体流量配气系统以及反应检测系统。

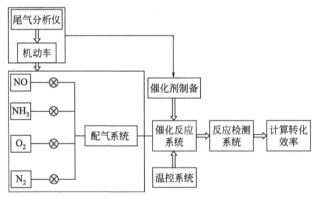

图 2-25　汽车尾气排放检测与催化转化实验流程图

配气系统中气体成分有 NO、O_2、NH_3、N_2，其中 N_2 为平衡气体。将实验气体利用反应炉进行催化，并完成还原以后，再借助先进的烟气分析仪将余下的 NO 做进一步的测试，然后根据实验结果计算催化转化效率并探讨影响因素。

四、实验步骤

1.怠速检测

（1）怠速测试条件

使汽车离合器处于接合位置，油门踏板与手油门位于松开位置，变速杆位于空挡，采用化油器供油的汽车，发动机阻风门全开，待发动机达到规定的热状态（四冲程水冷发动机的水温在 60℃ 以上，风冷发动机的油温在 40℃ 以上）后，在按制造厂的规定的调整法将发动机转速调至规定的怠速转速和点火正时，在确定排气系统无泄漏的情况下，用尾气分析仪进行测量。

（2）怠速尾气分析

发动机由怠速工况加速至 0.7 额定转速，维持 60s 后降至怠速状态，然后将取样探头插入排气管中，深度等于 400mm，并固定于排气管上。维持 15s 后开始读数，读取 30s 内的最高值和最低值，求其平均值为测量结果。分析仪的操作根据不同型号的操作规程进行，可参考《尾气分析仪的操作使用手册》。

若为多排气管时，取各排气管测量结果的算术平均值。

2.双怠速检测

发动机由怠速工况加速至 0.7 额定转速，维持 60s 后降至高怠速，即 0.5 额定转速，然后将取样探头插入排气管中，深度等于 400mm，并固定于排气管上，维持 15s 后开始读数，读取 30s 内的最高值和最低值。取平均值为高怠速排放测量结果。发动机从高怠速状态降至怠速状态，在怠速状态维持 15s 后开始读数，读取 30s 内的最高值和最低值，其平均值为怠速排放测量结果。

若为多排气管时，分别取各排气管高怠速排放测量结果的平均值和怠速排放测量结果的平均值。

3.模拟汽车尾气的配制

根据以上实验步骤结果，分析关键尾气成分的浓度水平，确定下一步催化转化模拟实验中配气气体的种类及各种气体的配气比例。

4.程序升温过程对催化效果的影响

首先将催化剂从常温按照 5℃/min 的速度逐渐有层次地上升到 200℃，在升至到 200℃ 时，要将其保持稳定 10min 后；然后再把通气阀从旁通移至通向催化剂，从 200℃ 开始对 NO 的浓度采取实时观测，测量要直至 450℃ 时的 NO 的浓度为止；温度上升的幅度为8.3℃/min，每 2min 记录一次浓度分析仪上显示的数据。

5.反应时间对催化效果的影响

保持 450℃ 测量 30min，每 5min 记录一次浓度分析仪上显示的数据，并记录催化剂温度和处理后气体 NO 浓度。

6.停止实验

关闭除 N_2 气瓶以外的所有气瓶的气阀，关闭温控仪，约 30min 后，关闭 N_2 气瓶气阀，关闭系统所有电源，停止实验，整理实验室。

五、实验数据记录与处理

1.数据记录

测定不同工况下 HC、NO、CO、CO_2 和 O_2 5 种气体的排放浓度和氮氧化物催化去除效率，测量数据填入表 2-37 和表 2-38。

表 2-37　机动车尾气污染物测量记录表

尾气分析仪型号：_____

转速仪型号：_____　点火正时仪型号：_____

大气压力：_____ MPa　大气温度：_____ ℃

序号	机动车型号	转速/(r/min)	点火提前角	CO 体积分数/%			HC 体积分数/10^{-6}			备注
				最高值 ρ_1	最低值 ρ_2	平均值 $(\rho_1+\rho_2)/2$	最高值 ρ_1	最低值 ρ_2	平均值 $(\rho_1+\rho_2)/2$	
1										怠速
2										怠速
3										怠速
4										双怠速
5										双怠速
6										双怠速

　　根据上述不同工况下气体浓度变化情况，尤其是关键尾气成分的浓度水平，确定下一步催化转化模拟实验中配气气体的种类及各种气体的配气比例。

表 2-38　催化转化法去除氮氧化物试验记录

NO 配量：_____ mL/min　NH$_3$ 配量：_____ mL/min　O$_2$ 配量：_____ mL/min

N$_2$ 配量：_____ mL/min　总气量：_____ mL/min

序号	采样时间/min	温度/℃	NO/(mg/m^3)		NO 去除率/%
			进气	出气	

　　2. 数据处理

　　按照下式计算催化去除效率：

$$\eta = \frac{c_0 - c_t}{c_0} \times 100\%　　　　　　(2-60)$$

式中　η——NO 去除效率，%；

　　　c_0——反应器入口处气体中 NO 的浓度，mmol/m^3；

　　　c_t——t 时刻所测反应器出口处气体中 NO 的浓度，mmol/m^3。

六、注意事项

　　1. NO$_x$ 具有刺激性，实验过程应保证装置连接处的气密性良好，注意防止气体泄漏，并保持室内通风。

　　2. 气体分析仪使用前要预热 10min。检测完成后，气泵要空转 3min，排清检测气室内的废气，延长传感器的使用寿命。

七、思考题

1.根据机动车尾气污染物测量记录表，比较不同工况下的尾气排放特征，并分析原因。

2.根据催化转化法去除氮氧化物试验记录，比较程序升温过程、反应时间等参数对催化效果的影响。

第三节　创新性实验

实验一　锰基低温 SCR 催化剂脱硝实验

一、实验目的

1.掌握用 SCR 脱硝的原理和效果。

2.通过制备 $MnCr_2O_4$，考察催化剂 NH_3-SCR 性能。

3.掌握催化剂 $MnCr_2O_4$ 制备、表征的方法和分析计算 NO_x 转化率的方法。

二、实验原理

在众多的脱硝技术中，SCR 脱硝技术是目前世界上应用最多、最为成熟且最有成效的烟气脱硝方式，而该技术的核心为催化剂。目前得到最广泛商业应用的 V_2O_5-WO_3 (MoO_3)/TiO_2 类催化剂虽然具有较高的活性和适宜的温度窗口，但其制造成本较高且钒的流失极易产生二次污染。因此寻找来源广泛、价格低廉且不易产生二次污染的催化剂替代产品具有重要意义。过渡金属中的 Mn 是 SCR 烟气脱硝催化剂常见的中低温活性组分，但是锰氧化物易产生 N_2O。调研发现，铬氧化物在 NH_3-SCR 脱硝中展现了良好的催化活性，构筑复合氧化物体系是提升 SCR 烟气脱硝催化剂性能的常见手段，由于不同活性组分间的协同作用，往往使得复合体系的性能显著优于单独组分。

那么，Mn-Cr 复合氧化物的 SCR 脱硝性能如何？研究表明，CrO_x 与 MnO_x 物理混合而成的氧化物 Cr(0.4)-MnO_x 在 120℃ 时脱硝效率可达 98.5%，Mn-Cr 复合氧化物 $Mn_3Cr_2O_x$ 催化剂在 100～225℃ 时脱硝效率接近 100%。Mn-Cr 除了可形成 $CrMn_2O_4$ 物相，也可形成尖晶石型 $MnCr_2O_4$ 物相，其制备方法可大致分为水热法、沉淀法和溶胶凝胶法。溶胶凝胶法制备的 $MnCr_2O_4$ 催化剂不仅具有纯尖晶石相，且展现出最佳的脱硝性能。

三、实验仪器与装置

1.实验装置

进行催化剂活性测试的 NH_3-SCR 脱硝实验系统如图 2-26 所示。实验系统由气体预配系统（a）、SCR 催化反应系统（b）、气体成分测试系统（c）组成。由标准气瓶提供的实验气体经过减压、流量控制后，混合配制成模拟烟气，并依次进入烟气预热段（2）和反应段（3），并在此完成模拟烟气预热及 NH_3-SCR 脱硝反应；气体成分测试系统通过烟气分析仪（7）实现对入口及出口气体的在线采集和分析。

参考电厂 SCR 典型工况制定入口模拟烟气标准参数，反应气氛（以体积计）为：0.1% NO+0.1% NH_3+3.5% O_2（N_2 为平衡气体）；活性测试温度为 100～400℃，每个温度点催化剂稳定运行 50min 后进行数据记录，催化剂用量 6mL，烟气流量 3000mL/min，空速 30000h^{-1}。

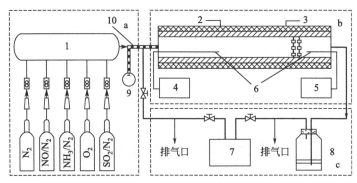

图 2-26　NH_3-SCR 脱硝实验系统示意图

1—气体混合设备；2—预热段；3—反应段；4,5—PID 控制；6—热电偶；

7—烟气分析仪；8—浓磷酸；9—恒流泵；10—蒸发器

NH_3-SCR 反应器入口、出口气体成分采用多组分烟气分析仪进行采集分析。定义 NO_x 转化率公式如下：

$$\eta = \frac{C_{NO_x(\text{inlet})} - C_{NO_x(\text{outlet})}}{C_{NO_x(\text{inlet})}} \qquad (2\text{-}61)$$

式中　$C_{NO_x(\text{inlet})}$——SCR 催化反应系统（b）入口处的 NO_x 浓度；

$\quad\quad C_{NO_x(\text{outlet})}$——SCR 催化反应系统（b）出口处的 NO_x 浓度，$NO_x \longrightarrow NO + NO_2$。

2.实验材料

九水硝酸铬、五水硝酸锰、一水合柠檬酸等试剂均为分析纯。

四、实验步骤

1.催化剂的制备

采用溶胶凝胶法制备催化剂，具体步骤为：

取 x mmol 硝酸锰和 $2x$ mmol 硝酸铬前驱体混合并溶于 30mL 去离子水中，在水浴锅 60℃ 恒温下剧烈搅拌 10min 直至充分溶解，然后加入 $3.6x$ mol 的柠檬酸，将混合液在 90℃ 水浴中剧烈搅拌直至形成黏稠的凝胶，然后将凝胶转移至烘箱，在 200℃ 下反应 1h，分解所形成的络合物并获得初步固体产物。

最后，将固体产物置于管式炉中，在 600℃ 空气氛围下煅烧 4h，获得最终样品，冷却至室温后，破碎，筛分，取粒径为 0.25～0.38mm 的 $MnCr_2O_4$ 催化剂样品备用。

2.XRD 表征

采用 Rigaku D/max 2500 PC（日本理学公司）转靶 X 射线衍射仪对催化剂进行 X 射线衍射（XRD）分析。测试条件为：Cu 靶，步长 0.1，扫描速率 4°/min，扫描范围 10°～80°。

3.催化剂比表面积和孔结构分析

N_2 等温吸附-脱附分析采用美国 Micromeritics 公司 ASAP2020 SurfaceArea and Porosity Analyzer 型 N_2 吸附仪进行测试，利用 Brunauer-Emmett-Teller（BET）方程计算催化剂的比表面积和吸附平均孔径，通过 Barrett-Joyner-Halenda（BJH）模型获得比孔容及孔径分布。

4.催化剂 NH_3-SCR 性能测试

标准反应条件下，调节温度在 100～400℃，测定 $MnCr_2O_4$ 催化剂样品 NH_3-SCR 的稳态脱硝效率。

5. 氨氮比的影响

标准反应条件下，温度在 325℃时，调节氨氮比在 0～3.5，测定 $MnCr_2O_4$ 催化剂样品的脱硝效率。

6. O_2 浓度的影响

标准反应条件下，温度在 325℃时，调节 O_2 浓度在 0～6，测定 $MnCr_2O_4$ 催化剂样品的脱硝效率。

五、实验数据记录与处理

1. 分析 $MnCr_2O_4$ 催化剂 XRD 谱图。

2. 采用 BET 方程和 BJH 模型分析 $MnCr_2O_4$ 催化剂的孔结构特征。

3. 绘制温度对 $MnCr_2O_4$ 催化剂脱硝效率的影响曲线。

4. 绘制氨氮比对 $MnCr_2O_4$ 催化剂脱硝效率的影响曲线。

5. 绘制氧浓度对 $MnCr_2O_4$ 催化剂脱硝效率的影响曲线。

6. 分析温度、氨氮比、氧浓度对 $MnCr_2O_4$ 催化剂脱硝效率的影响。

六、注意事项

1. NO_x 具有刺激性，实验过程应保证装置连接处的气密性良好，注意防止气体泄漏，并保持室内通风。

2. 催化剂装填之前应压片过筛。

七、思考题

1. 锰基催化剂为何在低温下具有良好的 SCR 脱硝性能？

2. 采用什么手段可以表征 $MnCr_2O_4$ 催化剂的晶体结构？

实验二　改性金属有机骨架 MOFs 吸附 CO_2 实验

一、实验目的

1. 掌握用吸附法净化气体的原理。

2. 通过对 MOFs 材料 UiO-66 进行改性，考察改性 UiO-66 吸附性能的变化。

3. 掌握吸附材料改性的方法和分析计算吸附容量的方法。

二、实验原理

随着人类社会现代化进程的加快推进和经济全球化的迅猛发展，化石能源（煤、石油和天然气等）的大量消耗，使 CO_2 的释放量以惊人的加速度增长，导致大气中 CO_2 含量急剧升高，全球气候变暖，从而严重地威胁到人类的生存环境和社会经济的持续发展。

许多学者致力于寻找经济有效的方法捕集 CO_2。目前 CO_2 捕集的方法主要有溶剂吸收法、吸附法和膜分离法等。吸附法具有能耗低、经济效益高、应用条件（温度、压力）宽等特点而成为一种具有较好应用前景的方法。金属有机骨架材料（MOFs）具有高的比表面，高的孔隙率，低的晶体密度以及一定的热稳定性和化学稳定性。在众多的 MOFs 材料中，UiO-66 具有良好的应用前景。

吸附分离法是基于气体与固体吸附剂表面上活性点之间的分子间引力来实现的。利用吸附剂对混合气中的 CO_2 的选择性可逆吸附作用来分离回收 CO_2 达到目的。吸附剂对 CO_2 的吸附量随着压力和温度的变化而变化，压力越大，吸附量越大；温度越低，吸附量越大。20 世纪 60 年代，开始使用吸附分离法捕集脱除 CO_2。用于 CO_2 吸附的材料主要有碳质多孔材料、沸石分子筛、氨基修饰硅基介孔材料、MOFs 等。相比传统的多孔材料（沸石、活性炭），MOFs 材料优于它们之处在于能根据具体的应用要求调变结构，将 MOFs 材料用于 CO_2 吸附引起越来越多的关注。在众多的 MOFs 材料中，UiO-66 凭借其独特的耐水性、稳定的化学性质及易再生等优点在 CO_2 吸附方面具有很大的应用潜力。

CO_2 在 UiO-66 上的吸附可分为物理吸附和化学吸附两部分，其中物理吸附主要依赖于孔结构，化学吸附则主要与含氮官能团种类和数量有关。UiO-66 表面上碱性官能团的种类和数量显著影响其对酸性 CO_2 的吸附。通过对 UiO-66 进行表面改性，减少酸性基团或者引入碱性基团，可强化其对 CO_2 的吸附。用氨气或氨水等溶液对 UiO-66 进行浸渍是增加表面碱性官能团的常用改性方法。

三、实验仪器与装置

1. 实验装置

CO_2 变压吸附实验装置见图 2-27。

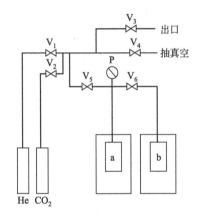

图 2-27　CO_2 变压吸附实验装置示意图

$V_1 \sim V_4$—截止阀；V_5、V_6—微调阀；

P—压力计；a—参考槽；b—吸附槽

其中参比槽、吸附槽为主体测试单元，吸附槽内装待测样品，控温槽温度可以调节。微调阀 V_5 和 V_6 控制实验过程气体的流量，使其能够缓慢地充入或放出，以便更好地控制吸附时的平衡压力。He 及 CO_2 纯度为 99.999%。

2. 实验材料

氯化锆，对苯二甲酸，DMF，乙醇，PEI，改性 UiO-66。

四、实验步骤

1. 改性 UiO-66 的制备

（1）UiO-66 的合成

氯化锆 $ZrCl_4$（1.16g，5mmol）和对苯二甲酸 H_2BDC（0.83g，5mmol）溶于 150mL DMF 溶剂中，然后转移至 200mL 聚四氟乙烯内衬不锈钢反应釜，放入均相反应器中 120℃下反应 24h。

反应结束后冷却至室温，倾倒出母液，产物先后用 DMF 和乙醇反复洗涤，120℃下干燥，得到白色晶体。

（2）UiO-66 的 PEI 改性

采用湿浸渍法对 UiO-66 进行 PEI 改性。首先将 UiO-66 粉末在 150℃真空下加热 24h，除去吸附水和配位水。

将一定量的 PEI 溶于 1mL 甲醇中，搅拌 20min，再将 0.2g UiO-66 在搅拌下逐步加入混合液中，搅拌至样品呈凝胶状。

所得凝胶在室温真空下干燥过夜，然后在真空条件下 110℃加热 12h，最后用去离子水对产物进行洗涤后干燥。

制备了不同 PEI 负载量（PEI 与 UiO-66 的质量比,%）的 UiO-66，记为 UiO-66/X% PEI，X 为 10、20、30、40、50。

2. CO_2 吸附等温线测定

设定温度为 299.15K，调节压力在 $0 \sim 35 \times 10^5$Pa 范围内，测定不同改性 UiO-66 的吸

附量。

3.温度对吸附性能的影响

设定温度为 299.15K 和 319.15K，调节压力在 $0\sim35\times10^5$Pa 范围内，测定不同改性 UiO-66 的 CO_2 吸附量。

4.吸附剂再生性能的测试

将测试完后带有样品的吸附槽排空，之后将吸附槽升温至 80℃，抽真空恒定 1h，对样品进行再生。

冷却至室温后再进行下一次等温吸附线的测定。测定样品四次吸附-脱附循环之后对 CO_2 的吸附量。

五、实验数据记录与处理

1.绘制不同样品在 299.15K 下的 CO_2 吸附等温线。

2.绘制不同温度下样品的 CO_2 吸附等温线。

3.绘制 299.15K 下样品四次重复再生曲线。

4.分析改性前后样品 CO_2 吸附性能的变化。

5.分析温度对吸附性能的影响。

6.分析四次吸附-脱附循环后样品吸附量的变化。

六、注意事项

1.在合成吸附剂过程中不可随意省略操作步骤。

2.变压吸附装置对气密性要求较高，连接处应密封良好。

七、思考题

1. MOFs 材料与其他无机多孔材料相比具有哪些优点？

2. UiO-66 在 CO_2 吸附方面具有哪些优势？

实验三 生物滴滤塔净化氯苯废气

一、实验目的

1.掌握用生物滴滤塔净化挥发性有机污染物的原理。

2.通过对生物滴滤塔挂膜启动后，考察进气氯苯浓度、停留时间、喷淋液流量对氯苯去除率的影响。

3.掌握活性污泥的培养及驯化、生物滴滤塔挂膜启动方法和分析计算去除负荷的方法。

二、实验原理

氯苯类有机化合物是化学性质较稳定的一类持久性有机污染物，广泛用于染料、塑料、香料、医药、农药和有机合成的中间体。氯苯类有机化合物具有一定的毒性、生物累积性和持久性，可导致植物腐烂、土壤和地下水的污染。由于氯苯的挥发性较强，大气中的氯苯污染情况不容忽视。据报道，人体长期暴露于含氯苯气体的环境中会对健康造成严重损害。因此，氯苯类污染物的控制和处理显得尤为必要。

目前，生物法处理挥发性有机污染物已成为国内外研究的热点，相比传统的生物过滤器和生物洗涤塔，生物滴滤塔可以通过控制喷淋液的流量、改变喷淋液的成分及 pH 的方式来提供微生物生长所需的条件，对硫化氢和氨等酸性气体及多种挥发性有机物的降解具有明显的优势。

在吸收操作的传统双膜理论基础上，Ottengraf 提出了生物净化 VOCs 的"吸收-生物膜理论"，该理论认为废气生物净化经历以下四个步骤：①气体中污染物气体分子和 O_2 湍流扩散到气膜表面，以分子扩散的方式由气膜进入液膜；②液膜中污染物和 O_2 以湍流扩散的方式进入液相主体流，以渗透的方式进入生物膜，被微生物捕集并吸附；③微生物通过新陈代谢活动降解污染物；④反应产物排出生物降解体系。

通过研究生物滴滤塔的工艺性能，进一步加强对生物滴滤塔氯苯废气净化过程及降解机理的认识。考察停留时间、进气浓度、进气负荷、循环液流量等工艺条件对氯苯去除效率及去除负荷的影响。

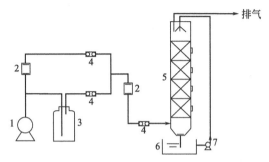

图 2-28　生物滴滤塔处理氯苯废气的工艺流程图
1—空压机；2—缓冲罐；3—吹脱瓶；4—转子流量计；
5—生物滴滤塔；6—储液槽；7—循环蠕动泵

三、实验仪器与装置

1. 实验装置

（1）生物滴滤塔：$\phi 100\text{mm} \times 1200\text{mm}$，有机玻璃材质，分为喷淋段、进气段和 4 个填料段，各段间以法兰连接（图 2-28）。

（2）填料：为活性炭纤维布与多面空心球的混合填料。每个填料段填料高度为 200mm，填料装填总体积为 0.00628m^3。

2. 实验材料

（1）接种污泥：取自污水处理厂的曝气池。

（2）循环喷淋液的成分：NH_4Cl 800mg/L，Na_2HPO_4 200mg/L，KH_2PO_4 400mg/L，$MgSO_4 \cdot 7H_2O$ 340mg/L，$FeSO_4 \cdot 7H_2O$ 10mg/L，$CaCl_2$ 15mg/L，$ZnSO_4 \cdot 7H_2O$ 0.5mg/L，$Na_2MoO_4 \cdot 2H_2O$ 0.5mg/L。

四、实验步骤

1. 活性污泥的培养及驯化

污泥经淘洗后去除上清液和底层沉渣，加入一定量的水形成活性污泥混合液，以葡萄糖为唯一碳源，向混合液中加入一定量的营养液，控制混合液 pH 约为 7，每天连续曝气 23h，静置 1h，排出 30% 的上清液，补充等量的新鲜营养液，营养液与喷淋液的成分相同。活性污泥培养结束后，采用逐步降低葡萄糖加入量而增加氯苯加入量的方法对污泥进行驯化，最终用氯苯完全替代葡萄糖成为微生物的唯一碳源。

2. 挂膜启动

将驯化好的活性污泥注满生物滴滤塔，完全淹没填料，浸泡 24h 后放空，开始挂膜。进气的氯苯质量浓度从 53.30mg/m^3 逐渐增至 1190.99mg/m^3，气体停留时间为 56s，喷淋液流量为 25.0mL/min。每 3 天更新 500mL 活性污泥及相应比例的营养液。每天测定生物滴滤塔进出口的氯苯质量浓度，计算氯苯去除率。

3. 稳定运行

常温常压条件下采用气液逆流操作，喷淋液由循环蠕动泵提升至生物滴滤塔的顶部，通过布水器均匀地喷洒在填料的表面。采用动态配气法配制氯苯废气，来自空压机的空气分为两路，一路进入避光的装有氯苯的吹脱瓶，将氯苯吹脱后带出，再与另一路空气混合后形成氯苯废气，从底部进入滴滤塔。通过气体流量计控制氯苯废气中氯苯的质量浓度。氯苯废气流量为 $0.25 \sim 0.80\text{m}^3/\text{h}$，进气中氯苯的质量浓度为 $648 \sim 2019\text{mg/m}^3$，生物滴滤塔的进气负荷为 15.70～146.18g/(m³·h)，相对应的空塔停留时间（EBRT）为 28～90s，喷淋液流量为 7.83～47.33mL/min。

4.进气中氯苯质量浓度对氯苯去除率的影响

设定喷淋液的流量为 30.0mL/min，EBRT 为 37s，调节进气中氯苯的质量浓度在 303～1489mg/m³，测定出口氯苯浓度。

5. EBRT 对氯苯去除率的影响

生物滴滤塔稳定运行后，设定进气中氯苯的质量浓度为 1200mg/m³，调节 EBRT 为 25～90s，测定出口氯苯浓度。

6.喷淋液流量对氯苯去除率的影响

生物滴滤塔稳定运行后，设定进气中氯苯的质量浓度为 1200mg/m³，EBRT 为 56s，调节喷淋液流量为 5～40mL/min，测定出口氯苯浓度。

7.氯苯浓度的测定

采用气相色谱仪分析氯苯废气中的氯苯质量浓度。

五、实验数据记录与处理

1.观察并记录活性污泥的变化情况。

2.绘制启动阶段去除率变化过程。

3.绘制进气中氯苯质量浓度对氯苯去除率及氯苯去除负荷的影响曲线。

4.绘制 EBRT 对氯苯去除率的影响曲线。

5.绘制喷淋液流量对氯苯去除率的影响曲线。

6.分析进气中氯苯质量浓度对氯苯去除率的影响。

7.分析 EBRT 对氯苯去除率的影响。

8.分析喷淋液流量对氯苯去除率的影响。

六、注意事项

1.活性污泥可以采用逐级提升负荷的方法进行驯化。

2.实验中应保持装置气密性良好，对尾气处理后排放。

七、思考题

1.本实验中微生物去除氯苯的作用过程是怎样的？

2.对微生物净化氯苯去除率影响最大的因素是什么？

3.如何提升微生物净化氯苯的性能？

实验四　低温等离子体协同催化剂降解 VOCs

一、实验目的

1.掌握用低温等离子体协同催化剂降解 VOCs 的原理和效果。

2.通过采用催化剂协同低温等离子体净化 VOCs，考察有无催化剂对 VOCs 去除效率的影响。

3.掌握等离子体催化模块上催化剂板、臭氧的催化分解板制备的方法和分析计算 VOCs 去除效率的方法。

二、实验原理

等温等离子体可以有效去除 VOCs 且其与传统方法相比具有操作设备简单、操作条件可在常温常压下进行等优点，但是其发展仍旧具有局限性。该处理技术依然存在容易形成副产物、能量效率较低和选择性较差等问题，大大限制了该技术未来的发展。而催化剂高选择性、高降解效率等特点使研究者将其与催化剂相结合，使其与催化剂协同处理 VOCs，成功让催化剂的优点作用在等离子体处理 VOCs 方面，使该技术具有 CO_2 选择性高、生成副产物极少、降解效率高、反应条件温和等特点。

低温等离子体催化技术就是指低温等离子体的多相催化技术，也就是在低温等离子体放电电极表面、反应器内表面，或者在放电空间置入催化剂，利用它对低温等离子体化学反应产生的催化作用，来提高处理效率。在放电状态下，低温等离子体空间富集了大量极活泼的高活性物种，如离子、高能电子、激发态的原子、分子和自由基等。这些高活性物种在普通的热化学反应中不易得到，但在低温等离子体中可源源不断地产生。

有机物分子在等离子体中降解主要有以下 3 个途径：①电子碰撞电离；②自由基碰撞电离；③离子碰撞电离。低温等离子体中的这些活性粒子的平均能量高于有机物分子的键能，它们和有机物分子发生频繁的碰撞，打开气体分子的化学键，与有机物分子发生化学反应。当催化剂置入等离子体场中时，电子能量、电子密度及功率等物理参数受到催化剂的影响。粒子（电子、受激原子和离子）轰击催化剂表面，催化剂颗粒被极化，并形成二次电子发射，就会在表面形成电场加强区。另外，由于催化剂对有机物有一定的吸附能力，在表面形成有机物的富集区，这样就会在低温等离子体和催化作用下迅速发生各种化学反应，从而将有机物脱除。并且低温等离子体中的活性物种（特别是高能电子）含有巨大的能量，可以引发位于低温等离子体附近的催化剂，并可降低反应的活化能。

同时，催化剂还可选择性地与低温等离子体产生的副产物反应，得到无污染的物质（如二氧化碳和水）。因此，低温等离子体与催化剂组合作用时，较直接催化剂法或单纯低温等离子体法具有更高的脱除效率，能更有效地减少副产物的产生，提高反应的选择性，并由于吸附作用能进一步降低反应能耗。

三、实验仪器与装置

1. 实验装置

低温等离子体协同催化剂降解 VOCs 实验装置见图 2-29。甲苯气体是通过空压机向浸在冰水浴中的瓶装甲苯液体鼓泡产生；空压机的供气流量由质量流量控制器控制，为了使甲苯气体均匀进入等离子催化反应器，分别采用了气体喷头和均流风扇向反应器布气；甲苯气体在经过气体混合区与空气混合后，进入反应器内反应后由通风机排出。等离子体催化反应器壳体为不锈钢，长×宽×高＝140cm×80cm×50cm，内部包括 1 个均流板、4 个等离子体催化反应模块和 1 个臭氧分解板。每个低温等离子体催化反应模块配有一个高压脉冲放电电源。等离子体催化反应模块由 10 个相同的等离子体催化单元组成。正极为平行竖直排列的钢板，板一侧分布三排放电针，分别为沿板方向延长的一排针（A 排）以及与板呈 60°夹角的两排针（B 排和 C 排），针形为三角形。负极为自制蜂窝状极板，上面负载催化剂；两个负极板呈 V 形结构安装。均流板放置于反应区前均匀布气；甲苯气体通过脉冲放电低温等离子体催化装置被处理，停留时间 1～5s；臭氧分解模板对反应后排出的副产物臭氧进行去除。另配有气相色谱仪、臭氧分析仪等分析测试仪器。

2. 实验材料

（1）等离子体催化模块上催化剂板制备：首先预处理铝蜂窝板，对其进行蒸馏水和丙酮清洗，以 Al_2O_3、SiO_2、$PdCl_2$、MnO_2、CuO、$CaCl_2$ 和盐酸为原料，采用浸渍法制备催

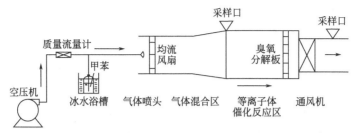

图 2-29　低温等离子体协同催化剂降解 VOCs 实验装置示意图

化剂。先将一定量的 Al_2O_3、SiO_2、CuO、$CaCl_2$、盐酸与水混合均匀得溶液，向溶液中添加一定量的 $PdCl_2$ 和 MnO_2 并搅拌均匀；将铝蜂窝板载体浸渍于该溶液中 30min；取出于 105℃ 干燥 1h，之后于 500℃ 下焙烧 3h，即得等离子体催化模块上的催化剂板。

（2）臭氧的催化分解板制备：同样对铝蜂窝板进行预处理，对其进行蒸馏水和丙酮清洗，以 Al_2O_3、SiO_2、CuO 和盐酸为原料，采用浸渍法制备催化剂。先将一定量的 Al_2O_3、SiO_2、CuO、盐酸与水混合均匀得溶液，向溶液中添加一定量的 MnO_2 并搅拌均匀；将铝蜂窝板载体浸渍于该溶液中 30min；取出于 105℃ 干燥 1h，之后于 500℃ 下焙烧 2h，即得臭氧分解板。

四、实验步骤

1.脉冲频率对甲苯去除率的影响

控制脉冲峰值电压 $U=15kV$、进口甲苯质量浓度约为 160mg/m³、气体流量为 500m³/h、反应器内气体停留时间为 2.74s 的条件下，改变脉冲频率，测定反应器出口的甲苯浓度。

2.脉冲峰值电压对甲苯去除率的影响

控制脉冲频率 $f=33kHz$、进口甲苯质量浓度约为 160mg/m³、气体流量为 500m³/h、反应器内气体停留时间为 2.74s 的条件下，改变脉冲峰值电压，测定反应器出口的甲苯浓度。

3.甲苯进口质量浓度对甲苯去除率的影响

控制脉冲频率 $f=33kHz$、脉冲峰值电压 $U=15kV$、气体流量 500m³/h、气体停留时间 2.74s 的条件下，改变甲苯进口质量浓度，测定反应器出口的甲苯浓度。

4.气体流量对甲苯去除率的影响

控制脉冲频率 $f=33kHz$、脉冲峰值电压 $U=15kV$、甲苯进口质量浓度 160mg/m³ 的条件下，通过风机变频器调节气体流量，流量变化范围为 300～2500m³/h，测定反应器出口的甲苯浓度。

5.催化剂对甲苯去除率的影响

控制脉冲频率 $f=33kHz$，脉冲峰值电压 $U=15kV$，甲苯进口质量浓度为 120mg/m³，通过改变管道风速来控制气体流量，流量变化范围为 300～2500m³/h，分别测定有无催化剂时反应器出口的甲苯浓度。

五、实验数据记录与处理

1.绘制脉冲频率对甲苯去除率的影响曲线。

2.绘制脉冲峰值电压对甲苯去除率的影响曲线。

3.绘制甲苯进口质量浓度对甲苯去除率的影响曲线。

4.绘制气体流量对甲苯去除率的影响曲线。

5.绘制气体流量在300～2500m³/h时，催化剂对甲苯去除率的影响曲线。

6.分析不同脉冲频率、脉冲峰值电压、甲苯进口质量浓度和气体流量对甲苯去除率的影响。

7.分析气体流量在300～2500m³/h变化时，催化剂对甲苯去除率的影响。

六、注意事项

1. VOCs具有刺激性，在实验中应保持装置的密封性良好。

2.低温等离子装置具有一定的危险性，应规范操作，严格控制进气浓度。

七、思考题

1.低温等离子体协同催化降解VOCs技术有哪些优势和不足？

2.低温等离子体技术适用于什么条件下的VOCs降解？

第三章 固体废物处理与处置实验

第一节 验证性实验

实验一 固体废物的破碎筛分实验

一、实验目的

1. 了解破碎筛分技术原理和特点。

2. 熟悉固体废物破碎筛分过程。

3. 掌握筛分实验数据的处理和分析方法。

二、实验原理

固体废物破碎是利用外力克服固体废物质点间的内聚力而使大块固体废物分裂成小块的过程。磨碎是使小块固体废物颗粒分裂成细粉的过程。固体废物经破碎和磨碎后，粒度变得小而均匀，从而具有以下意义：①固体废物堆积密度减小，体积减小，便于压缩、运输、储存和高密度填埋；②原来不均匀的固体废物经破碎后趋于均匀一致，可提高焚烧、热解、熔烧、压缩等作业的稳定性和处理效率，防止粗大、边缘锋利的废物损坏分选、焚烧、热解等设备；③原来连在一起的伴生矿物或相互联结的异种材料等单体分离，便于从中分选、回收有价值的物质和材料；④为固体废物的下一步加工和资源化做准备。

筛分是利用一个或一个以上的筛面，将不同粒径颗粒的混合废物分成两组或两组以上颗粒组的过程。筛分过程可看作由物料分层和细粒透筛两个阶段组成。物料分层是完成筛选的条件，细粒透筛是筛选的目的。根据固体废物破碎后所得产物粒度的不同，利用不同筛孔尺寸的筛子将物料中小于筛孔尺寸的细物粒透过筛面，大于筛孔尺寸的粗物粒截留在筛面上，从而完成粗/细颗粒的分离。

三、实验材料与实验设备

1. 实验样品

碎砖渣、碎炉渣等。

2. 仪器设备

破碎机、球磨机、振筛机、标准筛、烘箱、电子天平、秒表等。

四、实验步骤

1.取适量固体废物样品置于烘箱内,70℃温度下烘 24h 后冷却至室温。

2.物料放入破碎机进行破碎,称取 100～200g 破碎后的样品投入球磨机中粉磨 30min,经清出收集后称重。

3.将所需筛孔的套筛按筛孔由大至小(由上至下)的顺序组合好,将球磨后的样品倒入最上部的标准筛中。

4.开启振筛机,对样品筛分 10min。废物如果太多,可分几次筛。

5.筛分完毕,逐级称量,并且记录在表 3-1 中,要求测量精度达到 0.1g。

6.将各筛分级别的物料质量相加,得总和,与试样原质量相比较,计算不同粒度物料所占的百分比。要求误差不应超过 2%。如果没有其他原因造成显著的损失,可以认为质量损失是由于操作时微粒飞扬引起的。允许把损失的一部分质量加到最细级别中,以便和试样原质量相平衡。

五、实验数据记录与处理

1.将实验数据按规定填入物料筛分实验结果记录表(表 3-1)中。

2.进行误差计算、分析和处理。

3.计算各粒级产物的产率(%)。

4.绘制粒度特性曲线。

(1)绘制部分粒度特性曲线和柱状图

以各粒级产率为纵坐标,粒度为横坐标。

(2)绘制累积粒度特性曲线

分别以正累积产率和负累积产率为纵坐标,粒度为横坐标。

表 3-1 物料筛分实验结果记录表

试样名称:_____   试样质量:_____g

粒度		质量/g	产率/%	正累积/%	负累积/%
/mm	/网目				
合计				—	—

六、注意事项

1.筛分前注意检查标准筛的排放顺序是否正确。

2.启动粉碎设备前要仔细检查粉碎机是否能够安全运行。

3.粉碎设备启动后,应保持一定的安全距离。

七、思考题

1.本实验中为什么要在试样干燥后再进行粉碎筛分?

2.绘制粒度特性曲线的意义是什么？累积粒度特性曲线有哪些用途？

实验二　生活垃圾风力分选实验

一、实验目的

1.初步了解风力分选的基本原理和基本方法。

2.比较立式和水平风力分选机的构造与原理。

3.掌握在不同风速的条件下，不同密度颗粒的分选效果与风速的关系。

二、实验原理

风力分选，简称风选，是垃圾分选中常用的方法之一，是以空气为分选介质，将轻物料从较重物料中分离出来的一种方法。风选实质上包含两个分离过程：分离出具有低密度、空气阻力大的轻质部分（提取物）和具有高密度、空气阻力小的重质部分（排出物）；进一步将轻颗粒从气流中分离出来，后一分离步骤常由旋流器完成。

空气与水相比较，其密度和黏度都较小，并具有可压缩性。当压力为1MPa及温度为20℃时，空气密度为0.00118g/cm^3，黏度为0.000018Pa·s。因为在风选过程中应用的风压不超过1MPa，可以忽略空气的压缩性，而视其为具有液体性质的介质。颗粒在水中的沉降规律也同样适用于在空气中的沉降。但由于空气密度较小，与颗粒密度相比可忽略不计，故颗粒在空气中的沉降末速（v_0）为：

$$v_0 = \sqrt{\frac{\pi d \rho_s g}{6 \varphi \rho}} \tag{3-1}$$

式中　d——颗粒的直径，m；

　　　ρ_s——颗粒的密度，g/cm^3；

　　　ρ——空气的密度，g/cm^3；

　　　φ——阻力系数；

　　　g——重力加速度，m^2/s。

当颗粒粒度一定时，密度大的颗粒沉降末速大；当颗粒密度相同时，直径大的颗粒沉降末速大。由于颗粒的沉降末速同时与颗粒的密度、粒度及形状有关，因而在同一介质中，密度、粒度和形状不同的颗粒在特定的条件下，可以具有相同的沉降速度。这样的相应颗粒称为等降颗粒。其中，密度小的颗粒粒度（d_{r1}）与密度大的颗粒粒度（d_{r2}）之比，称为等降比，以e_0表示，即：

$$e_0 = \frac{d_{r1}}{d_{r2}} > 1 \tag{3-2}$$

等降比的大小可由沉降末速的个别公式或通式写出，如两颗粒等降，则$v_{01} = v_{02}$，那么：

$$\sqrt{\frac{\pi d_1 \rho_{s1} g}{6 \varphi_1 \rho}} = \sqrt{\frac{\pi d_2 \rho_{s2} g}{6 \varphi_2 \rho}} \tag{3-3}$$

$$\frac{d_1 \rho_{s1}}{\varphi_1} = \frac{d_2 \rho_{s2}}{\varphi_2} \tag{3-4}$$

所以：

$$e_0 = \frac{d_1}{d_2} = \frac{\varphi_1 \rho_{s2}}{\varphi_2 \rho_{s1}} \tag{3-5}$$

式（3-5）为自由沉降等降比（e_0）的通式。从式（3-5）可见，等降比（e_0）将随两种颗粒的密度差（$\rho_{s2} - \rho_{s1}$）的增大而增大，而且 e_0 还是阻力系数（φ）的函数。理论与实践都表明，e_0 将随颗粒粒度变细而减小。颗粒在空气中的等降比远远小于在水中的等降比，为其 1/5～1/2。所以，为了提高分选效率，在风选之前需要将废物进行窄分级，或经破碎使粒度均匀后，使其按密度差异进行分选。

颗粒在空气中沉降时，所受到的阻力远小于在水中沉降时所受到的阻力。所以颗粒在静止空气中沉降到达末速所需的时间和沉降距离都较长。颗粒在上升气流中达到沉降末速时，颗粒的沉降速度（v_0'）等于颗粒对介质的相对速度（v_0）和上升气流速度（u_a）之差，即：

$$v_0' = v_0 - u_a \tag{3-6}$$

所以，上升气流可以缩短颗粒达到沉降末速的时间和距离。因此，在风选过程中常采用上升气流。

颗粒在实际的风选过程中的运动是干涉沉降。在干涉条件下，上升气流速度远小于颗粒的自由沉降末速时，颗粒群就呈悬浮状态。颗粒群的干涉末速（v_{hs}）为：

$$v_{hs} = v_0 (1-\lambda)^n \tag{3-7}$$

式中　λ——物料的容积浓度；

　　　n——大小与物料的粒度及状态有关，多为 2.33～4.65。

颗粒达到末速保持悬浮状态时，上升气流速度（u_a）和颗粒的干涉末速（v_{hs}）相等。使颗粒群开始松散和悬浮的最小上升气流速度（u_{min}）为：

$$u_{min} = 0.125 v_0 \tag{3-8}$$

在干涉沉降条件下，使颗粒群按密度分选时，上升气流速度的大小，应根据固体废物中各种物质的性质，通过实验确定。

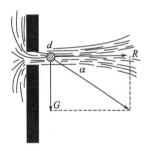

在风选中还常应用水平气流。在水平气流分选器中，物料是在空气动压力及本身重力作用下按粒度或密度进行分选的。由图3-1可以看出，如在缝隙处有一个直径 d 的球形颗粒，并且通过缝隙的水平气流速度为 u 时，那么，颗粒将受到以下两个力的作用。

图 3-1　直径为 d 的颗粒的受力分析

空气的动压力（R）计算公式如下：

$$R = \varphi d^2 u^2 \rho \tag{3-9}$$

式中　φ——阻力系数；

　　　ρ——空气的密度，g/cm^3；

　　　u——水平气流的速度，m/s。

颗粒本身的重力（G）计算公式如下：

$$G = mg = \frac{\pi d^3 \rho_s}{6} g \tag{3-10}$$

式中　m——颗粒的质量，g；

　　　ρ_s——颗粒的密度，g/cm^3。

颗粒的运动方向将和两力的合力方向一致，并且由合力与水平夹角（α）的正切值来确定：

$$\tan\alpha = \frac{G}{R} = \frac{\pi d^3 \rho_s g}{6 \varphi d^2 u^2 \rho} = \frac{\pi d \rho_s g}{6 \varphi u^2 \rho} \tag{3-11}$$

由式（3-11）可知，当水平气流速度一定、颗粒粒度相同时，密度大的颗粒沿与水平夹角较大的方向运动，密度较小的颗粒则沿夹角较小的方向运动，从而达到按密度差异分选的目的。

通过理论分析，有许多人提出一些特别适用于气流分选的经验模型，达拉法尔（Dallavlle）提出如下模型（适用于立式气流分选机）：

$$v = \frac{13300\gamma}{\gamma+1}d^{0.57} \tag{3-12}$$

式中　v——气流速度，m/s；

　　　d——颗粒直径，m；

　　　γ——颗粒密度，g/cm^3。

对于水平气流分选机，达拉法尔提出下式来确定气流速度：

$$v = \frac{6000\gamma}{\gamma+1}d^{0.398} \tag{3-13}$$

按气流吹入分选设备的方向不同，风选设备可分为两种类型：水平气流分选机（又称水平风力分选机）和立式气流分选机（又称立式风力分选机）。

立式气流分选机的构造和工作原理如图 3-2 所示。根据风机与旋流器安装的位置不同，该分选机可有三种不同的结构形式，但其工作原理大同小异：经破碎后的生活垃圾从中部给入风力分选机，物料在上升气流作用下，垃圾中各组分按密度进行分离，重质组分从底部排出，轻质组分从顶部排出，经旋风分离器进行气固分离。立式风力分选机分选精度较高。

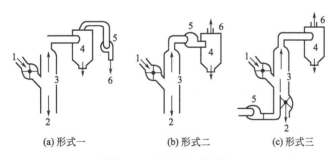

(a) 形式一　　　　(b) 形式二　　　　(c) 形式三

图 3-2　立式气流分选机

1—给料；2—排出物；3—提取物；4—旋流器；5—风机；6—空气

图 3-3 为水平气流分选机的构造和工作原理。该机从侧面送风，固体废物经破碎机破碎和圆筒筛筛分使其粒度均匀后，定量给入机内，当废物在机内下落时，被鼓风机鼓入的水平气流吹散，固体废物中各种组分沿着不同运动轨迹分别落入重质组分、中重质组分和轻质组收集槽中。水平气流分选机的经验最佳风速为 20m/s。

水平气流分选机构造简单、维修方便，但分选精度不高。一般很少单独使用，常与破碎、筛分、立式风力分选机组成联合处理

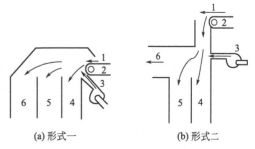

(a) 形式一　　　　(b) 形式二

图 3-3　水平气流分选机

1—给料；2—给料机；3—空气；

4—重质组分；5—中重质组分；6—轻质组分

工艺。

研究表明，要达到较好的分选效果，就要使气流在分选筒内产生湍流和剪切力，从而分散物料团块，经改造的分选筒有锯齿形、振动式或回转式，如图 3-4 所示。

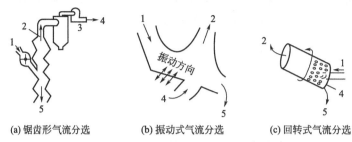

(a) 锯齿形气流分选　　　(b) 振动式气流分选　　　(c) 回转式气流分选

图 3-4　锯齿形、振动式和回转式风力分选机
1—给料；2—提取物；3—风机；4—空气；5—排出物

为了取得更好的分选效果，通常可以将其他的分选手段与风力分选在一个设备中结合起来，例如振动式风力分选机和回转式风力分选机。前者兼有振动和气流分选的作用，给料沿着一个斜面振动，较轻的物料逐渐集中于表面层，随后由气流带走；后者兼有圆筒筛的筛分作用和风力分选的作用，当圆筒旋转时，较轻的颗粒悬浮在气流中而被带往集料斗，较重和较小的颗粒则透过圆筒壁上的筛孔落下，较重的大颗粒则在圆筒的下端排出。

三、实验设备

本实验所用生活垃圾卧式风力分选机简图见图 3-5。选取功率为 1.5kW 的涡流式风机，其风压范围是 250～380kPa，风速的范围是 7.5～17.4m/s。风选设备主体的尺寸为长×高×宽是 1.6m×1.8m×0.6m。

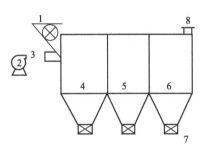

图 3-5　生活垃圾卧式风力分选机简图
1—进料口；2—风机；3—进风口；
4—重物质槽；5—中物质槽；6—轻物质槽；
7—出料口；8—出风口

四、实验步骤

本实验测定不同密度的混合垃圾在不同的风速条件下的分选效果，不同密度在不同风速下的分离比例就是其分离效率。

1. 进行单一组分的风选。选取纸类、金属等密度不同的物质，每种物质先单独进行风选实验。

2. 开启风机后，首先利用风速测定仪测定风机的风速，然后将单一物质均匀地投入进料口中，通过观察窗留意观察物料在风选机内的运行状态。收集各槽中的物料并称重。

3. 调节不同的风速（7.5～17.4m/s），测定不同风速下轻、中重、重槽中该物质颗粒的分布比例，从而了解单一组分的风选情况。收集各槽中的物料并称重。

4. 将选取的单一物质混合均匀。开启风机后，利用风速测定仪测定风机的风速，然后将混合物质（X 和 Y）均匀地投入进料口中，通过观察窗留意观察物料在风选机内的运行状态。收集各槽中的物料并称取混合物中各单一物质的质量。

5. 重复步骤 4，调节不同的风速（7.5～17.4m/s），测定不同风速下轻、中重、重槽中物质颗粒的分布比例，从而了解混合物料风选情况。收集各槽中的物料并称取混合物中各单一物质的质量。

6.利用公式 $Purity(X_i) = \dfrac{X_i}{X_i + Y_i} \times 100\%$ 及 $E = \left| \dfrac{X_i}{X_0} - \dfrac{Y_i}{Y_0} \right| \times 100\%$ 计算分选物料的纯度和分选效率。其中，X_0、Y_0 表示进料物 X 和 Y 的质量，g；X_i、Y_i 表示同一槽中出料物 X 和 Y 的质量，g。

五、实验数据记录与处理

实验测得各数据，可参照表 3-2 记录。

表 3-2　风选实验记录表

实验日期：_____年_____月_____日

序号	风速/(m/s)	进料量/g		重质组分/g		中重质组分/g		轻质组分/g	
		X_0	Y_0	X_i	Y_i	X_i	Y_i	X_i	Y_i
1									
2									
3									
4									
5									
6									

六、注意事项

1.风机速率逐渐增大，开始速度不宜过大。

2.根据分选精度，即时调整风机速率。

七、思考题

1.立式风力分选和水平风力分选各有什么优缺点？如何加以改进？水平风力分选机的分选效率与什么因素有关？怎样提高分选效率？

2.根据实验结果，计算水平风力分选的最佳风速是多少。

实验三　固体废物含水率、挥发分、灰分的测定

一、实验目的

1.了解城市生活垃圾的一般性质。

2.熟悉固体废物含水率、挥发分和灰分测定的原理。

3.掌握固体废物含水率、挥发分和灰分测定的方法及所涉及的仪器的操作。

二、实验原理

固体废物的含水率、挥发分和灰分是固体废物基本的物理化学特性，直接影响到固体废物的处理处置方法。不同来源的固体废物，其含水率、挥发分和灰分等理化特性差异较大。

固体废物含水率测定的是将固体废物在 (105 ± 5)℃下烘干一定时间（如 2h）后所失去的水分量，烘干至恒重或最后二次称重之误差小于法定值。含水率通常以单位质量样品所含水分质量的百分比表示。其计算式为：

$$W = \frac{M_{湿} - M_{干}}{M_{湿}} \times 100\%$$

(3-14)

式中　$M_{湿}$——新鲜垃圾（或湿垃圾）试样原始质量，kg；

　　　$M_{干}$——试样烘干后的质量，kg。

固体废物的挥发分是指固体废物在标准温度实验时，呈气体或蒸气而散失的量，又称为挥发性固体含量，常用 $V_s(\%)$ 来表示。挥发分是反映固体废物中有机物含量近似值的指标参数，以固体废物在 600℃ 温度下的灼烧减量为指标。

固体废物的灰分是指固体废物中不能燃烧也不挥发的物质，它是反映固体废物中无机物含量的一个指标参数，其数值是 815℃ 下的灼烧残留量（%）。灰分熔点与灰分的化学组成有关，主要取决于 Si、Al 等元素的含量。一般固体废物的灰分可分为 3 种形态：非熔融性、熔融性和含有金属成分。

三、实验仪器及样品

1.实验仪器

电子天平、恒温鼓风干燥箱、马弗炉、瓷坩埚、干燥器。

2.实验样品

城市生活垃圾。

四、实验步骤

1.含水率

（1）将瓷坩埚洗净后在 600℃ 马弗炉中灼烧 1h，取出冷却称重，前后两次称量误差不大于 0.01g，即为恒重，记作 m。

（2）取 5g 垃圾样品，置于坩埚内称重，记作 m_1。

（3）将盛有样品的坩埚放入干燥箱内，在 (105±5)℃ 下干燥至恒重，取出置于干燥器中冷却。

（4）将冷却后的样品从干燥器中取出，称量坩埚加样品的质量 m_2，直至恒重。否则重复烘干、冷却和称量过程，直至恒重为止。

2.挥发分和灰分

挥发分与灰分测定步骤基本相同，所不同的是灼烧温度。

（1）将干燥后的样品放入马弗炉内，在 (600±10)℃ [或 (815±10)℃] 灼烧 2h，置于干燥器中冷却。

（2）将冷却后的样品从干燥器中取出，称量坩埚加样品的质量，记作 m_3（或 m_4）。

平行测定：每个样品必须做 3 次平行测定，取其结果的算术平均值。

五、实验数据记录与处理

1.含水率（W）的计算。计算公式如下：

$$W = \frac{m_1 - m_2}{m_1 - m} \times 100\% \tag{3-15}$$

式中　W——固体废物的含水率，%；

　　　m——空坩埚的质量，g；

　　　m_1——干燥前坩埚加样品的质量，g；

　　　m_2——经干燥恒重后，坩埚加样品的质量，g。

2.挥发分（V_s）的计算。计算公式如下：

$$V_s = \frac{m_2 - m_3}{m_2 - m} \times 100\% \tag{3-16}$$

式中　V_s——干燥垃圾挥发分，%；

m——空坩埚质量，g；

m_2——坩埚和样品在灼烧前的质量（即干燥恒重后坩埚加样品的质量），g；

m_3——坩埚和样品在（600±10）℃灼烧后的质量，g。

3. 灰分（A）的计算。计算公式如下：

$$A = \frac{m_4 - m}{m_2 - m} \times 100\% \tag{3-17}$$

式中 A——干燥垃圾灰分，%；

m——空坩埚质量，g；

m_2——坩埚和样品在灼烧前的质量（即干燥恒重后坩埚加样品的质量），g；

m_4——坩埚和样品在（815±10）℃灼烧后的质量，g。

4. 实验测得各数据，可参照表 3-3 记录。

表 3-3　固体废物含水率、挥发分、灰分的测定结果　　　　　单位：%

实验日期：年＿＿＿＿＿＿月＿＿＿＿＿＿日

样品号	含水率			挥发分			灰分		
	第1次	第2次	第3次	第1次	第2次	第3次	第1次	第2次	第3次
1									
2									
3									
平均值	样品1			样品2			样品3		
	含水率	挥发分	灰分	含水率	挥发分	灰分	含水率	挥发分	灰分

六、注意事项

1. 马弗炉在使用过程中应注意安全，在温度较高时打开马弗炉取出样品应戴棉线手套，同时使用坩埚钳进行操作。

2. 样品必须烘干至恒重，否则会影响本实验测量的精度。

3. 测定挥发分时，温度应严格控制在（600±10）℃。

七、思考题

1. 不同废物中挥发分与灰分的含量会有什么样的变化？

2. 挥发分与灰分的含量多少说明了什么？

<h2>实验四　生活垃圾生物降解度的测定</h2>

一、实验目的

1. 熟悉表征生活垃圾特性的指标参数。

2. 掌握生物降解度的分析测定方法。

二、实验原理

垃圾中含有大量天然的和人工合成的有机物质，有的容易生物降解，有的难以生物降解。本实验中是一种以化学手段估算生物可降解度的间接测定方法。根据生物降解有机质比生物不可降解有机质更易于被氧化的特点，在原有"湿烧法"测定固体有机质的基础上，采用常温反应以降低溶液的氧化程度，使之有选择性地氧化生物可降解物质。即在强酸性条件下，以强氧化剂重铬酸钾在常温下氧化样品中的有机质的量，再换算为生物可降解度。反应式如下：

$$2K_2Cr_2O_7+3C+8H_2SO_4 \longrightarrow 2K_2SO_4+2Cr_2(SO_4)_3+3CO_2+8H_2O \qquad (3-18)$$

$$K_2Cr_2O_7+6(NH_4)_2Fe(SO_4)_2+7H_2SO_4 \longrightarrow$$

$$K_2SO_4+Cr_2(SO_4)_3+3Fe_2(SO_4)_3+6(NH_4)_2SO_4+7H_2O \qquad (3-19)$$

三、实验仪器与试剂及配制方法

1.实验仪器

干燥箱，振荡器，电子天平，容量瓶，锥形瓶，烧杯，滴定装置等。

2.实验试剂及配制方法

(1) 浓硫酸（98%）。

(2) 重铬酸钾溶液 $c\left(\frac{1}{6}K_2Cr_2O_7\right)=2mol/L$：将 98.08g 重铬酸钾溶于 500mL 蒸馏水中，然后缓慢加入 250mL 的浓硫酸，加蒸馏水至 1L。

(3) 硫酸亚铁铵标准溶液 $c[(NH_4)_2Fe(SO_4)_2]=0.25mol/L$：小心地将 20mL 浓硫酸加入约 800mL 水中，再将 98.05g$(NH_4)_2Fe(SO_4)_2 \cdot 6H_2O$ 溶于其中，加蒸馏水至 1L。

(4) 试亚铁灵指示液：称取 1.485g 邻菲啰啉、0.685g 硫酸亚铁溶于水中，加水稀释至 100mL，储于棕色瓶中。

四、实验步骤

1.称取 0.5000g 风干并经磨碎的试样，置于 250mL 的容量瓶中。

2.用移液管准确量取 20mL 重铬酸钾溶液，加入瓶中。

3.向瓶中加入 20mL 硫酸，摇匀。

4.在室温下将容量瓶置于振荡器中，振荡 1h（振荡频率 100 次/min 左右）。

5.取下容量瓶，加水至标线，摇匀。

6.从容量瓶中分取 25mL 置于锥形瓶中，加试亚铁灵指示剂 3 滴，用硫酸亚铁铵标准溶液滴定，溶液的颜色由黄色经蓝绿色至刚出现红褐色不褪即为本次试验的终点，记录硫酸亚铁铵溶液的用量。

7.用同样的方法在不放试样的情况下，做空白实验。

五、实验数据处理

生物降解度（%）通过下式计算：

$$BDM=\frac{(V_0-V_1) \times c \times 6.383 \times 10^{-3} \times 10}{W} \times 100\% \qquad (3-20)$$

式中 V_0——空白实验所消耗的硫酸亚铁铵标准溶液的体积，mL；

V_1——样品测定所消耗的硫酸亚铁铵标准溶液的体积，mL；

c——硫酸亚铁铵标准溶液的浓度，mol/L；

W——样品质量，g；

6.383——换算系数，碳 $\left[\left(\frac{1}{6} \times \frac{3}{2}\right)C\right]$ 的摩尔质量除以生物可降解物质平均含碳量 47%，g/mol。

六、注意事项

1.每份试样应至少做两个平行样，结果取平均值。

2.经氧化后的溶液颜色，一般应是黄色或是黄中带绿，如果以绿色为主，则说明重铬酸钾的用量不足，有氧化不完全的可能，应舍去重做，可适当减少称取的试样的质量。

七、思考题

1.表征生活垃圾特性的参数有哪些？

2.生物降解度的测定有什么意义？

实验五　固体废物热值的测定

一、实验目的

1.掌握氧弹热量计的基本操作方法。

2.熟悉生活垃圾的热值测定方法。

3.了解固体垃圾焚烧工艺的影响因素。

二、实验原理

热化学中定义，1mol物质完全氧化时的反应热称为燃烧热。对生活垃圾固体废物和无法确定分子量的混合物，其单位质量完全氧化时的反应热，即指单位质量固体废物在完全燃烧时释放出来的热量称为热值。固体废物热值是固体废物的一个重要物化指标。固体废物热值的大小直接影响着固体废物处理处置方法的选择。

焚烧的主要目的是尽可能焚毁废物，使被焚烧的物质变为无害和最大限度地减容，并尽量减少新的污染物质产生，避免造成二次污染。对于大、中型的废物焚烧厂，能同时实现使废物减量、彻底焚毁废物中的毒性物质，以及回收利用焚烧产生的废热这三个目的，而焚烧炉中固体废物焚烧需要一定热值才能正常燃烧。

热值有两种表示方式，即高位热值（粗热值）和低位热值（净热值）。若热值包含烟气中水的潜热，则该热值是高位热值。反之，若不包含烟气中水的潜热，则该热值就是低位热值。

要使固体废物能维持正常焚烧过程，就要求其具有足够的热值，即在进行焚烧时，垃圾焚烧释放出来的热量足以加热垃圾，并使之达到燃烧所需的温度或者具备发生燃烧所必需的活化能。否则，便需要添加辅助燃料才能维持正常燃烧。

计算热值有许多方法，如热量衡算法（精确法）、工程算法、经验公式法、半经验公式法。

焚烧过程进行着一系列能量转换和能量传递，是一个热能和化学能的转换过程。固体废物和辅助燃料的热值、燃烧效率、机械热损失及各物料的潜热和显热等，决定了系统的有用热量，最终也决定了焚烧炉的火焰温度和烟气温度。

热值测定方法如下。

1.任何一种物质，在一定的温度下，物料所获得的热量（Q）：

$$Q = C\Delta t = mq \tag{3-21}$$

式中　C——热容，J/K；

　　Δt——初始温度与燃烧温度之差，K；

　　m——质量，g；

　　q——物料发热量，J/g。

因此，热容（C）：

$$C = \frac{mq}{\Delta t} \tag{3-22}$$

在操作温度一定（20℃）、热量计中水体积一定、水纯度稳定的条件下，C 为常数，氧弹热量计系统的热容也是固定的，当固体废物燃烧发热时，会引起热量计中水温变化（Δt），通过探头测定而得到固体废物的发热量。发热量（q）：

$$q = \frac{C\Delta t}{m} \tag{3-23}$$

式中　m——待测物质量，g。

2.热容（J/℃）计算公式如下：

$$E = \frac{Q_1 M_1 + Q_2 M_2 + VQ_3}{\Delta T} \tag{3-24}$$

式中　E——热量计热容，J/℃；

$\quad Q_1$——苯甲酸标准热值，J/g；

$\quad M_1$——苯甲酸质量，g；

$\quad Q_2$——引燃（点火）丝热值，J/g；

$\quad M_2$——引燃（点火）丝质量，g；

$\quad V$——消耗的氢氧化钠溶液的体积，mL；

$\quad Q_3$——硝酸生成热滴定校正（0.1mol 的硝酸生成热为 5.9J），J/g；

$\quad \Delta T$——修正后的量热体系温升，℃。

ΔT 计算方法如下：

$$\Delta T = (t_n - t_0) + \Delta\theta \tag{3-25}$$

$$\Delta\theta = \frac{V_n - V_0}{\theta_n - \theta_0}\left(\frac{t_0 + t_n}{2} + \sum_{i=1}^{n-1} t_i - n\theta_n\right) + nV_n \tag{3-26}$$

式中　V_0，V_n——初期和末期的温度变化率，℃/30s；

$\quad \theta_0$，θ_n——初期和末期的平均温度，℃；

$\quad n$——主期读取温度的次数；

$\quad t_i$——主期按次序温度的读数。

3.试样热值（J/g）的计算公式如下：

$$Q = \frac{E\Delta T - \sum G_d}{G} \tag{3-27}$$

式中　$\sum G_d$——添加物产生的总热量，J；

$\quad G$——试样质量，g。

其他符号意义同上。

三、实验仪器及试剂

1.实验仪器

氧弹热量计，自密封式氧弹，水套（外筒）、水套（内筒），搅拌器，工业用玻璃棒温度计，点火丝，气体减压器，压饼机，控制器面板。

2.实验试剂

苯甲酸，氢氧化钠，固体废物（可用粉煤灰代替）。

四、实验步骤

1. 热量计热容（E）的测定

（1）先将外筒装满水，实验前用外筒搅拌器（手拉式）将外筒水温搅拌均匀。

（2）称取片剂苯甲酸 1g（约两片），再称准至 0.0002g 放入坩埚中。

（3）把盛有苯甲酸的坩埚固定在坩埚架上，将一根点火丝的两端固定在两个电极柱上，并让其与苯甲酸有良好的接触，然后在氧弹中加入 10mL 蒸馏水，拧紧氧弹盖，并用进气管缓慢地充入氧气直至弹内压力为 2.8～3.0MPa 为止，氧弹不应漏气。

（4）把上述氧弹放入内筒中的氧弹座架上，再向内筒中加入约 3000g（称准至 0.5g）蒸馏水（温度已调至比外筒低 0.2～0.5℃），水面应至氧弹进气阀螺帽高度的约 2/3 处，每次用水量应相同。

（5）接上点火导线，并连好控制箱上的所有电路导线，盖上盖，将测温传感器插入内筒，打开电源和搅拌开关，仪器开始显示内筒水温，每隔 30s 蜂鸣器报时 1 次。

（6）当内筒水温均匀上升后，每次报时时，记下显示的温度。当记下第 10 次时，同时按"点火"键，测量次数自动复零。以后每隔 30s 储存测温数据共 31 个，当测温次数达到 31 次后，按"结束"键表示实验结束（若温度达到最大值后记录的温度值不满 10 次，需人工记录几次）。

（7）停止搅拌，拿出传感器，打开水筒盖。注意先拿出传感器，再打开水筒盖。取出内筒和氧弹，用放气阀放掉氧弹内的氧气，打开氧弹，观察氧弹内部。若有试样燃烧完全，实验有效，取出未烧完的点火丝称重；若有试样燃烧不完全，则此次实验作废。

（8）用蒸馏水洗涤氧弹内部及坩埚并擦拭干净，洗液收集至烧杯中的体积为 150～200mL。

（9）将盛有洗液的烧杯用表面皿盖上，加热至沸腾 5min。加 2 滴酚酞指示剂，用 0.1mol/L 的氢氧化钠标准溶液滴定，记录消耗的氢氧化钠溶液的体积。如发现在坩埚内或氧弹内有积炭，则此次实验作废。

2. 固体废物样品热值的测定

取固体废物样品（可用粉煤灰代替）1.0g 左右，采用上述方法进行实验。

五、实验数据记录与处理

将实验数据记入表 3-4 中。

表 3-4　固体废物（粉煤灰）热值测定数据记录表

体系	苯甲酸		粉煤灰	
	样品质量/g		样品质量/g	
	0.1mol/L NaOH 用量/mL		0.1mol/L NaOH 用量/mL	
	铜丝点火前、后质量/g		铜丝点火前、后质量/g	
测温次数	测温数据/℃			
1				
2				
3				
4				
5				

测温次数	测温数据/℃
6	
7	
8	
9	
10	
...	
31	

注：苯甲酸的燃烧热为−26460J/g，引燃铜丝的燃烧热为−3140J/g。

根据苯甲酸和粉煤灰点火后温度的变化，以时间为 x 轴，温度为 y 轴可得温度-时间关系图。用图解法求出样品燃烧引起热量仪温度变化的差值，并根据公式计算固体废物粉煤灰样品的热值。

六、注意事项

1. 样品的称量应精确至 0.0002g，以减少实验过程中的误差。

2. 停止搅拌后应注意先拿出传感器后再打开水筒盖，避免温度数据出现偏差。

七、思考题

1. 为何氧弹每次工作之前要加 10mL 水？

2. 影响热值测定的因素有哪些？

3. 热值达到多少，固体废物才能采用焚烧法处理？

实验六　固体废物有效磷的测定

一、实验目的

1. 熟悉固废中有效磷测定的原理。

2. 掌握固体废物中有效磷的测定方法。

二、实验原理

固体废物中的有效磷多以磷酸二氢钙和磷酸氢钙状态存在，可用 pH 值为 8.5、浓度为 0.5mol/L 碳酸氢钠提取到溶液中。磷酸二氢钙可直接溶于碳酸氢钠水溶液中，而磷酸氢钙与碳酸氢钠反应成为磷酸二氢钠而溶解，钙则成为碳酸钙的沉淀而析出。

其反应式为：

$$Ca(H_2PO_4)_2 + 2NaHCO_3 \longrightarrow Ca(HCO_3)_2 + 2NaH_2PO_4 \tag{3-28}$$

$$CaHPO_4 + NaHCO_3 \longrightarrow CaCO_3 + NaH_2PO_4 \tag{3-29}$$

将含磷溶液与钼锑抗显色剂混合（反应生成磷钼蓝），形成稳定的蓝色溶液，采用分光光度计进行比色测定。

三、实验仪器设备与试剂及配制方法

1. 实验仪器设备

（1）分光光度计 1 台。

（2）往复式振荡器 1 台。

（3）250mL 三角瓶、50mL 容量瓶、500mL 容量瓶、200mL 烧杯、漏斗、定量滤纸等。

2.实验试剂及配制方法

（1）0.5mol/L 碳酸氢钠：称取化学纯碳酸氢钠 42g 溶于 800mL 水中，以 0.5mol/L 氢氧化钠调 pH 至 8.5，洗入 1000mL 容量瓶中，定容至刻度，储存于试剂瓶中。

（2）无磷活性炭：为了去除活性炭中的磷，先用 0.5mol/L 碳酸氢钠浸泡过夜，然后在平板瓷漏斗上抽气过滤，再用 0.5mol/L 碳酸氢钠溶液洗 2～3 次，最后用水洗去碳酸氢钠并检查到无磷为止，烘干备用。

（3）磷（P）标准溶液：准确称取 45℃烘干过 4～8h 的分析纯磷酸二氢钾 0.2197g 于小烧杯中，以少量水溶解，将溶液全部洗入 1000mL 容量瓶中，用水定容至刻度充分摇匀，此溶液即为含 50mg/L 的磷基准溶液。吸 50mL 此溶液稀释至 500mL，即为 5mg/L 的磷标准溶液（现用现配，此溶液不能长期保存）。比色时按标准曲线系列配制。

（4）硫酸钼锑储存液：取蒸馏水约 400mL，放入 1000mL 烧杯中，将烧杯浸在冷水内，然后缓缓注入分析纯浓硫酸 208.3mL，并不断搅拌，冷却至室温。另取分析纯钼酸铵 20g 溶于约 60℃的 200mL 蒸馏水中，冷却。然后将硫酸溶液徐徐倒入钼酸铵溶液中，不断搅拌，再加入 100mL 0.5％酒石酸锑钾溶液，用蒸馏水稀释至 1000mL，摇匀，储存试剂瓶中。

（5）硫酸钼锑抗混合显色剂：于 100mL 钼锑储存液中，加入 1.5g 左旋（旋光度＋21°～＋22°）抗坏血酸，此试剂有效期 24h，用前配制。

四、实验步骤

1.称取通过 20 目筛的风干固体样品 5g（精确到 0.01g）于 200mL 三角瓶中［须做平行样，和平行空白（不加固体样品，其他操作相同），共 4 个样品］，加 100mL 0.5mol/L 碳酸氢钠溶液，再加一角勺无磷活性炭，塞紧瓶塞，在振荡器上振荡 30min 后，立即用无磷滤纸过滤，滤液承接于三角瓶中。

2.吸取滤液 10mL（含磷量高时吸取 2.5～5mL，同时应补加 0.5mol/L 碳酸氢钠溶液至 10mL）于 50mL 容量瓶中，加硫酸钼锑抗混合显色剂 5mL，利用其中多余的硫酸来中和碳酸氢钠，充分摇匀，排除二氧化碳（至瓶中无气泡）后加水定容至刻度，再充分摇匀（最后的硫酸浓度为 0.325mol/L）。

3.30min 后在分光光度计上比色（波长 700nm），比色同时须做空白测定。

五、数据处理

1.磷标准曲线绘制

分别吸取 5mg/L 磷标准溶液 0mL、1mL、2mL、3mL、4mL、5mL 于 50mL 容量瓶中（每一量瓶磷的浓度即为 0mg/L、0.1mg/L、0.2mg/L、0.3mg/L、0.4mg/L、0.5mg/L），再逐个加入 0.5mol/L 碳酸氢钠 10mL 和硫酸钼锑抗混合显色剂 5mL，充分摇匀，排除二氧化碳，加水定容至刻度，30min 后进行比色测定。根据测定的数据绘制磷标准曲线。

2.结果计算

$$X = \frac{(c - c_0)V_1 V_3}{m V_2} \tag{3-30}$$

式中　X——固体废物样品中有效磷的含量，mg/kg；

　　　m——固体废物样品质量，g；

　　　V_1——试样溶液体积，即质量为 m 的固体废物样品磷提取所得溶液体积，mL；

　　　V_2——测定移取试样溶液体积，mL；

V_3——测定移取试样溶液定容体积，mL；

c——试样溶液标准曲线所查磷的浓度，mg/L；

c_0——空白溶液标准曲线所查磷的浓度，mg/L。

六、注意事项

1.活性炭一定要洗至无磷无氯反应，否则不能应用。

2.显色时硫酸钼锑抗混合显色剂 5mL，除中和 10mL 0.5mol/L 碳酸氢钠溶液外，最后酸度为 $0.65mol/L \frac{1}{2} H_2SO_4$。

3.室温低于 20℃时，显色后的钼蓝则有沉淀产生，此时可将容量瓶放入 40～50℃的烘箱或热水中保温 20min，稍冷 30min 后比色。

七、思考题

1.测定固体废物有效磷加入钼锑抗，为什么要充分摇匀？

2.抽滤时滤纸选择时是否一定要选择无磷滤纸？

实验七　污泥热解实验

一、实验目的

1.熟悉污泥热解技术的基本原理。

2.掌握热解炉的工作原理和方法。

3.熟悉污泥热解过程的控制参数。

二、实验原理

污泥热解过程中，有机成分在高温条件下进行分解破坏，实现快速、显著减容。与生化法相比，热解法处理周期短、占地面积小、可实现最大限度的减容、延长填埋场使用寿命，与普通焚烧法相比，热解过程产生的二次污染少。热解生成的气态或液体燃料在空气中燃烧与固体废物直接燃烧相比，不仅燃烧效率高，所引起的大气污染也低。

热解是有机物在无氧或缺氧状态下加热，使之分解为气、液、固三种形态的混合物的化学分解过程。其中，气体是以氢气、一氧化碳、甲烷等低分子碳氢化合物为主的可燃性气体；液体是在常温下为液态的包括乙酸、丙酮、甲醇等化合物在内的燃料油；固体为纯碳与玻璃、金属、砂土等混合形成的炭黑。

$$有机物+热 \xrightarrow{\text{无氧或缺氧}} g\,G(气体)+l\,L(液体)+s\,S(固体) \tag{3-31}$$

式中　g——气态产物的化学计量；

　　　G——气态产物的分子式；

　　　l——液态产物的化学计量；

　　　L——液态产物的分子式；

　　　s——固态产物的化学计量；

　　　S——固态产物的分子式。

三、实验装置与设备

1.实验装置

热解实验装置如图 3-6 所示。主要由控制柜、热解炉和气体净化收集系统三部分组成。热解炉可选取卧式或立式电炉，要求炉管能耐受 800℃高温，炉膛密闭。

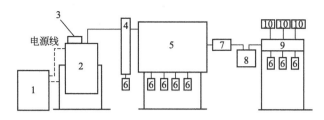

图 3-6 热解实验装置

1—控制柜；2—固定床热解炉；3—投料口；4—旋风分离器；5—冷凝器；

6—焦油收集瓶；7—过滤器；8—煤气表；9—取样装置；10—气体收集瓶

气体净化收集系统要求密闭性好，有一定气体腐蚀耐受能力。由旋风分离器、冷凝器、过滤器、煤气表等几部分构成。

2.实验材料与仪器仪表

（1）实验材料：可以选取城市污水处理厂的生物污泥。

（2）仪器仪表：烘箱 1 台；漏斗、漏斗架若干；量筒（1000mL）1 支；定时钟 1 只；破碎机 1 台；电子天平 1 台。

四、实验步骤

1.称取 100g 污泥，对物料采用破碎机或者其他破碎方法破碎至粒度小于 10mm。

2.从顶部投料口将炉料装入热解炉。

3.接通电源，升高炉温，升温速度为 25℃/min，将炉温升到 400℃，恒温 8h。

4.气体温度升高到 400℃，开始恒温，并每隔 15min 记录产气流量数据，总共记录 8h。

5.可能条件下收集气体进行气相色谱分析。

6.测定收集焦油的质量。

7.测定热解后固体残渣的质量。

8.温度分别升高到 500℃、600℃、700℃、800℃，重复实验步骤 1~7。

五、实验数据记录与处理

1.记录实验设备基本参数，包括热解炉功率，旋风分离器的型号、风量、总高、公称直径等，气体流量计的量程、最小刻度。

2.记录反应床初始温度、升温时间。

3.参考表 3-5 记录实验数据。

表 3-5 不同终温下产气量记录表

热解炉功率：_____

气体流量计量程：_____   最小刻度：_____

旋风分离器型号：_____   风量：_____   总高：_____   公称直径：_____

实验序号	1	2	3	4	5
终止温度/℃	400	500	600	700	800
恒温后 15min 产气量/(cm³/h)					
恒温后 30min 产气量/(cm³/h)					
⋮					
恒温后 8h 产气量/(cm³/h)					

4.为分析产气量同时间的关系，根据实验数据作图，纵坐标为产气量，横坐标为热解时间。

六、注意事项

1.不同原料产气率会有很大差别，应根据实际情况适当调整记录气体流量的时间间隔。

2.气体必须安全收集，避免煤气中毒。

七、思考题

1.分析不同终温对产气率的影响。

2.如能测定气体成分，分析不同终温对产生气体成分的影响。

实验八　固体废物吸水率、抗压强度和颗粒容重的测定实验

一、实验目的

1.了解固体废物吸水率、抗压强度和颗粒容重的基本意义。

2.掌握固体废物吸水率、抗压强度和颗粒容重的测定方法和原理。

二、实验原理

固体废物的吸水率是指材料试样放在蒸馏水中，在规定的温度和时间内吸水质量和试样原质量之比。吸水率可用来反映材料的显气孔率。

固体废物的密度可以分为体积密度、真密度等。体积密度是指不含游离水材料的质量与材料的总体积之比；材料质量与材料实体积之比值，则称为真密度。密度的测定是基于阿基米德原理。

固体废物的机械强度是指固体废物抗破碎的阻力。通常用静载下测定的抗压强度、抗拉强度、抗剪强度和抗弯强度来表示。抗压强度是最常用的固体废物的机械强度表示方法。

三、实验仪器及材料

恒温干燥箱，天平，游标卡尺，容积密度瓶，标准筛，干燥器，研钵，万能实验材料测试机，蒸馏水。

四、实验步骤

1.吸水率的测试

根据国家标准《轻集料及其试验方法　第 1 部分：轻集料》（GB/T 17431.2—2010）和《轻集料及其试验方法　第 2 部分：轻集料试验方法》（GB/T 17431.1—2010）测试烧成固体废物样品的吸水率，具体如下：

（1）将固体废物放在（110±5）℃的烘箱中干燥至恒重后，放在有硅胶或其他干燥剂的干燥器内冷却至室温。

（2）称量和记录固体废物的干燥质量 m_0，精确至 0.01g，然后将样品放入盛水的容器中，如有颗粒漂浮在水面上，必须设法将其压入水中。

（3）样品浸水 1h 后，将样品倒入 5mm 的筛子中，滤水 1~2min，然后倒在拧干的湿毛巾上，用手抓住毛巾两端，使其成槽形，让固体废物在毛巾上往返滚动 4 次后，将固体废物取出称重，质量记为 m。

2.抗压强度的测试

按照国家标准《陶瓷材料抗压强度试验方法》（GB/T 4740—1999）在 WE-50 型液压式

万能试验机上测试烧成固体废物样品的抗压强度。具体步骤如下：

（1）将样品制成直径（20±2）mm、高（20±2）mm的试样。

（2）将试样置于温度为110℃的烘箱中，烘干2h，然后放入干燥器，冷却至室温。

（3）测量并记录每块试样的直径和高度，精确至0.1mm。

（4）将试样放入试验机压板中心，并在试样两受压面衬垫1mm厚的草纸板。

（5）选择适当的量程，以$2×10^2$N/s的速度均匀加载直至试样破碎（以测力指针倒转时为准），记录试验机指示的最大载荷。

3.颗粒容重的测试

按照《轻骨料试验方法》（GB 2842—81）测试烧成固体废物样品的颗粒容重。具体操作步骤如下：

（1）取测完1h吸水率的试样（对应干燥样品质量m_0）；或按照吸水率测试步骤中的方法制备试样。

（2）将试样倒入100mL的量筒里，再注入50mL清水。如有试样漂浮在水上，可用已知体积（V_1）的圆形金属板压入水中，读出量筒的水位（V）。

五、实验数据处理

1.固体废物吸水率

固体废物的1h吸水率W按照下述公式计算：

$$W=\frac{m-m_0}{m_0}×100\%$$ （3-32）

式中　W——固体废物的1h吸水率，%，计算精确到0.01%；

　　　m——浸水后试样的质量，g；

　　　m_0——干燥试样的质量，g。

2.样品抗压强度

样品抗压强度极限按下式计算：

$$\sigma_c=\frac{4P}{\pi D^2}$$ （3-33）

式中　σ_c——抗压强度，MPa，精确至0.01MPa；

　　　P——试样受压破碎的最大载荷，N；

　　　D——试样直径，mm。

3.颗粒容重

固体废物的颗粒容重计算公式如下：

$$\gamma_k=\frac{m_0×1000}{V-V_1-50}$$ （3-34）

式中　γ_k——固体废物颗粒容重，kg/m³，计算精确至10kg/m³；

　　　m_0——干燥试样的质量，g；

　　　V_1——圆形金属板的体积，mL；

　　　V——倒入试样和放入压板后量筒的水位，mL。

六、注意事项

1.在测定固体废物吸水率和颗粒容重时，应保证所有样品完全浸入水中，以减少实验误差。

2.测定固体废物的抗压强度时,试样充分压碎时的压力值需在试验机量程的 10%～90%。

七、思考题

1.固体废物的性质对破碎处理有何影响?

2.固体废物的哪些结构特征对其抗压强度产生影响?

3.固体废物的吸水率、抗压强度和颗粒容重,三者之间有何种联系?

实验九 危险废物重金属浸出毒性鉴别实验

一、实验目的

1.熟悉危险废物浸出毒性的基本概念。

2.掌握测定危险废物浸出毒性的方法。

二、实验原理

危险废物是指具有腐蚀性、急性毒性、浸出毒性、反应性、传染性、放射性等一种或一种以上危害特性的废物。浸出毒性是指固体废物遇水浸沥,浸出的有害物质迁移转化,污染环境的程度。在特定条件下浸出的有害物质浓度称为浸出毒性。生产、生活过程所产生的固态危险废物的浸出毒性鉴别方法,是通过实验室条件下根据国家标准配制的浸提剂在特定条件下对危险废物进行浸取,并分析浸出液的毒性来测定危险废物浸出毒性。

含有有害物质的固体废物在堆放或处置过程中,遇水浸沥,使其中的有害物质迁移转化,污染环境。浸出实验是对这一自然过程的野外或实验室模拟。当浸出的有害物质的量值超过相关法规所提出的阈值时,则该废物具有浸出毒性。固体废物的浸出毒性鉴别是危险废物的判定依据,也是固体废物管理、处置技术开发的重要技术环节。

浸出是可溶性的组分通过溶解或扩散的方式从固体废物中进入浸出液的过程。当填埋或堆放的废物和液体(包括渗透的雨水、地表水、地下水和废物材料中所含的水分)接触时,固相中的组分就会溶解到液相中形成浸出液。组分溶解的程度取决于液固相接触的点位、废物的特性和接触时间。浸出液的组成和它对水质的潜在影响,是确定该种废物是否为危险废物的重要依据,也是评价这种废物所适用的处置技术的关键因素。废物的浸出受到各种物理、化学和生物的因素影响,这些因素与处置环境和废物的特性有关。

本实验以硝酸-硫酸混合液为浸提剂,模拟危险废物(生活垃圾焚烧飞灰)在不规范填埋处置、堆存时,其中的有害组分在酸性降水的影响下,从废物中浸出而进入环境的过程。

三、实验仪器与试剂

1.实验仪器

振荡设备 [转速为 (30 ± 2) r/min 的翻转式振荡装置];提取瓶 [2L 具旋盖和内盖的广口瓶,做无机物分析时,可使用玻璃瓶或聚乙烯 (PE) 瓶];电子天平 (精度 0.01g);烘箱;电感耦合等离子体原子发射光谱仪;真空过滤器 (容积≥1L);滤膜 (0.45μm 微孔滤膜);pH 计 (在 25℃时,精度为±0.05 pH);烧杯或锥形瓶 (玻璃,500mL)。

2.实验试剂

去离子水;浓硫酸 (优级纯);浓硝酸 (优级纯);1%硝酸溶液;浸提剂 [将质量比为 2:1 的浓硫酸和浓硝酸混合液加入试剂水 (1L 水约 2 滴混合液) 中,使 pH 为 3.20±0.05]。

四、实验步骤

1.取适量待测飞灰样品 (大于200g) 置于具盖容器中,于 105℃下烘干,恒重至两次称量值的误差小于±1%。

2.称取150~200g烘干飞灰样品，置于2L提取瓶中，按液固比为10∶1（液体以L计，固体以kg计）计算出所需浸提剂的体积，加入浸提剂，盖紧瓶盖后固定在翻转式振荡装置上，调节转速为（30±2）r/min，于（23±2）℃下振荡（18±2）h。在振荡过程中有气体产生时，应定时在通风橱中打开提取瓶，释放过度的压力。

3.在真空过滤器上装好滤膜，用1%稀硝酸淋洗过滤器和滤膜，弃掉淋洗液，过滤并收集浸出液，于4℃下保存。

4.用电感耦合等离子体原子发射光谱仪测定浸出液中的Pb、Zn、Cd、Cr、Cu和Ni浓度。

5.每一固体样品按照步骤2~4平行测定三次，结果取平均值。

6.取相同提取瓶，不加固体样品，按照步骤2~5同时操作，做空白实验。

五、实验数据记录与处理

实验数据可参考表3-6记录。表格中任何其中一个元素的数值超过浸出毒性鉴别标准限值时，该废物即为危险废物。

表3-6　浸出毒性测定结果

实验序列		重金属浓度/(mg/L)					
		Pb	Zn	Cd	Cr	Cu	Ni
空白组	1						
	2						
	3						
	平均值						
样品组	1						
	2						
	3						
	平均值						

六、注意事项

1.为了降低空白值，应注意玻璃器皿的清洗和试剂的纯度。

2.注意浸出液与所使用容器的相容性。

3.提取瓶在振荡过程中有气体产生时，应定时在通风橱中打开盖子，释放压力。

七、思考题

1.以双因素实验设计法拟定一个测定不同浸取时间的实验方案。

2.分析哪些因素会影响危险废物重金属浸出浓度。

3.查阅资料，比较国内外各种浸出毒性方法的差异性和可靠性。

实验十　含硫固体废物焙烧脱硫实验

一、实验目的

1.了解含硫物料焙烧脱硫的基本原理。

2.熟悉氧化焙烧的基本特点以及影响氧化焙烧的主要因素。

3.熟悉焙烧脱硫实验的设备和方法，掌握有关计算方法。

二、实验原理

本实验是将含有金属硫化物的固体物料（以 CuS 进行实验）在空气中进行高温焙烧，硫化物将发生氧化，物料中的硫转变为二氧化硫或三氧化硫逸出，主要反应如表 3-7 所示。

表 3-7　CuS 在不同温度范围焙烧发生的主要反应

温度范围	反应	反应类型
330～422℃	$2CuS+O_2 \longrightarrow Cu_2S+SO_2$ $Cu_2S+SO_2+3O_2 \longrightarrow Cu_2SO_4$ 或　$Cu_2S+2O_2 \longrightarrow Cu_2SO_4$	主反应 副反应
330～474℃	$Cu_2S+0.01O_2 \longrightarrow Cu_{1.96}S+0.02Cu_2O$	副反应
422～585℃	$Cu_2O+2SO_2+1.5O_2 \longrightarrow 2CuSO_4$	主反应
422～474℃	$3Cu_2SO_4 \longrightarrow 2Cu_2O+2CuSO_4+SO_2$	副反应
422～585℃	$Cu_2S+1.5O_2 \longrightarrow Cu_2O+SO_2$	主反应
474～585℃	$Cu_2S+2CuSO_4 \longrightarrow 2Cu_2O+3SO_2$	主反应
585～653℃	$Cu_2O+0.5O_2 \longrightarrow 2CuO$ $CuO+CuSO_4 \longrightarrow CuO \cdot CuSO_4$	主反应 主反应
653～820℃	$CuO \cdot CuSO_4 \longrightarrow 2CuO+SO_3$	主反应

如果焙烧是在较低温度下（330～653℃）进行，物料中的硫将部分脱除，硫化物转变为 CuO 和 CuSO₄ 两种形态。如果焙烧是在高温条件下（653～820℃）进行，可以将物料中的硫全部脱除，CuS 转变为 CuO。

三、实验仪器与试剂

1.实验仪器

（1）实验装置：由物料焙烧和硫吸收两个系统组成，包括管式炉、温度控制器、吸收装置、真空泵、干燥塔（若天气干燥则不用干燥塔）。

（2）其他实验设备：天平，瓷舟，滴定装置。

2.实验试剂

双氧水（30%），甲基红-亚甲基蓝指示剂，氢氧化钠标准溶液（0.5mol/L）。

四、实验步骤

1.焙烧脱硫

（1）称样：使用天平称取 1.0g CuS 样品置于瓷舟中。

（2）过氧化氢吸收液的配制：在 500mL 的烧杯中加入 320mL H_2O、18mL H_2O_2、甲基红-亚甲基蓝指示剂 12mL，混合即得到过氧化氢吸收液。

（3）调配溶剂：在过氧化氢吸收液中逐滴加氢氧化钠标准溶液（0.5mol/L）同时不断搅拌，直至吸收液由紫色恰好变亮绿色（如果溶液已经是亮绿色，则不需要调节）。将调配好的过氧化氢吸收液大致平均地加入两个吸收瓶中。

（4）检查装置是否密封或堵塞：连接好实验装置后，启动真空泵，这时吸收瓶内均应有均匀的气泡，然后停开真空泵。

（5）进料焙烧：由实验指导老师将炉子温度提前升到 750℃，启动真空泵，将盛有 CuS

样品的瓷舟放入管式炉中焙烧，将温度升至实验温度 850℃ （控制器屏幕上方为实际温度，下方为设定温度）。焙烧时间为 30min。

（6）焙烧结束后，停止真空泵（先调节螺旋夹，后停真空泵，防止吸收液倒吸）。

2.硫量分析

硫量的分析是基于以下反应：

$$SO_2 + H_2O_2 \longrightarrow H_2SO_4 \tag{3-35}$$

$$H_2SO_4 + 2NaOH \longrightarrow Na_2SO_4 + 2H_2O \tag{3-36}$$

取下吸收瓶，将吸收瓶中的溶液转移至 500mL 三角烧瓶，并用 0.5mol/L 的氢氧化钠标准溶液对其进行滴定，溶液由紫色变亮绿色为终点。记录滴定体积 V。

五、实验数据处理

1.计算焙烧过程中的脱硫量

$$脱除硫的质量 = 0.5 \times V \times M(S) \times \frac{1}{2} \tag{3-37}$$

式中　　0.5——氢氧化钠溶液浓度，mol/L；

V——滴定氢氧化钠标准溶液体积，L；

$M(S)$——硫的原子量。

2.计算脱硫率

$$
\begin{aligned}
脱硫率 &= \frac{脱除硫的质量}{物料理论硫含量} \times 100\% \\
&= \frac{脱除硫的质量}{物料含硫量 \times 称取物料质量} \times 100\%
\end{aligned}
\tag{3-38}
$$

六、注意事项

1.调节空气量时，要小心扭螺旋夹，不要用力过猛，以免吸收液胀出，另停关抽气泵时也要先打开缓冲通路，然后停泵。

2.因实验是电热加温，所以须防止漏电、烫伤。

七、思考题

1.影响氧化焙烧的主要因素有哪些？

2.用氢氧化钠标准溶液进行滴定分析吸收液中硫量时，滴定终点如何判断？

第二节　综合性实验

实验一　有机固体废物协同好氧堆肥实验

一、实验目的

1.熟悉好氧堆肥化的原理及操作过程。

2.掌握好氧堆肥化过程的各种影响因素和控制措施。

二、实验原理

有机固体废物（秸秆、稻壳、餐厨垃圾、城市污泥等）的堆肥化技术是一种最常用的固体废物生物转换技术，是对固体废物进行稳定化、无害化处理的重要方式之一。

好氧堆肥化是在有氧条件下，依靠好氧微生物的作用来转化有机废物。有机废物中的可溶性有机物质可透过微生物的细胞壁和细胞膜被微生物直接吸收，不溶性的胶体有机物质则先吸附在微生物体外，依靠微生物分泌的胞外酶分解为可溶性物质，再渗入细胞。微生物通过自身的生命活动进行分解代谢和合成代谢，把一部分被吸收的有机物质氧化成简单的无机物，并释放生物生长、活动所需要的能量；把另一部分有机物转化合成新的细胞物质，使微生物繁殖，产生更多的生物体。

好氧堆肥过程一般分为 2 个阶段，第一阶段是高速堆肥阶段，第二阶段是熟化阶段，通常在堆肥过程中需要投加添加剂，以提高堆肥底物的可生物降解性和增加堆体通风性能。好氧堆肥技术降解有机质速度快、堆料分解彻底，同时能有效杀灭病原微生物，是处理有机质固体废物的一种有效手段。

三、实验仪器设备

1.反应器主体

实验的核心装置是为密封式 ATAD 好氧反应器，全不锈钢制作：内径 380mm，高 800mm，总容积 60L。反应器底面设有采样口，可定期采样。反应器顶部设有气体收集管，用医用注射器作取样器，定时收集反应器内的气体样本。此外，反应器上还配有测温与 pH 装置等。

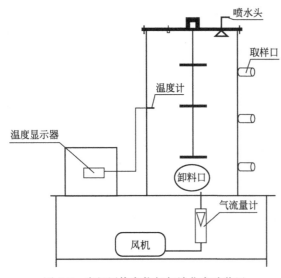

图 3-7　有机固体废物好氧消化实验装置

2.供气系统

风机经过气体流量计定量后从反应器底部供气。供气管为直径 10mm 的蛇皮管。为了达到相对均匀供气，把供气管在反应器内的部分加工为多孔板，并采用单路供气的方式。

3.渗滤液分离收集系统

反应器底部设有多孔板，以分离渗滤液。多孔板用有机玻璃制成，板上布满直径为 5mm 的小孔。在多孔板下部的集水区底部为锥面，可随时排出渗滤液。渗滤液储存在渗滤液收集槽中，以调节堆肥物含水率。

有机固体废物好氧消化实验装置如图 3-7 所示。

4.实验仪器

烘箱、马弗炉、紫外可见分光光度计、pH 计、电子天平、电热鼓风干燥箱。

四、实验步骤

1.试验用污泥。取城市污水处理厂二沉池污泥。

2.污泥的预处理。在实验前，污泥需经过前期处理，即将污泥经筛网过滤除去大颗粒物质、毛发、砂粒等杂质后，备用。

3.有机固体废物（秸秆、稻壳）预处理。对固体废物进行破碎和 100 目过筛。

4.堆肥物料配比。

（1）堆肥物料一：固体废物与二沉池污泥按照 1∶2 的比例混合均匀；物料 10kg。

（2）堆肥物料二：固体废物与二沉池污泥按照 3∶2 的比例混合均匀；物料 10kg。

5.测定原始堆肥物料生物降解度（BDM）、pH、P、N、TSS、VSS、含水率等指标。

6.将堆肥物料一、二投加到反应器中，控制供气流量为 $1m^3/(h\cdot t)$。

7.在堆肥开始第 1 天、3 天、5 天、8 天、10 天、15 天分别取样测定堆体的 BDM、TSS、VSS、含水率和 pH、P、N，记录堆体中央温度，从气体取样口取样测定 CO_2 和 O_2 浓度（需另配气相色谱）。

五、实验数据记录与处理

1.记录实验主体设备的尺寸、实验温度等基本参数。

2.实验数据可参考表 3-8 记录。

3.实验结束后，垃圾一定要排放完，实验柱擦干。

表 3-8　好氧堆肥实验数据记录表

项目	堆肥物料一							
	含水率/%	BDM/%	pH	P/(mg/kg)	N/(g/kg)	TSS/(g/L)	VSS/(g/L)	温度/℃
原始垃圾								
第 1 天								
第 3 天								
第 5 天								
第 8 天								
第 10 天								
第 15 天								

4.计算 TSS、VSS 的去除率。

（1）TSS 的去除率

$$\eta_{TSS} = \frac{TSS_0 \times V_0 - TSS_t \times V_t}{TSS_0 \times V_0} \times 100\% \qquad (3-39)$$

式中　TSS_0，TSS_t——原始污泥和处理后污泥的总悬浮固体，g/L；

V_0，V_t——原始污泥体积和处理后污泥体积，m^3。

（2）VSS 的去除率

$$\eta_{VSS} = \frac{VSS_0 \times V_0 - VSS_t \times V_t}{VSS_0 \times V_0} \times 100\% \qquad (3-40)$$

式中　VSS_0，VSS_t——原始污泥和处理后污泥的挥发性悬浮固体，g/L；

V_0，V_t——原始污泥体积和处理后污泥体积，m^3。

5.绘制堆体温度随时间变化的曲线。

6.将污泥经好氧消化后，计算 TSS 和 VSS 的去除率。

7.分析 TSS 和 VSS 的去除率与实验时的反应温度之间的关系。

8.绘制生物降解度（BDM）随时间变化的曲线。

六、注意事项

1.原料要破碎到合适的粒度。

2. 注意控制堆肥过程中温度的变化。

七、思考题

1. 分析影响堆肥过程堆体含水率的主要因素。

2. 讨论反应温度对好氧消化效果的影响。

实验二　有机固体废物厌氧消化产酸制气实验

一、实验目的

1. 熟悉有机固体废物厌氧消化产酸制气的基本原理、工艺流程、运行特点、控制方法等。

2. 掌握生物气体流量和成分的测定方法。

3. 掌握有机垃圾干式生物制气工艺设计、工艺运行等。

二、实验原理

垃圾是人类生活的产物。随着经济的发展和物质消费的日趋现代化，城市生活垃圾逐年增多，成为大量废弃物的主要组成部分。垃圾在污染环境的同时，也是一种潜在的资源，应科学合理地加以处理和利用。通过厌氧生物处理进行甲烷回收，在达到垃圾减量化、无害化的同时，也达到资源化的目的，是一种成本低且具有应用前景的处理方法。

厌氧生物处理也称为厌氧消化或甲烷发酵，是指在无氧条件下，依赖兼性厌氧菌和专性厌氧菌的生物化学作用，对有机物进行生物降解的过程，有机废物（含水量可达到95%）产生生物气。在厌氧消化过程中，复杂的有机物被降解，转化为简单、稳定的物质，同时释放能量，最终转化为甲烷和二氧化碳，还有少量的 NH_3、H_2、H_2S、N_2，能量主要储存在甲烷中。

厌氧发酵过程，可分为以下三个阶段。

第一阶段：水解发酵阶段，通过微生物产生的水解酶将复杂的非溶解性有机物如脂类、蛋白质、纤维素等分解为简单的溶解性单体和二聚体的化合物。继而这些简单的溶解性有机物由专性或者兼性厌氧菌经发酵作用转化为有机酸、醇、醛、CO_2 和 H_2O。

第二阶段：产氢产乙酸阶段，产氢产乙酸菌进一步利用上一阶段的产物（如丙酸、丁酸等脂肪酸和醇类），生成乙酸和 H_2、CO_2。

第三阶段：产甲烷阶段，甲烷由乙酸、甲醇、二氧化碳和氢合成，其中乙酸和乙酸盐是甲烷合成的重要因素。

这三个阶段当中有机物的水解和发酵为总反应的限速阶段。一般来说，碳水化合物的降解最快，其次是蛋白质、脂肪，最慢的是纤维素和木质素。联合厌氧发酵的这几种原料当中粪便是反应最快的物质，几乎看不到酸化过程，剩余污泥次之，接下来是生活垃圾当中分离出来的有机物，反应最慢的是厨余物。这就要求我们联合的过程当中寻找一个契合点让各种物料都完成水解和酸化的步骤，一同进入产甲烷阶段，最终同时完成甲烷发酵。为了解决这一问题，可以进行两相厌氧发酵，将产酸和产甲烷的过程分离，让难降解的有机物在产酸阶段停留的时间较长一些以便跟上反应较快的粪便和剩余污泥。

三、实验仪器设备

有机垃圾厌氧发酵实验装置见图3-8。

四、实验方法与步骤

1. 实验原料。有机固体废物（秸秆、稻壳）预处理，对固体废物进行破碎和100目过筛。

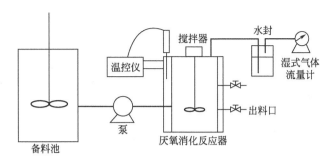

图 3-8　有机垃圾厌氧发酵实验装置

2.接种物。实验所用接种物为污水厌氧消化池沉降污泥。

3.厌氧消化物料配比。

(1) 厌氧消化物料配比一：固体废物与厌氧污泥按照 1∶9 的比例混合均匀；物料 5kg。

(2) 厌氧消化物料配比二：固体废物与厌氧污泥按照 1∶5 的比例混合均匀；物料 5kg。

4.测定初始物料生物降解度（BDM）、pH、P、N、TSS、VSS、含水率等指标。

5.调节消化装置温度，控制在 35℃。

6.将厌氧消化物料一、二加料至厌氧消化反应器。

7.厌氧消化开始后。第 1 天、2 天、3 天、4 天、5 天、6 天、7 天分别取样测定堆体的 BDM、TSS、VSS、含水率和 pH、P、N，从气体取样口取样测定 CH_4 和 CO_2 等气体浓度（需另配气相色谱）、产气量（需另配累积气体流量计或采用排水法）。

8.测定残渣的含固率、挥发分、固定碳、灰分、热值等参数。

9.测定残渣的重金属含量。

五、实验数据记录与处理

1.实验数据记录。实验数据可参考表 3-9 记录。

表 3-9　实验结果表

原料：_____　　发酵温度：35℃

日期	BDM /%	pH	P /(mg/kg)	N /(g/kg)	TSS /(g/L)	VSS /(g/L)	上清液		气体含量/%	
							COD /(mg/L)	TOC /(mg/L)	CH_4	CO_2

2.绘制消化时间与产气量、BDM、pH、P、N、TSS、VSS 变化的关系曲线。

3.绘制上清液 COD、TOC 与消化时间的关系曲线。

4.分析残渣特性。

六、注意事项

1.控制好厌氧发酵罐内进料量，加强对厌氧发酵罐内环境因素的控制。

2.厌氧发酵实验要做好个人防护，加强通风，及时清理实验场地，避免污染。

七、思考题

1.分析厌氧发酵的影响因素。

2.发酵过程中温度的变化对发酵过程有什么影响？

3.结合残渣的生化特性，分析残渣的应用价值。

实验三　建筑垃圾资源化利用实验

一、实验目的

1.掌握利用全组分建筑垃圾制备性能良好的免烧免蒸标准砖的方法和工艺过程。

2.熟悉国家对砖的性能要求及测定方法。

二、实验原理

建筑垃圾大多为固体废物，一般是在建设过程中或旧建筑物维修、拆除过程中产生。在我国，每年产生的建筑垃圾超过1亿吨，对人们的生活环境造成了很大的危害。建筑垃圾作为可循环利用的一种资源，越来越多地被用来制作混凝土砌块、粉煤灰砖等。

建筑垃圾中含有大量可再生利用的成分，从拆毁建筑物组成看，混凝土与砂浆片占30%～40%，砖瓦占35%～45%，陶瓷和玻璃占5%～8%，其他占10%。建筑施工垃圾中废混凝土与废砂浆片40%～50%，废砖瓦、陶瓷占30%～40%，其余占5%～10%。主要化学成分是硅酸盐、氧化物、氢氧化物、碳酸盐、硫化物及硫酸盐等，具有相当好的强度、硬度、耐磨性、冲击韧性、抗冻性、耐水性等，总体来说，强度高、稳定性好。

经初步分选、破碎后得到的建筑垃圾粉料，由于其含有一定的水泥凝胶、未水化水泥颗粒和$CaCO_3$，分别具有形成水化铝酸钙与水化硅酸钙、作为水泥水化晶胚和继续水化形成凝胶产物的能力，因此，可以采用物理和化学激发的方法，代替部分胶凝材料制备砖产品。

利用建筑垃圾制备环保免烧免蒸砖的工艺如图3-9所示。将建筑垃圾进行破碎后筛

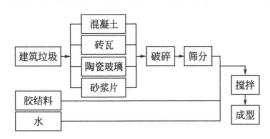

图3-9　利用建筑垃圾制备环保免烧免蒸砖的工艺流程图

分，与胶结料和水搅拌混合，在60mm×60mm×30mm的模具内成型。

三、实验材料

1.建筑垃圾

取自城市拆迁楼，主要以块状混凝土、废砖、砂浆片为主，另有少量以细混凝土颗粒为主的砂土。

2.胶结料

实验中采用的胶结料的主要成分是硅酸盐材料，可通过实验参照《水泥胶砂强度检验方法（ISO法）》（GB/T 17671—2021）进行测试，从不同配比的硅酸盐水泥熟料、高炉矿渣、煤矸石、粉煤灰、复合激发剂、水玻璃和硫酸钠材料中选出强度较理想的胶结料。

3.水

自来水。

四、实验步骤

1.将取来的建筑垃圾采用锤式破碎机进行破碎后以滚筒筛进筛分，破碎细度应在2mm以下，粒径小于0.5mm的颗粒含量应大于50%，有条件的可以控制在1mm以下。

2.将建筑垃圾和胶结料分别按照9∶1、6∶1、4∶1和3∶1（质量比）的比例加水（水固比为0.13）混合，制成60mm×60mm×30mm的试件。

3.测试制备出来的试件的抗压强度。

4.选择较好的配方再进行中间实验，按《烧结普通砖》（GB/T 5101—2017）检测实验产品。

五、实验数据记录与处理

1.抗压强度记录检测结果于表3-10。

表3-10　不同配比试样的抗压强度

试样号	建筑垃圾∶胶结料	抗压强度/MPa		
		3d	7d	28d
1	9∶1			
2	6∶1			
3	4∶1			
4	3∶1			

2.实验产品检测结果记录于表3-11。

表3-11　中间实验产品的性能

项目		标准要求	实测值
尺寸允许偏差	长度/mm	平均偏差为±3.0 级差为8	
	宽度/mm	平均偏差为±2.5 级差为7	
	高度/mm	平均偏差为±2.0 级差为6	
抗风化性能	5h煮沸吸水率/%	平均值为19 单块最大值为20	
	饱和系数	平均值为0.88 单块最大值为0.90	
	冻后外观质量 冻后质量损失/%	符合标准5.4.3 要求为2	
强度等级/MPa		抗压强度平均值为10.0 单块最小抗压强度为7.5	
外观质量/块 泛霜 石灰爆裂		不合格数为7/50 不允许出现严重泛霜 符合标准5.6合格品要求	

六、注意事项

1.注意控制颗粒料的粒径在合适范围内。

2.建筑垃圾的不同组分应充分混匀。

七、思考题

1.根据实验结果，讨论利用建筑垃圾制砖的可行性和现实意义。

2.建筑垃圾和胶结料的配比对砖的性能有哪些影响？

实验四　垃圾焚烧飞灰的水泥固化

一、实验目的

1.掌握危险废物飞灰水泥固化的原理和方法。

2.掌握影响水泥固化效果的因素。

二、实验原理

危险废物的水泥固化是指以水泥作固化剂，将危险废物掺合并包容起来，使其稳定化的一种过程。固化的主要目的是使危险废物易于运输和储存，同时通过减小废物与环境接触的表面积来降低有毒有害组分渗漏的可能性。

水泥固化剂是近 20 年来欧美等发达国家在处理有毒有害废物中应用最广和最多的材料，美国环保署将水泥固化称为处理有毒有害废物的最佳技术。

1.水泥固化反应

水泥是一种无机胶结剂，其主要成分为 SiO_2、CaO、Al_2O_3 和 Fe_2O_3，经水化反应后可形成坚硬的水泥块，能将分散的砂、石等添加剂牢固地凝结在一起。水泥固化危险废物飞灰就是利用水泥的这一特性。对危险废物飞灰进行固化时，水泥与水分发生水化反应生成凝胶，将危险废物飞灰微粒分别包容，并逐步硬化形成水泥固化体。此过程所涉及的水化反应主要有以下几个方面。

（1）硅酸三钙的水合反应

$$3CaO \cdot SiO_2 + x H_2O \longrightarrow 2CaO \cdot SiO_2 \cdot y H_2O + Ca(OH)_2$$
$$\longrightarrow CaO \cdot SiO_2 \cdot m H_2O + 2Ca(OH)_2 \tag{3-41}$$
$$2(3CaO \cdot SiO_2) + x H_2O \longrightarrow 3CaO \cdot 2SiO_2 \cdot y H_2O + 3Ca(OH)_2$$
$$\longrightarrow 2(CaO \cdot SiO_2 \cdot m H_2O) + 4Ca(OH)_2 \tag{3-42}$$

（2）硅酸二钙的水合反应

$$2CaO \cdot SiO_2 + x H_2O \longrightarrow 2CaO \cdot SiO_2 \cdot x H_2O$$
$$\longrightarrow CaO \cdot SiO_2 \cdot m H_2O + Ca(OH)_2 \tag{3-43}$$
$$2(2CaO \cdot SiO_2) + x H_2O \longrightarrow 3CaO \cdot 2SiO_2 \cdot y H_2O + Ca(OH)_2$$
$$\longrightarrow 2(CaO \cdot SiO_2 \cdot m H_2O) + 2Ca(OH)_2 \tag{3-44}$$

（3）铝酸三钙的水合反应

$$3CaO \cdot Al_2O_3 + x H_2O \longrightarrow 3CaO \cdot Al_2O_3 \cdot x H_2O \tag{3-45}$$

如有氢氧化钙 $[Ca(OH)_2]$ 存在，则变为：

$$3CaO \cdot Al_2O_3 + x H_2O + Ca(OH)_2 \longrightarrow 4CaO \cdot Al_2O_3 \cdot m H_2O \tag{3-46}$$

（4）铝酸四钙的水合反应

$$4CaO \cdot Al_2O_3 + x H_2O + Fe_2O_3 \longrightarrow 3CaO \cdot Al_2O_3 \cdot m H_2O + CaO \cdot Fe_2O_3 \cdot n H_2O \tag{3-47}$$

在普通硅酸盐水泥的水化过程中进行的主要反应如图 3-10 所示。最终生成硅铝酸盐胶体的这一连串反应是一个速率很慢的过程，所以为保证固化体得到足够的强度，需要在有足够水分的条件下维持很长的时间对水化的混凝土进行保养。对于普通硅酸盐水泥，进行最为迅速的反应是：

$$3CaO \cdot Al_2O_3 + 6H_2O \longrightarrow 3CaO \cdot Al_2O_3 \cdot 6H_2O + 热量 \tag{3-48}$$

该反应确定了普通硅酸盐水泥的初始状态。

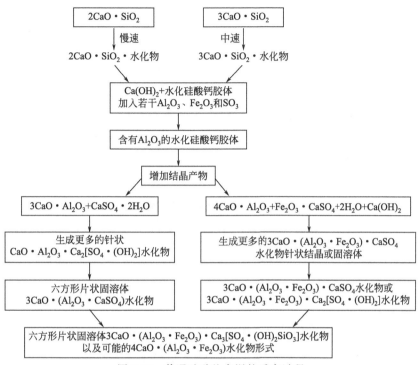

图 3-10　普通硅酸盐水泥的反应过程

2. 水泥固化技术

水泥固化技术适用于无机类型的废物，尤其是含有重金属污染物的废物。由于水泥所具有的高 pH，使得几乎所有的重金属形成不溶性的氢氧化物或碳酸盐形式而被固定在固化体中，研究指出，铅、铜、锌、锡、镉均可得到很好的固定。

城市垃圾焚烧飞灰因其含有较高浸出浓度的铅、镉和锌等重金属而属于危险废物，在对其进行最终处置之前必须先经过固化/稳定化处理。另外，对飞灰作成分分析后发现，飞灰中含有大量的 SiO_2、Al_2O_3 和 CaO 等物质，与火山灰材料十分类似。因此飞灰形成的水泥固化体可以在确保安全的前提下进行一定的资源化利用，如用于修建危险废物填埋场的护坡等。目前，国内的不少危险废物填埋场已经开始采用水泥固化技术来控制焚烧飞灰的重金属污染。

本实验主要是分析焚烧飞灰水泥固化前后重金属物质的浸出情况，考察用水泥固化焚烧飞灰中重金属物质的效果。

三、实验材料和设备

1. 实验设备

X 射线荧光光谱仪（XRF）1 台、等离子体发射光谱仪（ICP）1 台、NYJ2411A 型水泥砂浆搅拌机 1 台、7.07cm×7.07cm×7.07cm 水泥胶砂试模、WSM-200kN 水泥抗压强度试验机 1 台。

2.实验材料

$425^{\#}$ 水泥若干，焚烧飞灰若干。

四、实验步骤

1.采用 X 射线荧光光谱仪（XRF）对焚烧飞灰的元素组成进行分析。

2.采用翻转式浸出方法［《固体废物　浸出毒性浸出方法　翻转法》（GB 5086.1—1997）］对焚烧飞灰进行浸出毒性实验，采用等离子体发射光谱仪（ICP）测定浸出液的重金属浓度。

3.分别在飞灰中掺入 25％、35％、45％（质量分数）的水泥，将飞灰和水泥的混合物用 NYJ2411A 型水泥砂浆搅拌机搅拌，1min 后徐徐加入规定量的用水（水固比为 0.3，加水时间控制在 5s 左右），继续搅拌 3min，然后，制成 7.07cm×7.07cm×7.07cm 试件喷水养护，分别在试块成型后的 28d 测量其无侧压抗压强度和重金属的浸出情况。

五、实验数据记录与处理

1.焚烧飞灰的元素组成进行分析的结果记录在表 3-12 中。

表 3-12　焚烧飞灰的元素组成

元素	Cl	O	K	Ca	S	Na	Zn	Si	Pb
组成（质量分数）/％									
元素	Al	Fe	Cu	Sn	Ti	P	Cd	Mg	Mn
组成（质量分数）/％									

2.焚烧飞灰浸出毒性实验结果记录在表 3-13 中。

表 3-13　焚烧飞灰的浸出毒性实验结果

重金属	Pb	Cu	Zn	Cd	Cr	Ni
浸出浓度/（mg/L）						
危险废物浸出毒性鉴别标准（GB 5085.3—2007）/（mg/L）	1	100	100	1	15	5

3.水泥固化后试件重金属的浸出结果记录在表 3-14 中。

表 3-14　不同水泥投加量下试件的浸出毒性实验结果

重金属	浸出浓度/（mg/L）		
	25％	35％	45％
Pb			
Cu			
Zn			
Cd			
Cr			
Ni			

六、注意事项

1.给水要及时调整，防止飞灰飞扬造成污染。

2.格外注意机械设备的操作安全。

七、思考题

1. 分析不同水泥添加量对飞灰稳定化效果的影响，得到最佳固化比。
2. 与药剂稳定化处理方法相比，水泥固化有何特点？

第三节 创新性实验

实验一 农业固体废物秸秆制备高吸水树脂

一、实验目的

1. 了解农业固体废物秸秆的综合利用技术。
2. 熟悉自由基溶液聚合的原理和高吸水树脂的吸水原理。
3. 掌握自由基溶液聚合的实验方法。

二、实验原理

1. 秸秆利用途径

我国是农业大国，农作物秸秆资源面大量广，我国秸秆年产量约 7 亿吨，另有约 1.2 亿吨稻壳、蔗渣、花生壳等剩余物。因此，我国农业秸秆资源极其丰富，开发前景极其广阔。我国现有的农作物秸秆资源利用技术的途径主要包括：秸秆肥料化利用，如秸秆还田技术；秸秆饲料化利用，如秸秆青贮技术、黄贮技术；秸秆基料化利用，如秸秆袋料栽培食用菌技术；秸秆原料化利用，如秸秆制浆造纸技术；秸秆燃料化利用，如秸秆制备成型燃料技术等。

由于农村能源改善，以及秸秆收集、整理及运输等成本因素的影响，秸秆综合利用的经济性差，商品化和产业化程度低，上述几种农作物秸秆资源利用技术没有得到广泛推广，导致大量秸秆无组织焚烧，既污染环境，又浪费能源，因此秸秆资源化清洁利用的需求迫在眉睫。

2. 高吸水性树脂及其吸水机理

高吸水树脂（superabsorbent polymer，SAP）是一种新型功能高分子材料。具有亲水基团、能大量吸收水分而溶胀又能保持住水分不外流的合成树脂，如淀粉接枝丙烯酸盐类、接枝丙烯酰胺、高取代度交联羧甲基纤维素、交联羧甲基纤维素接枝丙烯酰胺、交联型羟乙基纤维素接枝丙烯酰胺聚合物等，一般可以吸收相当于树脂质量 100 倍以上的水分，最高的吸水倍率可达 1000 倍以上。用途十分广泛，医疗卫生方面用于尿垫、医用床垫、缓释性药物等；农林方面用于土壤保水、种子包衣、拌种育苗；工业上可用于止水膨胀橡胶、涂料、堵漏材料等；在食品工业可用于吸水剂、水果和蔬菜的保鲜剂等。

高吸水树脂一般为含有亲水基团和交联结构的高分子电解质。吸水前，高分子链相互靠拢缠在一起，彼此交联成网状结构，从而达到整体上的紧固。与水接触时，水分子通过毛细作用及扩散作用渗透到树脂中，链上的电离基团在水中电离。由于链上同离子之间的静电斥力而使高分子链伸展溶胀。由于电中性要求，反离子不能迁移到树脂外部，树脂内外部溶液间的离子浓度差形成反渗透压。水在反渗透压的作用下进一步进入树脂中，形成水凝胶。同时，树脂本身的交联网状结构及氢键作用，又限制了凝胶的无限膨胀。

3. 自由基聚合机理

自由基聚合是用自由基引发，使链增长（链生长）自由基不断增长的聚合反应。自由基聚合一般由链引发、链增长、链终止和链转移等基元反应组成。

三、实验仪器与试剂

1.实验仪器

电动搅拌器、恒温水浴锅、烘箱、铁架台、电子天平、小型高速粉碎机、注射器、剪刀、100 目筛、100mL 三口烧瓶及烧杯若干。

2.实验试剂及原料

(1) 实验试剂：N,N-亚甲基双丙烯酰胺（MBA，交联剂）、过硫酸钾（KPS，引发剂）、丙烯酸、氢氧化钠，及蒸馏水、氮气。

(2) 原料：废弃作物秸秆（玉米、水稻或小麦秸秆等）。

四、实验步骤

1.将秸秆洗净、烘干，剪成长度约为 1cm 的小段，粉碎后过 100 目筛，得秸秆粉备用。

2.在 100mL 三口烧瓶中加入 0.83g 秸秆粉、25mg 交联剂 MBA，再加入 10g NaOH 水溶液（20%）和 18g 水，最后加入 5g 丙烯酸。

3.将烧瓶装在铁架台上，300r/min 机械搅拌，常温下通氮气除氧 30min。

4.水浴加热到 70℃。

5.加入 0.1g 引发剂 KPS（溶于 2mL 水中用注射器加入），反应 1.5h。

6.将制备的凝胶物从烧瓶中取出，放入烘箱中烘干。

7.称取 0.1g 制备的干凝胶，放入装有 100g 水的烧杯中，吸水 24h，沥干水分后称量质量。

8.以不同秸秆粉、交联剂、反应温度、反应时间为变量，设计正交试验，重复上述实验步骤，比较吸水倍率，得出最佳反应条件。

五、实验数据处理

1.根据设计的实验方案，设计表格记录数据。

2.吸水倍率计算公式：

$$Q = \frac{m_2 - m_1}{m_1} \tag{3-49}$$

式中　Q——吸水倍率，g/g；

　　　m_1——干吸水树脂的质量，g；

　　　m_2——吸水后的湿凝胶质量，g。

六、注意事项

1.严格按照制备工序操作，试剂添加量、添加顺序、反应时间等要控制好。

2.实验前需掌握正交试验设计的方法。

七、思考题

1.秸秆在树脂制备中起到的作用是什么？

2.为提高树脂的吸水倍率，秸秆的预处理方式有哪些？

3.作物秸秆其他资源化利用途径还有哪些？

实验二　城市污水处理厂剩余污泥制备活性炭

一、实验目的

1.了解城市污泥特点和资源化利用途径。

2. 掌握污泥制备活性炭（预处理、化学活化）的操作方法，熟悉制备工艺参数。

3. 掌握活性炭碘值和亚甲基蓝吸附值的分析测定方法。

二、实验原理

剩余污泥是城市污水处理厂的主要副产物，其产生量大、成分复杂。污泥中既含有无机组分，也含有有机组分，其含碳有机组分的含量一般在 50%～70%，同时含有 N、P、K 等营养元素、微生物及重金属等。

污泥制备活性炭是基于城市污泥含碳特性而发展的资源化途径之一。污泥制备活性炭的常用方法主要有直接热解法和活化法。直接热解法是在惰性气体氛围下污泥原料仅在干燥、粉碎等预处理后直接进行热解而制得。活化是制造活性炭的关键工艺，能够获得更为发达的孔隙结构。活化法又有物理活化法、化学活化法和化学-物理联合活化法。

物理活化法为气体活化法，是把原料炭化以后，用水蒸气、二氧化碳、空气、烟道气等在 800～1000℃下进行活化的方法，其主要工序分为炭化和活化两个阶段。作为活性炭原料的有机物质，除含有碳元素外，还含有氧、氢、氮、硫等元素。所谓炭化，就是把有机物质加热，使这些非碳元素减少，以形成可进行活化的碳质材料。所谓活化，是指把炭化后的含碳材料暴露于氧化性气体介质中进行碳的氧化反应，由于炭化物的表面受到侵蚀而形成发达细孔结构。

化学活化法也称药品活化法，是将化学药品和污泥混合后加热使原料炭化和活化同时发生而得到多孔炭的方法。其工艺过程一般为：原料制备→与化学活化剂混合→低温脱水（200～500℃）→高温活化（500～800℃）→水洗或酸洗→干燥→产品。常用的活化剂有氢氧化钾（KOH）、氯化锌（$ZnCl_2$）、磷酸（H_3PO_4）等。在活化过程中，这些化学药剂刻蚀含碳材料，并使其中碳氢化合物所含有的氢和氧主要以水蒸气的形式逸出，进而形成多孔结构发达的炭。因化学活化剂成分会留在炭中而阻塞部分孔隙通道，活化后清洗对比表面积大小具有明显提升作用。并且当炭化物的灰分含量较多时，活化后进行盐酸清洗处理可通过减少灰分含量而相应增加其比表面积。

三、实验仪器与试剂

1. 实验仪器

分析天平、电热真空干燥箱、球磨机、箱式电阻炉、标准筛，以及碘吸附值的测定（参照 GB/T 7702.7—2008）和亚甲蓝吸附值的测定（参照 GB/T 7702.6—2008）所需要的仪器。

2. 实验试剂及原料

（1）原料：城市污水处理厂脱水污泥。

（2）实验试剂：$ZnCl_2$、盐酸，以及碘值的测定（参照 GB/T 7702.7—2008）和亚甲蓝吸附值的测定（参照 GB/T 7702.6—2008）所需要的试剂；实验用水为蒸馏水。

四、实验方法与步骤

1. 污泥预处理

（1）将污泥放入干燥箱中，在 105℃的温度下，烘干至恒重。

（2）将烘干后的污泥放入陶瓷罐中，加入陶瓷转子，放到球磨机上研磨 3～4h，取出研碎的干泥，筛分，取 1～3mm 粒径的干污泥样品放入干燥器中备用。

2. 污泥活性炭的制备及吸附性能测定

（1）将上述干污泥样品用一定浓度的氯化锌溶液于室温下静置浸渍 24h（氯化锌溶液与

污泥的质量比为 1.5∶1），过滤。

（2）将浸泡过的污泥放入坩埚内加盖密闭于箱式电阻炉内，以 20℃/min 的升温速率升温至一定温度（活化温度）进行炭化活化，维持 30min。冷却后取出。

（3）用 3mol/L 的盐酸溶液和 60℃ 的蒸馏水反复冲洗至 pH 为 6 左右。最后，将产品置于干燥箱内，在 105℃ 下干燥至恒重，研磨过 40 目筛，制得污泥活性炭。

（4）测定污泥活性炭的碘值（参照 GB/T 7702.7—2008）和亚甲蓝吸附值（参照 GB/T 7702.6—2008）。

考察因素为：氯化锌浓度（20%、40%、60%、80%）；活化温度（400℃、500℃、550℃、600℃）。设计实验方案，进行小组分工合作。

五、实验数据处理

1. 根据设计的实验方案，设计表格记录数据。

2. 分别绘制碘吸附值和亚甲蓝吸附值与活化剂（氯化锌）浓度、活化温度的关系曲线图。

六、注意事项

1. 干污泥样品加入氯化锌溶液后进行适度搅拌。

2. 注意控制好制备工艺的温度及时间。

3. 活化后待电阻炉温度降至低于 100℃ 时方可将样品从中取出，并置于干燥器中进一步冷却至室温。

七、思考题

1. 碘值和亚甲基蓝吸附值所反映的含义有何不同？

2. 分析活化剂（氯化锌）浓度和活化温度对制备的污泥活性炭吸附性能的影响，优化工艺条件。

实验三　炼钢厂含锌烟尘锌资源回收

一、实验目的

1. 了解炼钢厂烟尘的基本组成及所含金属元素的主要存在形态。

2. 熟悉酸法和碱法在浸取过程中的异同及各自优缺点。

3. 掌握碱法浸取过程中影响浸取率的各种因素。

二、实验原理

炼钢厂烟尘中一般除含铁元素外，还含有锌、铅、镉、氯等杂质元素。很多炼钢厂烟尘中锌的含量较高（达 15%～35%）。在高品位锌金属矿产资源日益枯竭的今天，将这部分锌回收利用对于炼钢厂烟尘的处理就具有重要意义，既变废为宝，充分回收了宝贵的金属资源锌，同时也避免了烟尘填埋或弃置所造成的环境污染，实现了废物资源化和无害化处理。

对于炼钢厂含锌烟尘，与酸法浸取不同，在碱法浸取过程中，锌进入溶液，若烟尘中铅的含量较高则也进入溶液，而其他杂质金属元素绝大部分仍停留在残渣中；净化时，将铅及其他微量溶解的金属从滤液中去除，得到富含锌的碱性溶液，同时得到铅渣（可回收铅）；通过电解工艺精制锌粉。

烟尘的碱法浸取与锌粉制备工艺流程如图 3-11 所示。

本实验主要测定烟尘中锌的品位以及碱法浸取过程中各操作因素对锌浸取率的影响。

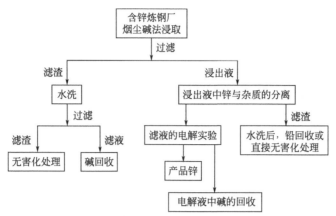

图 3-11　烟尘的碱法浸取与锌粉制备工艺流程图

本实验包括三个部分：烟尘中锌的含量测定，碱法浸取，浸出液中锌的含量测定。后续浸出液中锌与铅等杂质金属的分离、电解制锌等操作，感兴趣的同学可选做。

三、实验仪器与试剂

1. 主要实验仪器

(1) CJJ-6 六联磁力搅拌器。

(2) TDL-5 离心机（转速 0～5000r/min）。

(3) PHS-25A 数字酸度计。

(4) FA2004N 电子天平。

(5) 250mL 锥形瓶、1000mL 容量瓶及烧杯等若干。

2. 实验试剂

(1) 二甲酚橙指示剂：0.5％二甲酚橙溶液。

(2) 乙酸-乙酸钠缓冲溶液（pH 5～6）：称取 150g 三水乙酸钠（分析纯）于 250mL 烧杯中，加 10mL 冰醋酸，加蒸馏水溶解。移至 1000mL 容量瓶中，翻转摇匀，定容待用。

(3) 锌标准溶液（溶液中含锌 1.0mg/mL）：准确称取 1.0000g 金属锌（99.99％）于 400mL 烧杯中，加 30mL（1+1）盐酸，加热溶解，冷却后移入 1000mL 容量瓶中，翻转摇匀，定容待用。

(4) EDTA 标准溶液 $[c(EDTA) \approx 0.015mol/L]$：准确称取 5.7000g EDTA 二钠盐于 250mL 烧杯中，温热溶解，冷却后移入 1000mL 容量瓶中，翻转摇匀，定容待用。

(5) EDTA 的标定方法：准确量取 25.0mL 锌标准溶液于 250mL 烧杯中，加 1～2 滴二甲酚橙指示剂，用氨水（1+1）和盐酸（1+1）调至溶液出现橙色（pH 3～3.5），加 10mL 乙酸-乙酸钠缓冲溶液，用 EDTA 标准溶液滴定至呈现亮黄色，即为终点（注意：标定时须做空白实验）。

四、实验步骤

1. 烟尘中锌含量的测定

(1) 准确称取 0.2000～0.5000g 烟尘试样（粒径小于 1mm）于 250mL 烧杯中，加 15～20mL 浓 HNO_3（分析纯），低温加热 5～6min，稍热加 0.5～1.5g 氯酸钾。

(2) 在烧杯口上盖一表面皿，继续加热蒸发至近干，取下烧杯，并加蒸馏水使体积保持在 100mL 左右，加入 10mL 300g/L 的硫酸铵溶液，加热煮沸，用氨水（1+1）中和并过量 15mL。

（3）加 10mL 200g/L 氟化钾溶液，加热煮沸 1min。取下加 5mL 氨水、10mL 乙醇。

（4）待溶液冷却后过滤，并用蒸馏水冲洗滤渣 2～4 次，将滤液和洗渣液移入 250mL 容量瓶中，加蒸馏水定容。吸取 50mL 或 100mL 于 250mL 锥形瓶中（若锌的品位小于 20% 吸取 100mL，大于 20% 则吸取 50mL）。

（5）低温下加热驱尽氨。

（6）加少许水，加入 0.5g 硫代硫酸钠、0.5g 硫氰酸钾、0.1g 亚硫酸钠、0.1g 硫脲和 0.2g 抗坏血酸等掩蔽剂。加 1～2 滴二甲酚橙指示剂，用盐酸（1＋1）及氨水（1＋1）调至溶液出现橙色。

（7）加入 10mL 乙酸-乙酸钠缓冲溶液，用 EDTA 标准溶液滴定至溶液呈现亮黄色，即为终点。记录滴定终点时共消耗的 EDTA 标准溶液的量，则烟尘样品中锌含量（即锌的品位）为：

$$W_{Zn}=5FV/m \text{ ［若步骤（4）中取 50mL 滤液］} \qquad (3-50)$$

$$W_{Zn}=2.5FV/m \text{ ［若步骤（4）中取 100mL 滤液］} \qquad (3-51)$$

式中　F——与 1.0mL EDTA 标准溶液相当的以克表示的锌的质量，g/mL；

　　　V——滴定时消耗 EDTA 标准溶液的体积，mL；

　　　m——称取试样的质量，g。

2.碱法浸取过程

（1）准确称取 10.0000g 烟尘样品（粒径应小于 1mm）至 250mL 锥形瓶中，加入 20～25g NaOH（分析纯），然后加入 70mL 蒸馏水。

（2）在瓶口放置小漏斗（起冷凝回流作用），置于磁力搅拌器上加热并均匀搅拌 1～1.5h（温度 70～90℃，搅拌速度 300～900r/min）后，停止加热搅拌。

（3）将混合液移至离心管中进行离心分离（5000r/min，10min）。注意：冲洗小漏斗和锥形瓶的蒸馏水也应加入混合液中。

（4）离心结束后，将上清液移至 250mL 容量瓶中，过滤沉淀物，并用蒸馏水冲洗滤渣和离心管，将冲洗液一并移入 250mL 容量瓶中，加蒸馏水翻转摇匀定容至 250mL。从容量瓶中取 50mL 溶液进行分析。

3.浸出液中锌含量的测定

测定溶液中锌含量的方法同上。

五、实验结果

1.观察实验现象，设计实验数据记录表格，记录实验数据，并进行整理分析。

2.采用碱法浸取时，浸出率为：

$$\Phi＝溶液中锌质量/(试样质量×锌品位) \qquad (3-52)$$

六、注意事项

1.测定烟尘中锌含量时，若试样中含有有机物，可在试样分解完成后加硝酸-硫酸（1＋1）冒烟赶尽。

2.必须认真调整 pH，否则会影响终点观察。

3."盐酸（1＋1）"指盐酸和蒸馏水的体积比为 1∶1，"氨水（1＋1）"指浓氨水和蒸馏水的体积比为 1∶1。

七、思考题

1. 酸浸和碱浸过程有什么区别？各有什么优缺点？

2. 碱法浸取时，浸出效率与什么因素有关？怎样提高浸出效率？

实验四　废旧手机电路板中铜的浮选回收

一、实验目的

1. 了解废旧手机电路板回收利用途径。

2. 能够熟练应用固体废物破碎筛分处理方法。

3. 加深理解固体废物处理浮选法原理，掌握固体废物浮选处理操作方法。

4. 掌握物料粒度、浮选药剂等因素对浮选效果的影响。

二、实验原理

我国不仅是手机生产大国、消费大国而且还是手机的淘汰大国，废弃的手机是电子垃圾的重要组成部分。手机电路板中含有 Cu、Al、Sn、Pb 以及贵金属和稀有金属，如 Au、Ag、Ba 等，随意丢弃既会污染土壤和水体，又造成资源浪费。手机电路板中的金属含量较其他类型电路板中金属含量更高，废旧手机的电路板具有巨大潜在回收价值。浮选法具有成本低、设备与工艺简单、回收率高、二次污染小等优点，将其用于废旧手机电路板金属资源回收具有极大的发展前景。

废旧电路板的主要回收技术有：湿法回收技术、火法回收技术、机械物理回收技术、生物冶金技术或几种技术相结合的方法。机械物理回收技术相对于其他回收技术具有回收率高、能耗水平及生产成本较低、环境友好、工业应用前景较好等优点。机械物理回收法主要过程包括：拆解、破碎、分选。

1. 拆解技术

电路板作为一个整体被淘汰，其表面元器件仍具有很大的再重用价值，有必要对这些元器件进行拆解分离。表面元器件的安装技术有两种：表面安装技术（SMT 技术）和通孔插装技术（THT 技术）。通过 SMT 技术安装的元器件称为表面安装元件（SMD 元件），通过 THT 技术安装的元器件称为通孔插装安装元件（HTD 元件）（图 3-12）。电路板拆解就是将基体中的 SMD 元件和 HTD 元件进行选择性拆除。

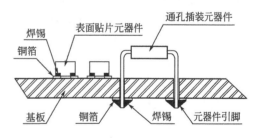

图 3-12　SMD 元件、HTD 元件安装示意图

2. 破碎技术

破碎是将电路板物料粒度降低到后续加工工艺所适用粒度的处理过程。电路板中金属嵌布并且与非金属密切共生，金属与非金属充分解离是分选必要条件，故在分选之前有价值的金属必须被"释放"或者"解离"出来。破碎作用主要包括冲击、剪切、挤压、摩擦等过程，其中剪切力和冲击力对电路板破碎效果较好。目前对废旧电路板破碎技术的研发主要集中在破碎前对电路板的预处理过程（如液氮冷脆电路板、红外加热电路板等）以及电路板破碎环境（如湿法破碎、高压电脉冲破碎等）和多种破碎方式结合的混合型破碎工艺方面。

3.分选技术

分选的目的是将各种有用资源采用人工或机械的方法分门别类地分离开来，回用于不同的生产中，其原理是依据电路板破碎后产物中不同组分的密度、磁性质、电性质、表面性质等物理性质的差异进行物料的分离和富集。分选过程包括磁选、电差异分选、密度差异分选、浮选等技术。

浮选是利用投加适宜于被分离物料颗粒表面性质的化学浮选剂，根据各类废物颗粒表面性质的差异，借助在水中泡沫的浮力，从混合物中分离物料。不同的物质其表面湿润性、电性、可浮性等都不一样，其表面性质差异越大，分选就越容易。电路板物料中金属自然亲水，非金属自然疏水，这就为电路板中金属的浮选分离提供依据。表面疏水的非金属物料易于富集在气泡上上浮到气液界面形成富含该种物料的泡沫层，亲水的金属物料则倾向于沉于水中。浮选分为正浮选和反浮选。正浮选是将目标物质浮出，非目标物质留在槽内。反浮选是将非目标物质浮出，目标物质留在槽内。本实验通过电路板粉末的反浮选达到富集金属物料的目的。

浮选过程中还经常使用各种浮选药剂。浮选药剂是在矿物浮选过程中能够调整矿物表面性质，提高或者降低矿物可浮性，使矿浆的性质和稳定性更有利于矿物分离或富集的化学药剂。浮选药剂基本上可分为：捕收剂、起泡剂、调整剂、活化剂、抑制剂。

（1）捕收剂：主要作用是选择性地作用于颗粒表面，增强颗粒表面的疏水性（或降低其表面亲水性）从而使浮游的矿粒大量黏附于气泡上以达到颗粒有效分离的目的。常用的捕收剂有黄药、煤油、胺类等。

（2）起泡剂：主要用于制造浮选所必需的大量而稳定的气泡，产生大量的界面从而使颗粒有效地吸附富集。常用的起泡剂有松油、松醇油等。

（3）pH调整剂：主要作用是调整料浆的pH值，造成利于浮选分离的酸碱度，以加强捕收剂的选择吸附作用，提高浮选效率。常用的调整剂有石灰、硫酸等。

（4）活化剂：主要用来增强浮游矿物的活性，使得矿物表面能更好地被捕收剂吸附。常用的活化剂有硫化钠、酸类、盐类等。

（5）抑制剂：主要作用是削弱某些矿物颗粒与捕收剂的表面作用，从而使这些颗粒的可浮性降低，以达到分离的目的。常用的抑制剂有石灰、氰化物等。

三、实验仪器及试剂

1.实验仪器

振筛机（8411型，上虞市英超仪器有限公司）、锤式破碎机（A-400型，荥阳市腾飞机械厂）、高速万能粉碎机（SE-750型，上海转轴电器有限公司）、行星式球磨机（XQM-0.4/100mL型，长沙天创粉末技术有限公司）、矿用单槽浮选机（XFDII-0.5L型，江西鑫盛矿山机械制造有限公司），及其他仪器设备：干燥箱、电子天平、标准筛、磁铁等。

2.实验试剂

丁基钠黄药（$C_4H_9OCSSNa$）、仲辛醇（$C_8H_{18}O$，≥99%）、无水乙醇（CH_3CH_2OH，≥99.7%）和硫化钠（Na_2S）。

四、实验步骤

1.拆解破碎

（1）拆除废旧手机电路板表面的元器件。

（2）破碎1.5min，将破碎后的物料进行筛分，得到粒度小于0.45mm的电路板粉末。

（3）对解离粒度较大的物料可重复进行破碎、筛分过程。

2. 一次浮选（金属与非金属浮选分离）

（1）取一定质量电路板粉末，将无水乙醇与电路板粉末进行混合（体积：质量＝1：1），放入浮选槽人工搅拌 0.5min，使得湿润充分。

（2）浮选槽（0.5L）中加水作为浮选介质（矿浆浓度 100g/L），同时进行搅拌、充气、刮泡 1min（搅拌速度 2000r/min，充气量 100L/h，温度 25℃），停止操作，静置 0.5min，得到可浮物 1。

（3）将浮选后的槽内沉物全部冲入叶轮腔内，然后同时进行搅拌、充气、刮泡 1min，停止操作，静置 0.5min，得到可浮物 2。如此再重复操作 2 次，分别得到可浮物 3、可浮物 4。最后，被刮出物质称为浮出物，沉入槽内物质称为沉物。

（4）取出沉物，烘干，测定沉物产率、沉物中金属含量（X 射线荧光光谱法），并计算金属回收率。

3. 二次浮选（金属富集体中铜的浮选分离）

（1）将步骤 2 中一次浮选得到的物料进行球磨、筛分，得到粒度小于 0.074mm 的物料，作为二次浮选入料。

（2）将上述物料进行人工磁选，降低 Fe 等磁性金属含量。

（3）以丁基钠黄药为捕收剂、仲辛醇为起泡剂、硫化钠为活化剂，作为浮选药剂，进行金属富集体中铜的浮选分离。

（4）取出沉物，烘干，测定沉物中金属含量和铜含量（铜品位）（电感耦合等离子体发射光谱法）。

五、实验设计与结果处理

1. 考察一次浮选（金属与非金属浮选分离）过程中物料粒度对浮选结果的影响。进行粒度分级设计，分别进行浮选实验，并设计表格进行实验结果记录。

2. 考察二次浮选（金属富集体中铜的浮选分离）过程中浮选药剂用量对浮选结果的影响。以一次浮选获得的最佳粒度物料继续进行二次浮选实验，进行不同浮选药剂用量实验设计，并设计表格进行实验结果记录。

3. 对比废旧手机电路板最初的金属含量和铜含量，计算上述最佳实验条件下，一次浮选和二次浮选得到的沉物中金属含量的提高程度，和最终浮选后铜含量的提高程度。

六、注意事项

1. 手机电路板表面元器件众多，很多元器件含有有毒物质，实验操作过程应做好防护，避免直接接触。同时实验过程要保持通风，并做好防护，避免吸入粉尘和有毒气体。

2. 注意用电安全，注意仪器设备使用安全（特别是破碎机、球磨机），谨慎操作。

3. 为获得适宜粒度的物料，实验过程中还应设计合理的物料破碎、球磨流程，进行更有效的操作。

七、实验结果讨论

1. 分析物料粒度对金属与非金属浮选分离过程的影响。考虑可以采取什么措施进行改进。

2. 分析浮选药剂用量对金属富集体中铜的浮选分离过程的影响。其他可以应用的浮选药剂还有哪些？

第四章　物理性污染控制实验

第一节　验证性实验

实验一　校园噪声监测实验

一、实验目的

1. 掌握环境噪声监测的原理及方案设计。
2. 熟悉非稳态的无规则噪声监测数据的处理方法。
3. 掌握声级计的工作原理及使用方法。

二、实验原理

1. 布点方法

采用功能区布点法，将校园某一区域或整个校园分成多个等大的正方形网格，网格需完全覆盖检测区域，每个网格中的道路及非建成区的面积之和不得大于网格面积的50％，有效网格总数应大于100个。采样点应设置在两条直线的交点处或方格中心位置。网格大小应依据噪声污染强度、人口密度、学校功能区的划分等条件进行确定，以此来确定监测区域的噪声水平以及噪声污染的时间和空间分布规律。

2. 噪声评价方法及测定方法

依据《社会生活环境噪声排放标准》（GB 22337—2008），采用等效连续 A 声级（简称等效声级）L_{eq}，即在规定测量时间 T 内 A 声级的能量平均值，用 $L_{Aeq,T}$ 表示（简写为 L_{eq}），单位为 dB（A）。依据定义，等效声级可表示为：

$$L_{eq} = 10\lg\left(\frac{1}{T}\int_0^T 10^{0.1L_A}\,dt\right) \tag{4-1}$$

式中　L_A——t 时刻的瞬时 A 声级；

　　　　T——规定的测量时间段。

如果符合正态分布，则可使用下面的近似公式计算：

$$L_{eq} = L_{50} + \frac{d^2}{60} \tag{4-2}$$

式中　d——噪声的平均峰值与本底值之差，$d = L_{10} - L_{90}$；

L_{50}——有 50% 的时间超过的噪声级，相当于噪声的平均值；

L_{10}——有 10% 的时间超过的噪声级，相当于噪声的平均峰值；

L_{90}——有 90% 的时间超过的噪声级，相当于噪声的本底值。

三、实验仪器

测量仪器应采用积分平均声级计或环境噪声自动检测仪，测量仪器性能应不低于 GB/T 3785 和 GB/T 17181 对 2 型仪器的要求。

四、实验步骤

1.检测时间选择

测量的天气应无雨雪，风力小于 5 级。在校园的监测区域内选取 10 个有代表性的测量点，监测时段分为 8:00—12:00、13:00—17:00 及 18:00—22:00 三个时间段。

2.声级计的使用及数据采集

(1) 检查声级计的电池，功能开关应置于 "BATT" 处，电表指针应在绿线处。

(2) 将功能开关置于 "F"（线性）处，进行仪器的电气校正，校准过程中量程置于 "中" 挡，分贝开关置于 "80"，调整校准旋钮，使电表指针对准 "CAL" 处。

(3) 将功能开关置于 "F"（线性）处，进行仪器的声学校正，校准过程中量程置于 "中" 挡，"快" 挡，分贝开关置于 "80"，调整校准旋钮，使液晶显示器显示 "93.8dB" 处。

(4) 将功能开关置于 "A" 处，"内接"，量程置于 "中" 挡，"快" 挡，分贝开关置于 "80"，从液晶显示器读数。

(5) 测量时，每隔 5s 读一个数据，连续读取 100 个数据，学校门口需测量 200 个数据，并记录车流量。

(6) 测量时，声级计距离任何反射物（地面除外）至少 3.5m 外测量，距地面高度 1.2m 以上。测定时测量人员应保持安静，以免影响测量值的准确性。

五、实验数据记录与处理

1.数据记录

依据表 4-1 记录测定数据及测量点位的记录。

表 4-1　校园区域内环境噪声监测数据记录表

测点编号	年　　月　　日						年　　月　　日					
	监测时间	昼间		监测时间	夜间		监测时间	昼间		监测时间	夜间	
		测定值	背景值		测定值	背景值		测定值	背景值		测定值	背景值
1												
2												
3												
4												
5												
6												
7												
8												
9												
10												

测点编号	年　　月　　日						年　　月　　日					
	监测时间	昼间		监测时间	夜间		监测时间	昼间		监测时间	夜间	
		测定值	背景值		测定值	背景值		测定值	背景值		测定值	背景值
11												
12												
13												
14												
…												
校园区域示意图及其网格监测点位置												

2.数据处理

对 10 个监测点的数据进行统计排序，求出各个时间段的 L_{10}、L_{50} 及 L_{90}，计算出各个监测点各时间段的 L_{eq}，并统计出各监测点的日均噪声值超标率，依据《社会生活环境噪声排放标准》（GB 22337—2008）（表 4-2），大学校园应执行Ⅰ类标准，对照表 4-2 评价监测区域的噪声超标情况。

表 4-2　社会生活噪声排放源边界噪声排放限值　　　　单位：dB（A）

边界外声环境功能区类别	时段	
	昼间	夜间
0	50	40
1	55	45
2	60	50
3	65	55
4	70	55

六、注意事项

1.测量天气的风力在 3～5 级时，传声器应加上防风罩，声级计的传声器膜片应保持清洁。

2.测量仪器应定期检定合格，并在有效使用期限内使用，没测声学校准的前后偏差应不得大于 0.5dB，否则测量结果无效。

3.如果测定校园内某一噪声源的影响，如就餐时间的噪声情况，需依据《社会生活环境噪声排放标准》（GB 22337—2008）的校正方法，参照背景值对测量值进行校正。

七、思考题

1.为什么校门口的监测点需增加监测数据量？

2.声级计为何要距离建筑物及地面有一定的距离？

实验二 城市道路交通噪声的测量

一、实验目的

1.掌握城市道路交通噪声的测定条件、布点原则及监测方法。

2.掌握等效连续声级及累计百分数声级的概念。

3.了解城市环境噪声的主要声源，加深交通噪声特征的了解。

二、实验原理

交通噪声是城市环境噪声的主要噪声源。本实验中采用等效连续声级及累计百分数声级对噪声进行评价。等效连续 A 声级又称等能量 A 计权声级，它等效于在相同的时间 T 内与不稳定噪声能量相等的连续稳定噪声的 A 声级。在同样的采样时间间隔下测量时，测量时段内的等效连续 A 声级可通过以下表达式计算：

$$L_{eq} = 10\lg\left(\frac{1}{T}\sum_{i=1}^{N}10^{0.1L_{Ai}}\tau_i\right) \tag{4-3}$$

$$L_{eq} = 10\lg\left(\frac{1}{N}\sum_{i=1}^{N}10^{0.1L_{Ai}}\right) \tag{4-4}$$

式中 L_{eq}——等效连续声级，dB；

T——总的测量时段，s；

L_{Ai}——第 i 个 A 计权声级，dB；

τ_i——采样间隔时间，s；

N——测试数据个数。

累计百分数声级 L_n 表示在测量时间内高于 L_n 声级所占的时间为 $n\%$。对于统计特性符合正态分布的噪声，其累计百分数声级与等效连续 A 声级之间有近似关系：

$$L_{eq} \approx L_{50} + \frac{(L_{10}-L_{90})^2}{60} \tag{4-5}$$

三、实验仪器与装置

本实验所用测量仪器要求其精度满足Ⅱ型以上的积分式声级计或者采用环境噪声自动监测仪器，它们的仪器性能均要满足《声级计的电、声性能及测试方法》（GB 3785—83）的要求。

四、实验步骤

1.测量的气候条件

测量条件要注意在无雨雪、无雷电天气、风速为 5m/s 以下时进行，其声级计注意传声器膜片始终保持清洁，若风力在三级以上时要另加风罩以避免风噪声干扰，若四级以上大风应就立即停止测量，同时注明当时所采取的措施及气象情况。

2.监测点位设置

道路交通噪声的测点应选在市区交通干线两路口之间，道路人行道上，距马路 20cm

处，此处两交叉路口应大于50m，测点离地高度大于1.2m，并尽可能避开周围的反射物，以减少周围反射对测试结果的影响。

3.交通噪声监测

准备好测试仪器，打开电源待稳定后（30s左右），开始测量。等时间间隔（选取5s），读取各时间间隔内A声级，连续测量200个数据；在测量的同时进行小时车辆种类、车流量统计。将200个数据从小到大排列，分别找出L_{10}、L_{90}和L_{50}带入式（4-5）计算。

4.关闭电源开关

测量结束后，关闭电源开关。

五、实验数据记录与处理

1.数据记录

将测定实验数据记录于表4-3和表4-4。

表4-3 噪声气象参数

监测日期	监测时间(昼)	天气状况	风向	风速/(m/s)	监测时间(夜)	天气状况	风向	风速/(m/s)

表4-4 道路交通噪声测量记录表

监测点：										
监测时间： 年 月 日 时 分—时 分										
主要噪声来源： 车流量：										
取样间隔： 采样次数：										

注：表中的数据记录空格可根据测量数据个数具体增减。

2.数据处理

（1）将测量数据列表并标出L_{10}、L_{50}、L_{90}的值，以及计算得到的L_{eq}的值〔将测量得到的 200 个 A 声级数据，按从大到小的顺序排列。读出第 20 个、第 100 个、第 180 个数据的声级值，它们依次分别为累计百分数声级 L_{10}、L_{50}、L_{90}，再计算得到 L_{eq}，道路交通噪声统计特性符合正态分布，所以 $L_{eq} \approx L_{50} + (L_{10} - L_{90})^2 / 60$］。

（2）以时间（h）为横坐标，有效 A 声压级 dB 为纵坐标，作出时间-声压级的曲线；以时间（s）为横坐标，有效 A 声压级 dB 为纵坐标，作出测量时间-声压级的曲线；以测点为横坐标，平均有效 A 声压级 dB 为纵坐标，作测点-声压级的曲线即沿程噪声变化。

（3）对测试路段、环境状况（周围的建筑、树木、草坪分布情况）、测试时段车流量、车流特征等进行简单描述（大车、小车出现情况，其他干扰情况），并根据测量及计算结果分析噪声达标情况。

六、注意事项

1.测量条件和要求

（1）天气条件要求在无雨无雪的时间，噪声计应保持传声器膜片清洁，风力在三级以上必须安风罩（以避免风噪声干扰），五级以上大风应停止测量（测量时要求风速在 5m/s）。

（2）使用设备：噪声计 TES1350A 或 HS6288D 噪声分析仪。

（3）手持仪器测量，传声器距离地面 1.2m（或以上），并尽可能避开周围的反射物（离反射物至少 3.5m）。

（4）要求测量前后仪器校准偏差不大于 2dB。

（5）测点应选在交通干线两路口之间，距马路沿 20cm 处，此处距两路口应大于 50m。

2.仪器操作步骤

TES1350A 噪声计：

（1）打开电源开关，进行内部自我校正（RANGE：Hi；RESPONSE：F；FUNCT：CAL94dB）。

（2）选择测量范围 Hi（65～130dB）挡、Lo（35～100dB）挡（取 Lo 挡）。

（3）选择反应速率 F（FAST）挡，进行平均噪声量测定。

（4）选择功能按钮 A 挡，进行人为感受的噪声量测定。

（5）手持仪器，传声器距离地面 1.2m（或以上），每隔 5s 读一个数据。

（6）测量完毕，将电源开关置于 OFF。

HS6288D 噪声分析仪：

（1）打开电源开关，按复位键，工作方式即为 A 声级测量，显示数据为所测 A 声级值（测量范围 35～135dB）。

（2）按"快慢"键，至显示屏出现"F"，即按快特性状态测量。

（3）手持仪器，传声器距离地面 1.2m（或以上），每隔 5s 读一个数。

（4）测量完毕，将电源开关置于 OFF。

七、思考题

1.交通噪声监测时如何布置监测点位？应注意哪些方面？

2.如何绘制道路交通噪声污染空间分布图？

实验三　噪声源频谱测定实验

一、实验目的

1.了解校园噪声的主要来源，直观感受噪声级大小及频率与听觉的关系，加深学生对噪声危害的认识。

2.掌握频谱仪的使用方法，并学会绘制频谱图。

3.了解不同噪声的频谱特征。

二、实验原理

除音叉等之外，各种声源发出的声音大多是由许多不同强度、不同频率的声音复合而成，统称为复音。不同频率（或频段）的成分的声波具有不同的能量，这种频率成分与能量分布的关系称为声的频谱。由于噪声的频率一般分布宽阔，在实际的频谱分析中，无须对每个频率成分进行具体分析。方便起见，一般将 20～20000Hz 的声频范围分成几个段落，划分的每一个具有一定频率范围的段落称为频带或频程。当声音的声压级不变而频率提高一倍时，音调也随之提高一倍，因此，将声频范围划分为每一频带的上限频率比下限频率高一倍，即频率之比为 2，这样划分的每一个频程称为 1 倍频程，简称频程，每个频程可用其中心频率（Hz）来简洁表明，即 f_c 来表示。

$$f_c = \sqrt{f_u f_d} \tag{4-6}$$

式中 f_u——该频程的上限频率；

f_d——该频程的下限频率。

描述一个复音中，各频率成分与能量分布关系的图形成为频谱图，通常需要先测定出该噪声的各频率成分与相应的声压级或声功效率级，然后即可以频率为横坐标，以声压级/声功级为纵坐标进行绘图。

三、实验仪器与装置

ND10、TES-1352A 等型号的声级计、TES-1358、ND2 型频谱分析仪、听觉实验仪、噪声源、皮尺等。

声级计是噪声测量中最常用的仪器，它主要由电容传声器、阻抗变换器、计权网络、衰减器、放大器和指示表头等组成，另有一些附件。

1. TES-1352A 型可程式噪声计规格如表 4-5 所列。

2.各部名称和功能参见使用说明书。

3.操作前准备事项。

（1）使用十字改锥打开仪表背面的电池盖，装上四枚 1.5V 电池于电池座上。

（2）盖回电池盖并使用十字改锥锁紧螺丝。

（3）当电池电力老化时，LCD 面板会出现"缺电"闪烁符号，表示此时电池电力即将不敷使用，必须更换电池。

（4）使用 DC 电源转换器时，请将 DC 电源转换器的输出插头插入仪表的 DC 6V 插孔。

表 4-5 TES-1352A 型可程式噪声计的规格

项目	规格
国际规范	IEC Pub 651Type2，ANSI S1.4Type 2
频率范围	31.5Hz～8kHz
A 加权	30～130dB
C 加权	30～130dB
挡位	6 挡位，间隔 10dB 30～80dB/40～90dB/50～100dB/60～110dB/70～120dB/80～130dB

项目	规格
自动换挡	30～130dB
时间加权	快和慢
动态范围	50dB
数字显示	4 位数 LCD (0.1dB 分辨率)
准模拟条形指示器	1dB 显示步长,50dB 显示范围,每 50ms 更新一次
过载指示	每个范围之上限
最低指示	每个范围之下限
麦克风	1/2 in 电容式麦克风
模拟 AC/DC 输出	0.707V rms(满量程),10mV DC/dB
记录	可记录 16000 笔资料
操作及储存温湿度	0～50℃,10％～90％RH
电源	一块 9V 电池
尺寸及重量	265mm(L)×72mm(W)×21mm(H)＆325g
附件	使用说明书,电池,RS-232 连接电缆 携带盒,调整改锥,软件,风罩 9～25 引脚转换头 变换器,3.5f 插头

四、实验步骤

分小组进行实验操作,每 3 人一组,每组应选择两种不同类型的噪声源进行测定。其中,声级计、频谱分析仪的操作使用方法如下。

1.背景噪声修正

噪声测量中,除了被测声源产生的噪声外,还会有其他噪声(背景噪声,或称本底噪声)存在。背景噪声会影响测量的准确性,因此,需依据《社会生活环境噪声排放标准》(GB 22337—2008)对测定值加以修正(表 4-6)。

表 4-6 校正噪声测定值参考表

总噪声级与背景噪声级之差/dB	3	4～5	6～9	≥10
总噪声级中应减去的分贝值/dB	3	2	1	0

由表 4-6 可知,若两者之差大于 10dB,则背景噪声的影响可以忽略。但如果两者之差小于 3dB,则表明所测声源的声级小于背景噪声声级,难以测准,应设法降低背景噪声后再测。

2.风罩的使用

当声级计用于野外测量或用于排气风扇、排气管道附近测量时,这时风或排气气流会使传感器产生风噪声,从而影响测量的准确性,应在传感器头部装上风罩再进行测量。

频谱分析仪的面板布局和使用方法与声级计有许多相似之处,可触类旁通,使用前阅读说明书即可。

以 TES-1352A 型为例。

（1）操作步骤

① 按下电源开关。

② 按下"Level▲或▼"选择合适的挡位测量现在的噪声，以不出现"UNDER"或"OVER"符号为主。

③ 要测量以人为感受的噪声量请选用"dB（A）"。

④ 要读取即时的噪声量请选择"FAST"，如要获得当时的平均噪声量请选择"SLOW"。

⑤ 如要取得噪声量的最大值可按"MAX"功能键，即可读到最大噪声量的数值。

（2）储存记录和删除记录

① 启动记录：持续按住"RECORD"键3s，则是将现在读值依据设定的间隔时间依次记录于内部的记忆体，直到记忆体用尽或再按此键一次则停止记录。

② 当记录组数超过255组或资料笔数共超过16000笔时，LCD面板右下角会出现"FULL"符号，则表示记忆体已满。

③ 在关机状态下按住"RESET"键不放并且开启电源3s后LCD面板上会出现"DEL"，则是将内部记录资料全部删除。

五、实验数据记录与处理

1.数据记录

将测定实验数据记录于表4-7。

表4-7　数据记录表

噪声源	不同频率下的声压级						
	31Hz	62Hz	125Hz	250Hz	500Hz	1kHz	2kHz
测量示意图 （标明测量仪器与声源的位置关系）							

2.数据处理

依据表4-7的数据，绘制各个声源的频谱图。

六、注意事项

1.测量过程中使用的仪器设备不可置于高温、潮湿的地方存放或使用。

2.瞬间的冲击性噪声不可选用30～130dB挡位进行测量。

3.在室外进行噪声测量时，需使用麦克风的防风罩，避免无关杂声对测量值的影响。

七、思考题

1.校园的主要噪声源有哪些？

2.不同噪声源有何特点？不同噪声源的频谱图有何差异？

实验四 吸声材料吸声系数测定

一、实验目的

1.熟悉吸声系数对吸声材料的表征意义。

2.掌握吸声材料吸声系数的测定方法。

二、实验原理

1.驻波和驻波管

波在介质中传播时期波形不断往前推进，称行波。而入射波/推进波与反射波相互干扰而形成的波形则不再推进的波，称驻波。通常，驻波仅波腹上、下振动，波节不移动。在驻波中，波面随时间作周期性的升降，每隔半个波长就有一个波面升降幅度最大的断面，即为波腹，波面升降幅度为 0 时的断面则为波节。相邻两波节间的水平距离为半个波长，因而，驻波的波面包含一系列波腹和波节，节腹相间，波腹处的波面虽有周期性的高低变化，但断面的水平位置是固定不变的，波节的位置也是固定的。完全的驻波需要两列频率和振幅均相同、振动方向一致，传播方向相反的波叠加，此时的波形无推进。

以音叉一臂相连弦线的振动为例，可以直观地显示驻波，音叉振动以后，可以在弦线上形成一自左向右传播的行波，传到支点后即发生发射，形成一自右向左传播的反射波，弦线上每个固定点均作简谐运动，但不同点的振幅不同。振幅为零的点即为波节，振幅最大处则为波腹。相邻两波节或波腹间的距离为半个波长。

驻波管（图 4-1）是一种内壁光滑而坚硬的管子，管子的末端安装吸声材料试件，可依据使用要求，将附件紧贴末端刚性活塞表面，或留在驻波管空腔内。驻波管的另一端是低频信号发射器，通过扬声器向管内发出不同频率的单频信号，相应频率的声波就是平面声波。将入射声波的声压设为 P_i，投射于材料时，必有反相位的声波反射指向声源，其反射声压为 P_r，声波在管内多次来回，反射，即形成驻波，管内出现了声压极大值 P_{max} 和极小值 P_{min}，通过探管可探测到 P_{max} 和 P_{min}，及离开材料表面的距离。

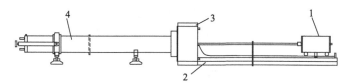

图 4-1 驻波管装置图

1—测试车；2—导轨；3—声源箱；4—驻波管（分低、高频两种）

2.材料的反射与吸声系数

吸声是声波撞击到材料表面后能量损失的现象，材料吸收的声能与入射到材料上的总声能之比，称为吸声系数（α）。关系式如下：

$$\alpha = \frac{E_a}{E_i} = \frac{(E_i - E_r)}{E_i} = 1 - r \tag{4-7}$$

式中 E_i——入射声能；

E_a——被材料或结构吸收的声能；

E_r——被材料或结构发射的声能；

r——反射系数。

驻波管内，入射波沿管内直线传播，入射至试件后便进行反射，由于反射波与入射波传递的方向相反，声压产生叠加即形成驻波，并在管内某个位置形成声压极大值 P_{max}（N/m²）（对应最大声压级 L_{max}，dB），和声压最小值 P_{min}（对应最小声压级 L_{min}），其间距为 1/4 波长。

设 L_{min}、L_{max} 为最大、最小声压级，ΔL 为声压级差（dB），Φ_0 为入射波路径相对于驻波管水平方向的夹角，驻波比 n 的计算公式如下：

$$\Delta L = L_{max} - L_{min} = 20\lg P_{max}/\Phi_0 - 20\lg P_{min}/\Phi_0 = 20\lg n \tag{4-8}$$

吸声系数 α 为：

$$\alpha = \frac{4 \times 10^{\frac{\Delta L}{20}}}{(1 + 10^{\frac{\Delta L}{20}})^2} \tag{4-9}$$

吸声系数是按照吸声材料进行分类，不同材料有不同吸声量，理论上，如果某种材料完全反射声音，则 $\alpha = 0$；如果某种材料将入射声能全部吸收，则 $\alpha = 1$。事实上，所有材料的 α 在 $0 \sim 1$，也就是不可能全部反射，也不可能全部吸收。

不同频率上会有不同的吸声系数。依据 ISO 标准和国家标准，吸声系数的频率范围是 100Hz～5kHz，将 100Hz～5kHz 的吸声系数取均值后得到的数值即为平均吸声系数，可反映材料总体的吸声性能。在工程中常使用降噪系数 NBC 粗略地评价在语言频率范围内的吸声性能，这一数值是材料在 250Hz、500Hz、1kHz、2kHz 四个频率的吸声系数的算术平均值。通常，反射材料的 NBC 小于 0.2，吸声材料的 NBC 则大于 0.2。能够用来降低室内混响及噪声的吸声材料，如岩棉等高 NBC 吸声材料，5cm 厚的 $24g/m^3$ 的离心玻璃棉的 NBC 高达 0.95。

三、实验装置

如图 4-1 所示，测试装置主要由测试车、导轨、声源箱和驻波管组成。

四、实验步骤

1. 正确连接电路，接通信号发生器等电子仪器电源。

2. 将试件按要求装在试件筒内，并用凡士林填塞试件与筒壁接触处的缝隙，填塞严密后，用夹具将试件筒固定在驻波管上。

3. 调节声频发生器的频率，使之依次发出 200Hz、250Hz、315Hz、400Hz、500Hz、630Hz、800Hz、1000Hz、1250Hz、1600Hz、2000Hz 不同的声频，在设置仪器输出信号频率时，测量到的声压级波峰值不应超过 136dB，声压级波谷值不低于 50dB。

4. 将滑块移至最远处，移动仪器屏幕上的光标，至所测频率的第一个峰值位置，即 1/4 波长处，缓慢移动滑块并读取光标位置显示的声压级，记录滑块所在位置的刻度，按"F7"自动计算吸声系数。

5. 移动光标至所测频率的第一个波谷位置，缓慢移动滑块同时读取光标位置显示的声压级，并记录滑块所在位置的刻度，按"F7"自动计算吸声系数。

6. 移动光标至所测的第二个波峰、波谷位置，重复第 4、5 步操作步骤，即可得到第二个波峰、波谷的值。

7. 重复第 4～6 步操作步骤，即可得到不同频率的吸声系数。

五、实验数据记录与处理

1. 数据记录

将测定实验数据记录于表 4-8。

表 4-8　数据记录表

频率/Hz	L_{max} /dB	X_{max} 位置 /cm	L_{min} /dB	X_{min} 位置 /cm	ΔL/dB	ΔX/cm	(参考波长/4) /nm	吸声系数 /%
200								
250								
315								
400								
500								
630								
800								
1000								
1250								
1600								
2000								

备注：$\Delta L(dB) = L_{max} - L_{min}(dB)$；$\Delta X(cm) = X_{max} - X_{min}(cm)$。

2. 数据处理

依据公式计算吸声材料吸声系数。

六、注意事项

1. 在使用过程中，信号线与信号接地线不能短接，以免引起短路烧坏仪器。

2. 关机前应按"F10"退出测试软件，以保存仪器的测试状态。

七、思考题

1. 驻波管法测定吸声系数的原理是什么？

2. 如果驻波管末端吸声材料安装盒不密封，会对测试结果有何影响？

实验五　微波电磁辐射污染的测量

一、实验目的

1. 熟悉电磁辐射对人体的危害及其防护措施。

2. 掌握工频电、磁场辐射强度的测量方法。

二、实验原理

电磁辐射危害的一般规律是随着波长的缩短，对人体的作用加大，微波的作用最突出。一般在 150MHz 以下的频段为人体对电磁波的透过性频段；150～1200MHz 的频段人体吸收系数较大，是危险频段；1200～3300MHz 的频段人体骨骼附近的组织吸收能量多，是次危险频段；3300MHz 以上的频段主要危及皮肤与眼睛。其危害可用图 4-2 综合表示。本实验利用手持式微波检漏测试仪，估测常用家电（如微波炉）的工频电磁场强度是否符合作业场所工频电场卫生标准，并估计哪些因素影响电磁辐射强度。

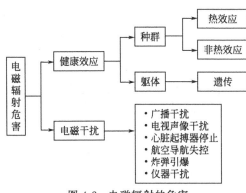

图 4-2　电磁辐射的危害

1. 手持 HI1501 微波漏能仪。

2. 微波炉。

四、实验步骤

1. 仔细阅读手持 HI1501 微波漏能仪使用手册。

2. 打开微波炉，放入需加热物品使待测辐射源处于工作状态。

3. 旋 OFF 开关至 19.999；然后选择"WIDE"（0.5MHz～3GHz）和"NARROW"（100MHz～3GHz）、正常测量选择"FAST"和等候变化测量"SLOW"。

4. 调节零点，用手掌屏蔽仪器顶端，如果读数小于 0.200 则应认为正常零点，在弱射频下，通常小于 0.200。

5. 如果读数大于 0.200，按下右边的按钮，同时调节右边的旋钮，进行调零，可以反复进行，使得读数小于 0.200。

6. 放开按钮，把仪器顶部对着被测物，测量，读数。

7. 测定两个不同品牌的微波炉不同工作功率微波泄漏情况（包括方位与距离）。

8. 记录数据。

五、实验数据记录与处理

1. 数据记录

将测定实验数据记录于表 4-9。

表 4-9　某品牌微波炉在工作功率时不同的方位和距离的微波泄漏情况

方位	泄漏的微波密度/(mW/cm²)					
	0.5m	1.0m	1.5m	2.0m	2.5m	3.0m
正前						
左前						
正左						
左后						
正后						
右后						
正右						
右前						
正上						
左上						
右上						
正下						
左下						
右下						

2. 数据处理

分析两个不同品牌的微波炉不同工作功率、不同方位以及不同距离的微波泄漏规律。

六、注意事项

1. 微波炉中的加热物品需具有吸波性能。

2. 微波辐射有一定的危害，操作时穿戴好微波防护服、头盔、围裙和罩衫，使用防护眼镜和防护面罩。

七、思考题

1. 电磁辐射的主要防护措施有哪些？

2. 微波泄漏与距离和使用年限是否相关？

实验六　振动测定实验

一、实验目的

1. 熟悉振动测量的基本原理。

2. 掌握环境振级的测量方法。

二、实验原理

随着现代工业与经济建设的加快发展，随着人们物质生活水平的不断提高，环境振动对人体的影响越来越得到人们的重视，并作为一种环境公害加以控制。物体的振动是相对于物体某一参考状态下的振荡。

在振动中有三个物理量：位移 s、速度 v 和加速度 a。加速度由于它和作用力及负载成比例，常常在研究机械的疲劳、冲击等方面被采用，现在也普遍用于评价振动对人体的影响；振动的速度和噪声的大小有直接的关系。总之，选择测量参数取决于研究对象。在实用单位制中，位移 s 的单位为 m、速度 v 的单位为 m/s 和加速度 a 的单位为 m/s^2。

根据 ISO 2631 文件，振动对人体的影响主要通过以下振动测量标准来评价：①1～80Hz 频率范围内的全身振动，在三个轴向确定"舒适性降低界限"，"疲劳—熟练程度降低界限"和"暴露界限"；②在 0.1～0.63Hz 频率范围内，人随 Z 轴方向全身振动。

目前，国际上通用加速度参数来表示振动的强度，加速度常用 VL 表示。

$$VL = 20lg(a/a_0) \tag{4-10}$$

式中　a——振动加速度的有效值，m/s^2；

　　a_0——参考速度值，$a_0 = 10^{-6} m/s^2$。

三、实验仪器与装置

AWA5936 型振动计（杭州爱华）。

四、实验步骤

1. 开机

按下"开/复位"键 2s 以上后放开，仪器显示杭州爱华仪器有限公司图标，接着进入主菜单或简易测量界面（未选配积分功能）。

2. 校准

在主菜单上将光标移到"校准"上，按"确定"键进入校准界面，当未选配积分功能时，将光标移到界面的"灵敏度"上，按"确定"键进入校准界面。

3.传感器固定

根据测量要求，将振动传感器垂直置于被测物体上。

4.测量

光标在"测量"上时，按下"确定"键，仪器可以进入测量界面。测量界面有机械振动和手传振动两种。将光标移到显示器最后一行的菜单条上，将第一个菜单项改为"振动"，则进行机械振动测量；改为"手传"，则进行手传振动测量。

5.测量模式选择

将第一个菜单项设为"振动"，则进行机械振动测量。

在振动测量界面下有：常用、列表和积分三种显示模式，列表和积分模式下又分加速度、速度、位移三类测量指标显示。各类指标显示形式基本相同。

五、实验数据记录与处理

1.数据记录

将测定实验数据记录于表4-10。

表4-10 不同时间和不同方向的3次振动数据测试结果

采样时间	水平振动值1	垂直振动值1	水平振动值2	垂直振动值2	水平振动值3	垂直振动值3

2.数据处理

分析环境振级的变化规律。

六、注意事项

1.实验前，应仔细阅读说明书，按步骤实验。

2.由于振动系统的特性，可听到的噪声是由动圈产生的，对于较大的系统，这通常会导致很大的噪声，应认真考虑使用消声结构和隔声室等。

七、思考题

1.人能感觉到的振动频率范围是多少赫兹？

2.依据《城市区域环境振动标准》（GB 10070—88），居民、文教区昼间铅垂向振级不能超过多少分贝？夜间铅垂向振级不能超过多少分贝？

实验七 振动控制实验——主动隔振

一、实验目的

1.学习主动隔振的基本知识，掌握主动隔振的基本原理和方法。

2.掌握主动隔振实验设计方法及隔振效果的测定方法。

二、实验原理

振动的干扰对人、建筑物以及仪表设备都会带来直接的危害，因此振动的隔离涉及很多方面。隔振的作用有两个方面：一是减少振源振动传至周围环境；二是减少环境振动对物体或设备的影响。二者原理相似，性能也相似。原理就是在设备和底座之间安装适当的隔振器，组成隔振系统，以减少或隔离振动的传递。

有两类隔振，一是隔离机械设备通过支座传至地基的振动，以减少动力的传递，称为主动隔振；另一种是防止地基的振动通过支座传至需保护的精密仪器或仪器仪表，以减少运动的传递，称为被动隔振。

在一般隔振设计中，常常用振动传递比 T 和隔振效率 η 来评价隔振效果。主动隔振传递比等于物体传递到底座的振动与物体的振动比，被动隔振传递比等于底座传递到物体的振动与底座的振动之比，两个方向的传递比相等。一般，由物体传递到底座时常用力表示，由底座传递到物体时则用位移、振动速度或振动加速度表示，这样便于应用。

隔振效率：

$$\eta = (1-T) \times 100\% \tag{4-11}$$

传动比：

$$T = \sqrt{\frac{1+D^2 u^2}{(1-u^2)^2 + D^2 u^2}} \tag{4-12}$$

式中　D——阻尼比；

　　　u——激振频率和共振频率的比，$u = \dfrac{f}{f_0}$。

只有传递比小于1才有隔振效果。因此 $T<1$ 的区域称为隔振区。由式（4-12）可知：

1. 当 $f_0 < f < \sqrt{2} f_0$ 时，$T<1$。系统有放大作用。

2. 当 $f = f_0$ 时，系统发生共振，传递比极大。

3. 当 $\sqrt{2} f_0 < f < 3f_0$ 时，作用有限。

4. 当 $3f_0 < f < 6f_0$ 时，隔振能力低（20～30dB）。

5. 当 $6f_0 < f < 10f_0$ 时，隔振能力中等（30～40dB）。

6. 当 $f > 10f_0$ 时，隔振能力强（>40dB）。

7. 阻尼比 D 对 T 的影响。

（1）虽然在 $f/f_0 < \sqrt{2}$ 的范围内，阻尼比的增大有效地降低共振时的位移振幅，但对 $f/f_0 < \sqrt{2}$ 的隔振区，却反而使传递比增高，对隔振不利。

（2）在 $f/f_0 > \sqrt{2}$ 时，$D=0$ 与 $D=0.1$ 的传动比 T 值极为接近，这就是说，阻尼比 D 在此范围内变化时，T 值的差异不大。因此，在实际工程中，一般采用 D 值。

三、实验仪器与装置

ZJY-601A 型振动教学试验仪、计算机、空气阻尼器。

主动隔振实验装置如图 4-3 所示。

四、实验步骤

1. 仪器安装。把空气阻尼器（1kg）和质量块组成的弹簧质量系统固定在底座中部，速度传感器放上面，接入数采仪的应变通道，压电加速度传感器放在底座上，接入采集仪的电荷通道将调速电机安装到隔振器上，电机连线接到调压器上。

2. 开机进入打开控制分析软件，设置采样频率等参数，正确输入传感器灵敏度，设置双通道时间和频谱示波，并将加速度通道信号积分处理，变为速度显示。

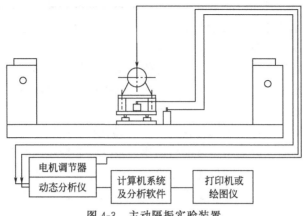

图 4-3　主动隔振实验装置

3.调节调压器，使系统产生共振，从频谱图和时间波形中读取频率值 f_0 以及第一通道的峰值 A_1 和第二通道的峰值 A_2。

4.改变激振频率（电机转速），分别测量 $f_0 < f < \sqrt{2} f_0$、$f = f_0$、$\sqrt{2} f_0 < f < 3 f_0$、$3 f_0 < f < 6 f_0$、$6 f_0 < f < 10 f_0$、$f > 10 f_0$ 时，两传感器的振动幅度。

5.根据所测幅值计算传动比和隔振效率。

隔振传动比：

$$T = \frac{A_1}{A_2} \tag{4-13}$$

隔振效率：

$$\eta = (1 - T) \times 100\% \tag{4-14}$$

五、实验数据记录与处理

1.数据记录

将测定实验数据记录于表 4-11。

表 4-11　1kg 空气阻尼器隔振器主动隔振测试结果

频率范围	频率 f/Hz	第一通道振幅 A_1/dB	第二通道振幅 A_2/dB	传动比 T	隔振效率/%
$f_0 < f < \sqrt{2} f_0$					
$f = f_0$					
$\sqrt{2} f_0 < f < 3 f_0$					
$3 f_0 < f < 6 f_0$					
$6 f_0 < f < 10 f_0$					
$f > 10 f_0$					

2.数据处理

绘制隔振效率曲线，分析频率范围与隔振效率之间的关系。

六、注意事项

1.实验前，应仔细学习实验教学仪器的使用方法，按步骤实验。

2.综合考虑振动环境、削减声音的影响、移除平台上和平台附近不必要的振动来源，以及使用正确的隔振平台安装方法，都是提升隔振性能需要注意的事项。

七、思考题

1. 什么是主动隔振？主动隔振的原理是什么？

2. 影响主动隔振效果的因素有哪些？如何提高主动隔振的效果？

实验八　振动控制实验——被动隔振

一、实验目的

1. 学习隔振的基本知识，建立被动隔振的概念。

2. 掌握被动隔振的基本原理和方法。

3. 学会测量、计算被动隔振系数和隔振效率。

二、实验原理

1. 主动隔振

在一般隔振设计中，常常用振动传递比 T 和隔振效率 η 来评价隔振效果。主动隔振传递比等于物体传递到底座的振动与物体的振动比，被动隔振传递比等于底座传递到物体的振动与底座的振动之比，两个方向的传递比相等。一般，由物体传递到底座时常用力表示，由底座传递到物体时则用位移、振动速度或振动加速度表示，这样便于应用。

只有传递比小于 1 才有隔振效果。因此 $T<1$ 的区域称为隔振区。当 $f_0<f<\sqrt{2}f_0$ 时，$T<1$，系统有放大作用；当 $f=f_0$ 时，系统发生共振，传递比极大；当 $\sqrt{2}f_0<f<3f_0$ 时，作用有限；$3f_0<f<6f_0$ 时，隔振能力低（20～30dB）；$6f_0<f<10f_0$ 时，隔振能力中等（30～40dB）；$f>10f_0$ 时，隔振能力强（>40dB）。虽然在 $\dfrac{f}{f_0}<\sqrt{2}$ 的范围内，阻尼比的增大有效地降低共振时的位移振幅，但对 $\dfrac{f}{f_0}<\sqrt{2}$ 的隔振区，却反而使传递比增高，对隔振不利。在 $\dfrac{f}{f_0}>\sqrt{2}$ 时，$D=0$ 与 $D=0.1$ 的两条曲线极为接近，这就是说，阻尼比 D 在此范围内变化时，T 值的差异不大。因此，在实际工程中，一般采用 D 值。

2. 被动隔振

防止地基的振动通过支座传至需保护的精密仪器或仪器仪表，以减少运动的传递，称为被动隔振。被动隔振传递比等于底座传递到物体的振动与底座的振动之比，由底座传递到物体时则用位移、振动速度或振动加速度表示。

被动隔振的隔振原理和隔振效果与主动隔振相似，隔振效率和传动比的计算公式如下。

隔振效率：

$$\eta=(1-T)\times100\% \tag{4-15}$$

传动比 T：

$$T=\sqrt{\dfrac{1+D^2u^2}{(1-u^2)^2+D^2u^2}} \tag{4-16}$$

式中　D——阻尼比；

　　　u——激振频率和共振频率的比，$u=\dfrac{f}{f_0}$。

三、实验仪器与装置

ZJY-601A 型振动教学试验仪、计算机、空气阻尼器。

被动隔振实验装置如图 4-4 所示。

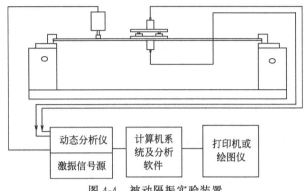

图 4-4 被动隔振实验装置

四、实验步骤

1. 把小的空气阻尼器和质量块组成的弹簧质量系统固定在梁中部,速度传感器放上面,压电加速度传感器放在梁的下面。

2. 把激振器安装在支架上,将激振器和支架固定在实验台基座上,并保证激振器顶杆对简支梁有一定的预压力(不要超过激振杆上的红线标识),用专用连接线连接激振器和 DH1301 扫频信号源输出接口。

3. 把加速度传感器输出信号接到数采分析仪的振动测试通道;把速度传感器输出信号接到数采分析仪的应变测试通道。

4. 打开数采仪器的电源开关,开机进入 DHDAS2003 数采分析软件的主界面,设置采样率、量程范围,输入加速度传感器、速度传感器的灵敏度。

5. 打开四个窗口,分别显示二个通道的时间波形信号和频谱信号,并且加速度信号要经积分运算变换为速度信号。

6. 调节扫频信号源的输出频率,使梁产生共振。在各窗口中分别读取当前振动的最大值、频率值 f_0、振幅以及第一通道的峰值 A_1 和第二通道的峰值 A_2。

7. 改变激振频率,分别测量 $f_0 < f < \sqrt{2}\,f_0$、$f = f_0$、$\sqrt{2}\,f_0 < f < 3f_0$、$3f_0 < f < 6f_0$、$6f_0 < f < 10f_0$、$f > 10f_0$ 时,上下传感器的振动幅度。

8. 根据所测幅值计算传动比和隔振效率。

五、实验数据记录与处理

1. 数据记录

将测定实验数据记录于表 4-12。

表 4-12 1kg 空气阻尼器隔振器被动隔振测试结果

频率范围	频率 f/Hz	第一通道振幅 A_1/dB	第二通道振幅 A_2/dB	传动比 T	隔振效率/%
$f_0 < f < \sqrt{2}\,f_0$					
$f = f_0$					
$\sqrt{2}\,f_0 < f < 3f_0$					

频率范围	频率 f/Hz	第一通道振幅 A_1/dB	第二通道振幅 A_2/dB	传动比 T	隔振效率/%
$3f_0 < f < 6f_0$					
$6f_0 < f < 10f_0$					
$f > 10f_0$					

2. 数据处理

绘制隔振效率曲线，分析频率范围与隔振效率之间的关系。

六、注意事项

1. 实验前，应仔细阅读说明书，按步骤实验。

2. 综合考虑振动环境、削减声音的影响、移除平台上和平台附近不必要的振动来源，以及使用正确的隔振平台安装方法，都是提升隔振性能需要注意的事项。

七、思考题

1. 主动隔振和被动隔振实验测量方法有何区别？

2. 影响被隔振效果的因素有哪些？如何提高被动隔振的效果？

实验九 放射性衰变涨落统计规律

一、实验目的

1. 验证放射性衰变的涨落规律。

2. 统计检验放射性衰变涨落的概率分布类型。

3. 学会用列表法和作图法表示实验结果。

二、实验原理

放射性物质是由大量的放射性原子所组成的。其中的原子核在什么时候、哪一个或哪几个核衰变是完全独立的、随机的，也是不可预测的，也就是说，放射性核衰变纯属偶然性的。核衰变现象是一种随机现象。因此，在完全相同的实验条件下（例如放射性源的半衰期足够长；在实验时间内可以认为其活度基本上没有变化；源与计数管的相对位置始终保持不变；每次测量的时间不变；测量时间足够精确，不会产生其他误差），重复测量放射源的计数，其值是不完全相同的，而是围绕某一个计数值上下涨落，涨落较大的情况只是极小的可能性。这种现象就是放射性核衰变的统计特性，它是微观粒子运动过程中的一种规律性现象，是放射性原子核衰变的随机性引起的，这种现象谓之放射性涨落。

1. 核衰变的统计规律

放射性原子核的衰变过程是相互独立、彼此无关的，每个核什么时候衰变纯属偶然。但实验表明，对大量核而言，其衰变遵从指数规律 $e^{-\lambda t}$ 衰减，λ 称为衰变常数，它与放射源的半衰期 T 之间满足关系：$\lambda = \ln 2 / T_{1/2}$。

对于随机现象最基本的统计规律是二项式分布。设在 $t = 0$ 时，放射性核总数为 x_0，在 t 时间内将有一部分核发生衰变，任何一个核在 t 时间内衰变的概率为 $1 - e^{-\lambda t}$，不衰变的概率为 $e^{-\lambda t}$，则在 t 时间内有 N 个核发生衰变的概率为：

$$P(x)=\frac{x_0!}{(x_0-x)!\ x!}(1-e^{-\lambda t})^x(e^{-\lambda t})^{x_0-x} \tag{4-17}$$

实际使用时，二项式分布很不便于计算，由于对放射性原子核来说，总是一个很大的数目，在这种情况下，二项式分布可以简化为泊松分布或正态分布。

2.泊松分布与正态分布

当 $x_0\gg1$，且测量时间 t 远小于放射源的半衰期 T，即 $\lambda t\ll1$（例如 $x_0>100$，$\lambda t<0.01$）时，二项式分布可简化为泊松分布：

$$P(x)=\frac{(\overline{x})^x}{x!}e^{-\overline{x}} \quad (0<\overline{x}<20) \tag{4-18}$$

当 $\overline{x}>20$ 时，泊松分布实际应用很不方便，这时可简化为正态分布（又叫高斯分布）：

$$P(x)=\frac{1}{2\pi\sigma}e^{-\frac{(x-\overline{x})^2}{2\sigma^2}} \quad (\overline{x}>20) \tag{4-19}$$

式中　$\overline{x}$，σ——计数的平均值和均方差；

　　　x——相等时间间隔内单次测量的计数；

　$P(x)$——计数为 x 的概率。

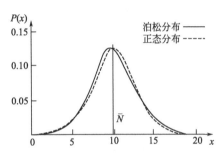

图 4-5　$\overline{x}=10$ 时泊松分布与正态分布

图 4-5 列出了 $\overline{x}=10$ 时泊松分布与正态分布的图形，可见它们已经很相近了。正态分布是二项式分布的一种极限情况，它在核辐射测量中尤为重要，因为在大多数情况下都可采用正态分布来分析计数的统计误差。

放射性衰变涨落服从泊松分布或正态分布是一种客观规律。若辐射仪器能正确地反映出这个规律，说明仪器的性能良好，可使用于放射性测量工作。

三、实验仪器与装置

1.点状 γ 放射源及 α 射线源。

2.FD-3013 型数字 γ 辐射仪。

3.ZDD-3901 石材放射性检测仪。

4.FD-3017 测氡仪。

5.X-γ 剂量率仪。

四、实验步骤

1.在实验室老师的指导下放置好实验设备。

2.检查仪器，并置于正常工作状态，开机预热。

3.选择合适的测量时间（对于 FD-3013"1 分"测量挡、FD-3017 仪器置于"0.5 分"测量挡）。

4.连续测量实验装置的本底计数 10 次以上，并记录之。

5.连续重量测量放入放射源后的仪器计数 30 次以上，并记录之。

6.详细记录实验仪器的型号、实验室空气温度、湿度及压力，以及仪器操作者及记录者等。

五、实验数据记录与处理

1.数据记录

将测定实验数据记录于表 4-13。

表 4-13　实测频数、频率分布表

计数分组间隔	频数	频率/min^{-1}	累积频率/min^{-1}	备注

2.数据处理

(1) 绘制频率直方图和累积概率曲线。

(2) 使用均方误差公式 $\sigma = N^{1/2}$ 和 S 求出均方误差。

(3) 说明 $N^{1/2}$ 的物理意义。

六、注意事项

1.必须在主机电源关闭的状态下,连接或断开电缆与主机和探头的接口。

2.小心摔倒仪器,有玻璃器件。

七、思考题

1.什么叫放射性衰变统计涨落规律?它服从什么规律?如何检验?

2.σ 的物理意义是什么?

3.用单次测量结果与多次测量结果表示放射性测量结果时,为什么是 $N \pm N^{1/2}$,其物理意义是什么?

4.为什么使用放射性的概率分布可以检查辐射仪的性能?

第二节　综合性实验

实验一　噪声的有源噪声控制实验

一、实验目的

1.熟悉噪声的基本概念及工程中进行噪声控制的方法。

2.掌握主动降噪的基本原理与方法。

3.通过实验模拟主动降噪,分析降噪效果。

二、实验原理

主动降噪(主动噪声控制),又称为有源噪声控制,其主要依据声波的干涉原理来消除噪声。有源噪声控制指利用附加次级声源产生的和原有噪声频率相同、振幅相近、相位相反的声波,使与原有噪声相互作用,以达到降低空间噪声的目的。

有源噪声控制原理是基于声波的干涉现象,人为地产生一个声场与噪声声场反相叠加,从而降低噪声。与被动降噪技术相比，它有以下优点：①控制系统体积小、重量轻；②低频噪声控制效果好；③针对噪声的特点，可以相应地改变控制系统特性，具有较强的针对性。

该技术的缺点是：若要获得较好的降噪效果，对系统中的传感器和控制器要求很高，与被动噪声控制相比，有源噪声控制在对三维空间的全局噪声控制方面还未有很好的方法，这也是该技术没有被动噪声控制应用广泛的原因。

为了获得好的降噪效果，有源噪声控制要求噪声场和抵消声场具有良好的匹配特性。对于一维声场，如管道内，声波以平面波传输，单一的声源所产生的抵消声场能很好地抵消管道下游的噪声。但是，当噪声场是复杂的三维声场时，匹配关系很难满足。而基于自适应滤波的有源噪声控制从一定程度上解决了匹配难的问题。

自适应有源噪声控制系统：该系统一般由初级声源、自适应控制器、次级声源和误差传感器组成。其特点是控制器带反馈，并具有自适应控制算法，控制器多为数字控制器。这种系统适用的范围宽，相对灵活，但其结构复杂，实现难度加大，成本增加。

三、实验仪器与装置

积分平均声级计或环境噪声自动监测仪，桌面，电脑，音箱，耳机，麦克风。

四、实验步骤

1.完成各仪器能否正常工作的检验，保证实验正常进行。

2.按计划搭建实验平台。选择相对安静的空间环境，将平整的桌面当作实验平台；将这对音箱间隔合适的距离对放，并且使发声源在一条直线上，连接电脑接口加耳机接口，将其中一个声道当作噪声源，另一个声道做次声源；把麦克风的接收点放置在上述直线上的任意一点，保持稳定位置不变，连接电脑的接口，作为声音传感器。

3.打开软件，将编好的程序烧录其中；选择噪声频率1100Hz，声源持续时间为120s，次声源除了相位值与原噪声不同，其余一致，检测控制时间为3s一个循环，目的就是不断改变相位，一切准备就绪，运行程序。

4.选择相对安静的空间，运行程序，程序会自动输出8张图，分别包括降噪前、后的波形图和幅值频谱图。降噪第一阶段中，次声源会发出和原噪声一致的声信号，以$\pi/3$为精度，不断移动次声源的相位，直到筛选出目标相位（相邻两点叠加后信号的幅值小于原噪声的幅值），此时跳出该循环，并输出另外两幅图，即第一步降噪的信号波形图和幅值频谱图。降噪第二阶段中，目标函数进入第二个循环，以$\pi/3$为精度，不断移动次声源的相位，直到筛选出目标相位（叠加后信号的幅值降低），此时跳出该循环，并输出两幅图，即第二步降噪的信号波形图和幅值频谱图。

5.待程序运行完毕，观察最后一次降噪的幅值频谱图，和原噪声进行比较是否达到了降噪的效果，如不满足需要进行调试，再次重复实验。

6.满足要求后，结束程序，拆除实验平台，整理实验设备。

五、实验数据记录与处理

1.数据记录

整理相关实验数据，设计数据记录表格并记录。

2.数据处理

（1）分析降噪效果。

（2）分析实验数据，并做误差分析，得出结论并撰写实验报告。

六、注意事项

1.为保证实验正常进行，在实验开始前须完成各仪器的检验。

2.选择相对安静的空间进行噪声测试，避免干扰声音造成影响。

七、思考题

1.主动降噪的基本原理是什么？

2.如何提高主动降噪效果？

实验二　材料隔声性能比较实验

一、实验目的

1.通过实验探究不同材料的隔声性能。

2.尝试寻找一种比较材料的隔声性能的方法，并在此过程中感悟控制变量法的意义。

二、实验原理

隔声量遵循质量定律原则，就是隔声材料的单位密集面密度越大，隔声量就越大，面密度与隔声量成正比关系。隔声材料在物理上有一定弹性，当声波入射时便激发振动在隔层内传播。当声波不是垂直入射，而是与隔层呈一定角度入射时，声波波前依次到达隔层表面，而先到隔层的声波激发隔层内弯曲振动波沿隔层横向传播，若弯曲波传播速度与空气中声波渐次到达隔层表面的行进速度一致时，声波便加强弯曲波的振动，这一现象称吻合效应。这时弯曲波振动的幅度特别大，并向另一面空气中辐射声波的能量也特别大，从而降低隔声效果。

响度的大小与人耳距离声源的远近有关。因为声能在传播过程中会逐渐分散，所以响度逐渐减小。为了比较不同材料的隔声性能，应该确定一个比较隔声性能的方法。例如，从靠近声源处慢慢远离，会听到声源发出的声音越来越小，直到听不到声音。测出此时的位置与声源间的距离（简称"最大可听距离"），比较这段距离的大小就可以判断出不同材料的隔声性能。

三、实验材料

闹钟，卷尺，泡沫塑料，玻璃，木板，硬纸板等。

四、实验步骤

1.先预测所收集的各种材料的隔声性能，并按照预测的结果将它们排列起来（隔声性能好的排在前面）填入表4-14。

2.把闹钟放在桌面上，上紧发条，闹钟会发出"嚓嚓"的声音。如果把它放在包装盒内，我们听到的声音就会变小，这是因为包装盒起到了隔声的作用。

3.分别用厚度一样的泡沫塑料、玻璃、木板、硬纸板做成大小相同的盒子，把闹钟分别放入盒子中。

4.从听到最响的声音位置开始，慢慢远离声源，直到听不到指针走动声音，在这个位置做好标记。

5.用卷尺测量标记处到放置闹钟处的距离。

6.比较各种情况下这段距离的大小就可以比较不同材料的隔声性能。

7.按照设计的方法进行实验，并把实验数据记录在表4-14中。

五、实验数据记录与处理

1.数据记录

整理相关实验数据并记录在表4-14。

表 4-14　隔声性能测试结果　　　　　　　　　　　　　　　单位：dB

材料	2m	4m	6m	8m	10m	12m	14m	16m	18m	20m	…
泡沫塑料											
玻璃											
木板											
硬纸板											

2.数据处理

分析实验数据，比较不同材料的隔声性能，撰写实验报告。

六、注意事项

1.为保证隔声性能测试结果可靠，除材料种类不同之外，保持其他测试条件完全相同。

2.选择相对安静的空间进行隔声性能测试，避免干扰声音造成影响。

七、思考题

1.不同材料的隔声性能不同的原因是什么？

2.提高材料隔声性能的方法有哪些？

实验三　构件空气声的隔声测量实验

一、实验目的

1.巩固空气隔声的基本原理。

2.增强对隔声量影响因素的感性认识。

二、实验原理

构件的隔声量 R（也算透声损失），是发声室投射到构件上的声能与透射到受声室的声能比，然后取其常用对数值，并乘以系数 10，单位为分贝（dB）。如果声场可看成是均匀扩散的，那么此时构件的隔声量 R 可表示为：

$$R = L_1 - L_2 + 10 \lg \frac{S}{A} \tag{4-20}$$

式中　L_1，L_2——发声室、受声室倍频的平均声压级；

　　　　S——构件的面积；

　　　　A——受声室的吸声量。

三、实验仪器与材料

标准打击器，组合声学分析仪用具及材料，笔，纸。

隔声门构造详图如图 4-6 所示。

四、实验步骤

1.根据实验室现场条件，在实验教师指导下，通过式（4-20）推导出具体的测量公式。

2.打开标准击器，使之工作，测量开门情况下，实验室的倍频程声压级，共测五次取平均值。

3.重复步骤 2，测量关门情况下的声压级。

4.计算出各频带的 R。

五、实验数据记录与处理

1.数据记录

打开室外标准打击器，然后关闭隔声门，按照上述实验步骤分别记录五组实验数据；打开隔声门，按照上述实验步骤再分别记录五组实验室据。

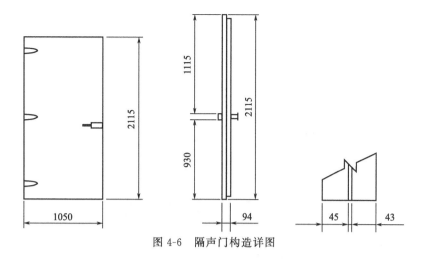

图 4-6　隔声门构造详图

2.数据处理

绘制有关表格，计算，绘制 L_1、L_2 和 R 值在不同声压级条件下隔声测量结果的柱状图。

表 4-15　不同声压级条件下的隔声测量结果　　　　　单位：dB

63Hz	1	2	3	4	5	平均
开门　L_1						
关门　L_2						
R						
125Hz	1	2	3	4	5	平均
开门　L_1						
关门　L_2						
R						
250Hz	1	2	3	4	5	平均
开门　L_1						
关门　L_2						
R						
500Hz	1	2	3	4	5	平均
开门　L_1						
关门　L_2						
R						
1000Hz	1	2	3	4	5	平均
开门　L_1						
关门　L_2						
R						
2000Hz	1	2	3	4	5	平均
开门　L_1						
关门　L_2						
R						

六、注意事项

1.注意仪器的摆放，尽量使声学分析仪朝向同一个方位。

2.实验时尽量保证室内外有安静的声环境，避免人为地发出声响，以减小误差。

七、思考题

1.实验中影响测量准确性的因素有哪些？

2.增强空气隔声效果的措施有哪些？

第三节 创新性实验

实验一 室内吸声降噪实验

一、实验目的

1.熟悉室内吸声降噪公式的原理。

2.掌握室内声环境的影响因素和控制方法。

二、实验原理

在硬质光滑内表面的房间里，人听到的不只是声源发出的直达声，还会听到经各个界面多次反射形成的混响声。在直达声和混响声的共同作用下，当声源的距离大于混响半径时，接收点上的声压级要比在自由声场中同一距离处高出 10～15dB。如果在室内吊顶、墙面等安装吸声材料，可吸收反射声使混响声减弱，这时人们主要听到的是直达声，那种被噪声包围的感觉将明显减弱。这种利用吸声原理降低噪声的方法称为吸声降噪，是一种非常成熟的噪声控制技术，虽无明确的国家或行业标准规范，但在各类涉及建筑声环境的教材或书籍中均有相关内容的论述，也已广泛应用于噪声治理工程中。

由室内稳态声压级计算公式知，室内某点在吸声处理前、后的声压级 L_{p1} 和 L_{p2} 为：

$$L_{p1} = L_w + 10\lg\left(\frac{Q}{4\pi r^2} + \frac{4}{R_1}\right) \tag{4-21}$$

$$L_{p2} = L_w + 10\lg\left(\frac{Q}{4\pi r^2} + \frac{4}{R_2}\right) \tag{4-22}$$

式中 L——声压级，dB；

Q——声源指向性因数，接受点一般位于室内空间中，故取 1；

r——接受点与声源的距离，m；

R_1，R_2——吸声处理前、后的房间常数。

$$R_1 = S \times \bar{\alpha}_1/(1-\bar{\alpha}_1) = A_1/(1-\bar{\alpha}_1) \tag{4-23}$$

$$R_2 = S \times \bar{\alpha}_2/(1-\bar{\alpha}_2) = A_2/(1-\bar{\alpha}_2) \tag{4-24}$$

式中 $\bar{\alpha}_1$，$\bar{\alpha}_2$——吸声处理前、后室内平均吸声系数；

S——室内总表面积，m^2；

A_1，A_2——吸声处理前、后的室内总吸声量，m^2。

故理论上，吸声降噪量可表示为：

$$\Delta L_{\mathrm{p}}'=10\lg\left[\left(\frac{Q}{4\pi r^2}\right)\bigg/\left(\frac{Q}{4\pi r^2}+\frac{4}{R_2}\right)\right] \tag{4-25}$$

由于接收点与声源的距离 r 通常大于混响半径，接收点处声压级一般以混响声为主时，即 $Q/4\pi R_2\leqslant 4/R_1$ 或 $4/R_2$，故式（4-25）可简化为：

$$\Delta L_{\mathrm{p}}'=10\lg\frac{R_2}{R_1}=10\lg\left(\frac{\bar\alpha_2}{\bar\alpha_1}\times\frac{1-\bar\alpha_1}{1-\bar\alpha_2}\right) \tag{4-26}$$

由于吸声处理前室内 α_1 很小，所以 $\alpha_1\times\alpha_2$ 约等于 0，故式（4-26）可进一步简化为：

$$\Delta L_{\mathrm{p}}'=10\lg(\bar\alpha_2/\bar\alpha_1) \tag{4-27}$$

由室内混响时间赛宾公式可知，室内混响时间与吸声量成反比，故式（4-27）也可表达为：

$$\Delta L_{\mathrm{p}}'=10\lg(A_2/A_1)=10\lg(T_1/T_2) \tag{4-28}$$

式中　T_1——吸声处理前的室内混响时间，s；

　　　T_2——吸声处理后的室内混响时间，s。

由此可知，通过控制室内吸声量和混响时间的变化，即可达到预定的吸声降噪效果 $\Delta L_{\mathrm{p}}'$，这是设计室内吸声降噪方案的理论基础，也是室内吸声降噪实验教学的重要原理。

实验中，首先要求学生按照中断声源法利用建筑声学测试系统，测得室内吸声处理前、后的混响时间 T_1 和 T_2，并根据公式计算出理论吸声降噪量 $\Delta L_{\mathrm{p}}'$。然后，要求学生利用声级计直接测得吸声处理前、后的声压级 L_{p1} 和 L_{p2}，并按照计算出实际吸声降噪量 ΔL_{p}：

$$\Delta L_{\mathrm{p}}=L_{\mathrm{p1}}-L_{\mathrm{p2}} \tag{4-29}$$

最后，比较 $\Delta L_{\mathrm{p}}'$ 和 ΔL_{p}，验证公式的正确性。

三、实验仪器与装置

在实验室内、外连接测试设备。

主要包含电脑（内装 1/3 倍频带 S6291-00303、建筑声学分析软件 S6291-05008）、数据采集及实时信号分析仪 AWA6290M（即专业声卡）、功率放大器 AWA5870B、无指向性声源 AWA5510、型传声器 AWA14421，以及各种连接线。

测试过程中，声源置于实验室一角，电脑控制释放稳态白噪声信号，用于模拟设备噪声。实验室内选择 3 点利用传声器测试声压级和混响时间。

四、实验步骤

1.测试实验室内背景噪声 L_{p0}。

2.吸声处理前，测试实验室内混响时间 T_1，再开启一高声压级的稳态噪声源，测试室内噪声级 L_{p1}，感受室内噪声环境和听闻环境。

3.吸声处理后，重复第 2 步，测试吸声处理后混响时间 T_2 和噪声级 L_{p2}，感受室内噪声环境和听闻环境。

五、实验数据记录与处理

1.将实验获得的声学参数如 L_{p0}、L_{p1}、L_{p2}、T_1、T_2 的 1/3 倍频程 100～4000Hz 数据，以图表形式表示。

2.计算实际吸声降噪量 ΔL_{p} 和理论吸声降噪量 $\Delta L_{\mathrm{p}}'$，同样以图表形式表示。

3.主要分析 ΔL_{p} 与 $\Delta L_{\mathrm{p}}'$ 的一致性，主观听觉与吸声处理前、后室内混响时间和噪声级的一致性。

六、注意事项

1.在实际机房内或其他任意房间内，难以随意改变室内吸声量和混响时间，本实验需改造一间普通实验室为可变混响时间声学实验室。

2.选择相对安静的教室进行噪声测试，避免干扰声音造成影响。

七、思考题

1.室内吸声降噪的基本原理是什么？

2.如何改进室内吸声降噪实验？

实验二　粉煤灰制备多孔吸声材料及其吸声性能实验

一、实验目的

1.掌握以粉煤灰为主要原料制备新型多孔吸声材料的方法。

2.熟悉吸声材料的结构特点与吸声原理。

3.探讨粉煤灰多孔吸声材料厚度对吸声性能的影响。

二、实验原理

随着噪声污染的日益严重，出现了各种各样的吸声材料。现在市面上的多孔吸声材料在性能上一般会存在某些劣势，比如有机纤维的防火、防潮、防蛀性差，而无机纤维材料大多数都不符合环保要求；而对于金属吸声材料，虽然其性能优越，但是高制作成本和大密度特点限制了推广应用。我国是产煤大国，粉煤灰是我国当前排量较大的工业废渣之一，如果不加以处理，就会产生水污染和大气污染。到目前为止，我国粉煤灰的形势依然严峻，处理粉煤灰工艺简单落后、规模小、利用率不高，与发达国家相比差距大。

目前，市面上的吸声材料一般为活性炭、水泥砂浆、砖、泡沫塑料、工业毛毡等，而以粉煤灰为主体的吸声材料并不多见，相关研究也很少。利用粉煤灰制备多孔吸声材料的技术工艺目前在国内仍属空白。粉煤灰作为环境友好型材料，其发展与应用更是适应了时代与政策的需求。相较于其他吸声材料，粉煤灰具有更低的成本、更持久的耐用性、耐高低温性、耐腐蚀性等。随着时代的发展，粉煤灰多孔吸声材料将投入大规模生产和应用，成为传统吸声材料的优良替代品。粉煤灰多孔吸声材料可广泛适用于房屋内壁、高速公路的围墙、机场围墙、地铁隧道等，具有广阔的市场前景。

本实验以粉煤灰作为主要原料来制备多孔吸声材料，制作工艺简单、能耗小、降低产品成本、基本上零排放、符合节能减排，又可以消纳工业排放的固体废物，使废物资源化，不仅有助于解决环境污染、节约能源，还具有显著的社会效益和经济效益，特别是可以在基本不排放 CO_2 的情况下，生产性能良好的多孔吸声材料。

三、实验仪器与材料

声级计，量筒，烧杯，玻璃棒，模具，恒温鼓风干燥箱，粉煤灰，氢氧化钠，水玻璃。

四、实验步骤

1.粉煤灰多孔吸声材料的制备过程

按比例称取一定量的粉煤灰、氢氧化钠、水玻璃，用量筒量取一定量的水置于烧杯中。将氢氧化钠颗粒完全溶解于水中，再将称量好的水玻璃倒入氢氧化钠溶液中，用玻璃棒搅拌使其混合均匀。将混合均匀的溶液倒入盛装粉煤灰的模具中，快速搅拌，使混合物混合均匀呈浆体状。振荡模具，使浆体表面光滑且内部无气泡存在。将模具放入恒温鼓风干燥箱中，在80℃常压下养护24h，然后在常温条件下进行脱模处理，将样品在室内常温放置养护。

2. 粉煤灰多孔吸声材料吸声性能的测试方法

本实验利用声级计对粉煤灰多孔吸声材料的吸声性能进行测试，以其降噪分贝数进行定量分析。

（1）按照不同材料比例制备出粉煤灰多孔吸声板。

（2）分别将制备好的 4 个多孔吸声板用胶粘接起来，搭成一个半闭合区域。

（3）同时将准备好的 2 个声级计打开，放在一起，测试 2 个声级计之间的误差，若误差很小，则可以忽略不计。

（4）将一个声级计放进半闭合区域内，另一个放在半闭合区域外面。

（5）测试背景噪声，并记录数据。

（6）打开噪声源，同时观测 2 个声级计的示数，并记录。

（7）改变噪声源的音量，同时记录声级计的示数。

五、实验数据记录与处理

1. 数据记录

整理数据并记录在表 4-16 和表 4-17 中。

2. 数据处理

分析粉煤灰多孔吸声材料厚度对吸声性能的影响，绘制厚度和降噪分贝线性关系图，绘制材料配比和降噪分贝线性关系图。

表 4-16　厚度对粉煤灰多孔吸声材料降噪分贝值的影响

厚度/mm	不同厚度下不同声压级的降噪分贝值/dB									
	30dB	40dB	50dB	60dB	70dB	80dB	90dB	100dB	110dB	120dB
10										
20										
30										
40										

表 4-17　材料配比对粉煤灰多孔吸声材料降噪分贝值的影响

材料配比	不同材料配比下不同声压级的降噪分贝值/dB									
	30dB	40dB	50dB	60dB	70dB	80dB	90dB	100dB	110dB	120dB
3∶1∶0.1										
2∶1∶0.1										
1∶1∶0.1										
0.5∶1∶0.1										

注：材料配比为粉煤灰、氢氧化钠溶液（2mol/L）和水玻璃的质量比。

六、注意事项

1. 为保证实验正常进行，在实验开始前须完成各仪器的检验。

2. 选择相对安静的空间进行噪声测试，避免干扰声音造成影响。

七、思考题

1. 良好的吸声材料应具备哪些结构特点？

2. 材料的吸声性能与厚度有何规律？

3. 分析不同材料配比对吸声能力产生影响的主要原因。

第五章　土壤污染控制实验

第一节　验证性实验

实验一　土壤样品的采集与制备

一、实验目的

1.理解土壤样品采集和制备的基本原理。

2.学习并掌握土壤耕层样品的采集及制备方法。

二、实验原理

土壤是一个不均一体，因此，土壤分析工作中，要求采集的土壤样品必须具有代表性。如果取样缺乏代表性，则不能代表土壤的整体污染情况，甚至会得出片面的结论。因此，准确地采集样品是土壤分析工作的一个前提，也是一项十分细致和重要的工作。在进行土壤样品的采集时，需注意以下几个方面。

1.采样时间

土壤的化学性质、有效养分的含量，不仅随土壤垂直方向和土壤表面延伸的方向有所不同，而且随季节、时间也有很大的变化，特别是温度和水分的影响，比如冬季土壤中有效磷钾往往有所升高，在一定程度上是由于温度降低导致土壤有机酸积累，有机酸能与铁、铝、钙等离子络合，降低这些阳离子的活性，从而促进闭蓄态磷转化为活性态磷，同时也有部分非交换性钾，转变成交换性钾。另外，由于一天当中，早、中、晚太阳辐射热的不同，土壤胶体活化强度有所不同，也会进一步导致土壤有效养分含量的变化。

因此，当需要了解土壤肥力、养分供应情况时，一般都在早春采集土样，若是研究作物生长期中土壤养分的变化供应情况，就必须根据作物的不同生长期，分期采集土壤样品。总之，采样必须注意时间因素，同一个季节采的土壤分析结果才能相互进行比较。

2.采样要求及采样方法

在采样时，要求土样有代表性，因此需多点取样，充分混合，布点均匀，混合样品的取样数量应根据试验区的面积以及地力是否均匀而定，通常为5~20个点，采样深度只需采集耕作层土壤0~20cm，最多采到犁底层的土壤。对作物根系较深的，可适当增加采样深度。对于不同类型的土壤样品采集，为了达到所采集样品的代表性，采样时要贯彻"随机"化原则，即样品应当随机地取自所代表的总体，而不是凭主观因素决定。另外，在布置采样点时，必须具有代表性。因此，应避免在田边、地角、路旁、堆肥等特殊的地方设点取样，以免影响样品的准确性。

（1）土壤剖面样品

分析土壤基本理化性质，必须按土壤发生层次采样，在选择好挖掘土壤剖面的位置后，现挖一个 $1m \times 1.5m$ 或者 $1m \times 2m$ 的长方形土坑，长方形较窄的向阳一面作为观察面，挖出的土壤应放在土坑两侧，土坑的深度根据具体情况确定，一般要求达到母质或地下水即可，大多在 $1 \sim 2m$。然后根据土壤剖面的颜色、结构、质地、松紧度、湿度、植物根系分布等，自上而下地划分土层，进行仔细观察，描述记载，将剖面形态特征逐一记入剖面记载簿内，也可以作为分析结果审查的参考。观察记载后，就自下而上地逐层采集分析样品，通常采集各发生土层中部位置的土壤，而不是整个发生层都采。随后将所采样品放入布袋或塑料袋内，一般采集土样 1kg 左右，在土袋的内外应附上标签，写明采样地点、剖面号数、土层深度、采样深度、采样日期和采样人。

（2）土壤物理性质样品

如果是进行土壤物理性质的测定，须采原状样品，如测定土壤容重和孔隙度等物理性质，则样品可直接用环刀在各土层中部取样。对于研究土壤结构的样品，采样时须注意土壤湿度，不宜过干或过湿，最好在不粘铲的情况下采集。此外，在取样过程中，保持土块不受挤压，不使样品变形，并须剥去土块外面直接与土铲接触而变形的部分，保留原状土样，然后将样品置于铁盒中保存，带回室内进行处理。

（3）盐分动态样品

研究盐分在剖面中的分布和变动时，必须按发生层次采样，即自地表起每 10cm 或 20cm 采集一个样品。

（4）耕作土壤混合样品

如图 5-1 所示，为了研究植物或苗木生长期内土壤耕层养分供求状况，采样一般不需挖土坑，只需取 $0 \sim 20cm$ 的耕层土壤，最多采到犁底层的土壤。对作物根系较深的（如小麦）土壤，可适当增加采样深度，为了正确地反映土壤养分动态和植物长势间的关系，可根据试验区的面积确定采样点的多少，通常为 $5 \sim 20$ 个点，可采用蛇形取样方法进行采样，每个点上采集的样品集中起来混合均匀。

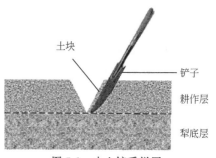

图 5-1　小土铲采样图

3.采样点的布设

目前，采样点的布设方法主要有以下三种（图 5-2）。

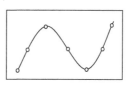

(a) 对角线采样法　　(b) 棋盘式采样法　　(c) 蛇形采样法

图 5-2　土壤采样布点方法

（1）对角线采样法

田块面积较小，接近方形，地势平坦，肥力较均匀的田块可用此方法，取样点不少于 5 个。

（2）棋盘式采样法

面积中等，形状方整，地势较平坦，而肥力不太均匀的大田块宜采用此法，采样点不少于 10 个。

（3）蛇形采样法

施用于面积较大，地势不太平坦，肥力不均匀的田块。按此法采样，在田间是曲折前进来分布样点，至于曲折的次数则依据田块的长度、样点密度而有变化，一般在 3～7 次。

4.采样工具的选择

进行土壤养分分析时，常用以下三种取土工具。

（1）小土铲

利用小土铲来根据采样深度，采取上下一致均匀的土片，将各点相等的土片混合成一个混合样品。它的适用性较强，除淹水土外，可适合任何条件下样品的采集，特别是混合样品的采集。

（2）管形土钻

下部为一圆柱形开口钢管，上部系柄架，将土钻钻入土中一定土层深度处，采得一个均匀的土柱。管形土钻取土迅速，混杂少，但它不适用于砾质土壤、干硬的黏重土壤或砂性较重的砂土。

（3）普通土钻

使用方便，能取较深层的土壤，但需土壤较湿润，对较砂的土壤也不很适用。它取出的土壤易混杂，对有机质和有效养分的分析结果，往往是低于用其他工具所取的土壤，其原因是表土易掉落。

5.土壤样品的处理步骤

采来的土壤样品如果数量太多，可用四分法将多余的土壤弃去，一般 1kg 左右的土壤样品，即够供化学、物理分析之用。四分法的方法是将采集的土壤样品弄碎合并铺成四方形，划分对角线分成四份，再把对角线两份合并成一份，如果所得样品仍然很多，再用四分法处理，直到所需数量为止（图 5-3）。

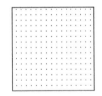

图 5-3　四分法取样示意图

从田间采来的土样，应及时进行风干，以免发霉引起性质的改变。其方法是将土壤样品弄成碎块平铺在干净的纸上，推成薄层放于室内阴凉通风处风干，经常加以翻动，加速干燥，切忌阳光直射暴晒或在有盐碱的环境中风干，风干后的土样再进行磨细过筛处理。

进行物理处理时，取风干土 100～200g，放在油布或牛皮纸上用圆木棍碾碎，如此反复进行，使全部土壤过筛，留在筛上的碎石称重后须保存，以备碎石称重计算之用，同时将过筛的土样称重，以计算碎石百分含量，然后将土样混匀后盛于广口瓶或纸袋中，作为土粒分析及其他物理性质测定之用。若在土壤中有铁锰结核、石灰结核、铁子或半风化体，绝不能用木棍碾碎，应细心拣出、称重、保存。

化学分析时，取风干样品一份，仔细挑去石块、根茎及各种新生体和侵入体，再用圆木棍将土样碾碎，使全部通过 2mm 筛，这种土样可供速效性养分及交换性能、pH 等项目的测定。分析有机质等项目时，可取一部分已通过 2mm 筛的土样进行研磨，并完全通过 0.25mm 筛为止。根据不同的测定项目选择不同的筛孔直径。研磨过筛后的样品混匀后，即可装瓶或纸袋中，并贴上标签，写上姓名、时间、地点、孔径大小等，并保存在阴凉、干燥处。

在土壤分析工作中所用的筛子有两种：一种以筛孔的大小表示，如孔径为 2mm、1mm、0.5mm 等；另一种以每英寸长度上的孔数表示，如每英寸长度上有 40 孔，为 40 目筛，每英寸有 100 孔为 100 目筛子，孔数愈多，孔径愈小。筛目与孔径之间的关系可用下列简式表示：

$$筛孔直径 = \frac{16}{1in\ 孔数} \qquad 1in = 25.4mm \qquad (5\text{-}1)$$

三、实验数据记录与处理

按照表 5-1 和表 5-2 记录好采样现场信息及土样基本情况。

表 5-1　土壤样品采集现场记录表

采样地点		东经		北纬	
样品编号		采样日期			
样品类别		采样人员			
样品层次		采样深度/cm			
样品描述		植物根系			
		砂砾含量			
		其他异物			
采样点布设图		自下而上			
		植被描述			

表 5-2　土壤样品标签

样品编号：	
采样地点：　　　　　东经　　　　　北纬	
采样层次：	
特征描述：	
采样深度：	
监测项目：	
采样日期：	
采样人员：	

说明：全国土壤环境质量例行监测土样编码方法采样 12 位码，编码方法如下。

第 1～4 位数字：代表省市代码各两位。

第 5、6 位数字：采样时间的年份代码，取年份后两位。

第 7 位数字：代表采样点位布设的重点区域类型，其中，1 代表粮食生产基地，2 代表蔬菜种植基地，3 代表大中型企业周边和废弃地，4 代表重要饮用水源地周边，5 代表规模化养殖场周边及污水灌溉区等重要敏感区域。

第 8、9 位数字：代表样品排列顺序号，以两位数计。

第 10～12 位数字：代表取样深度，以三位数计。

四、注意事项

1. 为了保证土壤样品的均一性和代表性，采样点不应设置在路边、田边、沟边或堆肥区域。

2. 应严格记录好采样现场信息及土样基本情况。

3. 土样样品标签一式两份，一份放到土壤样品袋中，另一份应粘贴到样品袋外面。

五、思考题

1. 采集的土壤样品为何要过不同孔径的筛？目的是什么？

2. 为什么要去除草根、树叶等非土壤物质？

实验二 土壤吸湿水的测定

一、实验目的

1. 掌握土壤风干样品制备方法。

2. 掌握土壤风干样品和新鲜土样含水量测定方法。

二、实验原理

进行土壤水分含量的测定有两个目的：一是为了了解田间土壤的实际含水状况，便于及时进行灌溉、保墒或排水，以保证作物的正常生长；或联系作物长相、长势及耕作栽培措施，总结丰产的水肥条件；或联系苗情症状，为诊断提供依据。二是测定风干土样水分，以作为各项分析结果计算的基础。本实验主要介绍风干土样水分的测定。

土壤分析测得的各种物质的数量，一般是用占烘干土的质量百分数来表示的，而分析测定所取的土壤则是风干土，其中含有少量水分，它不是土壤的一种固定成分，这种水分是土壤固体表面吸附了大气中的水蒸气的结果，其含量视大气的湿度及土壤性质而异，它的多少与土壤黏粒含量、有机质以及可溶盐的种类、数量有关，也与风干土处理时的大气湿度有关。为了使各个土壤能在一致的基础上比较其理化性质，使整个分析得到合理的相对数值，在计算各物质含量百分比时，都以"烘干土"作为基数。因此，在土壤分析前，必须测定土壤吸湿水的含量，然后根据吸湿水含量，由风干土壤换算成烘干土的质量。

在测定土样水分含量时，把土样放在（105±2）℃的烘箱中，烘至恒重，则失去的质量为水分质量，即可计算土壤吸湿水含量。在此温度下土壤吸着水被蒸发，而结构不致破坏，土壤有机质也不致分解。

三、实验仪器与装置

土钻；土壤筛，孔径 1mm；铝盒，小型的直径约为 40mm，高约 20mm，大型的直径约 55mm，高约 28mm；分析天平，感量为 0.001g 和 0.01g；小型电热恒温烘箱；干燥器，内盛变色硅胶或无水氯化钙。

四、实验步骤

1. 风干土样水分的测定

选取有代表性的风干土壤样品，压碎，通过 1mm 筛，混合均匀后备用。取小型铝盒在105℃恒温箱中烘烤约 2h，移入干燥器内冷却至室温，称重，准确至 0.001g。用角勺将风干土样拌匀，舀取约 5g，均匀地平铺在铝盒中，盖好，称重，准确至 0.001g。将铝盒盖揭开，放在盒底下，置于已预热至（105±2）℃的烘箱中烘烤 6h。取出，盖好，移入干燥器内冷却至室温（约需 20min），立即称重。风干土样水分的测定做两份平行测定。

2.新鲜土样水分的测定

将盛有新鲜土样的大型铝盒在分析天平上称重，准确至 0.01g。揭开盒盖，放在盒底下，置于已预热至 (105±2)℃ 的烘箱中烘烤 12h。取出，盖好，在干燥器中冷却至室温（约需 30min），立即称重。新鲜土样水分的测定应做三份平行测定。

五、实验数据记录与处理

1.数据记录

按表 5-3 的要求测定并记录相关数据。

表 5-3 实验数据记录表

项目	平行 1	平行 2	平均值
烘干空铝盒质量/g			
烘干前铝盒及土样质量/g			
烘干后铝盒及土样质量/g			
计算两次重复的相对误差(第一次减去第二次的差除以第一二次和的一半)乘以 100			

2.数据处理

$$水分(分析基)=\frac{m_1-m_2}{m_1-m_0}\times100\% \tag{5-2}$$

$$水分(干基)=\frac{m_1-m_2}{m_2-m_0}\times100\% \tag{5-3}$$

式中 m_0——烘干空铝盒质量，g；

m_1——烘干前铝盒及土样质量，g；

m_2——烘干后铝盒及土样质量，g。

六、注意事项

1.在田间用土钻取有代表性的新鲜土样，刮去土钻中的上部浮土，取土钻中部所需深度处的土壤约 20g，捏碎后迅速装入已知准确质量的大型铝盒内，盖紧，装入木箱或其他容器，带回室内，将铝盒外表擦拭干净，立即称重，尽早测定水分。

2.烘烤规定时间后 1 次称重，即达"恒重"。

3.平行测定的结果用算术平均值表示，保留小数点后一位。

4.平行测定结果的相差，水分小于 5% 的风干土样不得超过 0.2%，水分为 5%～25% 的潮湿土样不得超过 0.3%，水分大于 15% 的大粒（粒径约 10mm）黏重潮湿土样不得超过 0.7%（相当于相对相差不大于 5%）。

5.严格控制温度。

七、思考题

1.含水量测定为什么选择 (105±2)℃？

2.土壤风干样品和新鲜土样的含水率测定有什么区别？

实验三 土壤密度的测定

一、实验目的

1.熟悉测定土粒密度的实验原理。

2. 掌握土粒密度的测定方法。

二、实验原理

土壤基质是土壤的固体部分，它是保持和传导物质（水、溶质、空气）和能量（热量）的介质，它的作用主要取决于土壤固体颗粒的性质和土壤孔隙状况。土粒密度指单位体积土粒的质量；土壤容重指单位容积原状土壤干土的质量；孔隙度是单位容积土壤中孔隙所占的百分率。土粒密度、土壤容重、孔隙度是反映土壤固体颗粒和孔隙状况最基本的参数，土粒密度反映了土壤固体颗粒的性质；土粒密度的大小与土壤中矿物质的组成和有机质的数量有关，利用土粒密度和土壤容重可以计算土壤孔隙度，在测定土壤粒径分布时也需要知道土粒密度值；土壤容重综合反映了土壤固体颗粒和土壤孔隙的状况，一般来讲，土壤容重小，表明土壤比较疏松，孔隙多，反之，土粒密度大，表明土体比较紧实，结构性差，孔隙少；土壤孔隙状况与土壤团聚体直径、土壤质地及土壤中有机质含量有关，它们对土壤中的水、肥、气、热状况和农业生产有显著影响。

严格而言，土粒密度应称为土壤固相密度或土粒平均密度，用符号 ρ_s 表示。其含义是：

$$\rho_s = \frac{m_s}{V_s} \tag{5-4}$$

绝大多数矿质土壤的 ρ_s 在 $2.6 \sim 2.7 g/cm^3$，常规工作中多取平均值 $2.65 g/cm^3$。这一数值很接近砂质土壤中存在量丰富的石英的密度，各种铝硅酸盐黏粒矿物的密度也与此相近。土壤中氧化铁和各种重矿物含量多时则 ρ_s 增高，有机质含量高时则 ρ_s 降低。

文献中传统常用比重一词表示 ρ_s，其准确含义是指土粒的密度与标准大气压下 4℃ 时水的密度之比，又叫相对密度（$d_s = \rho_s/\rho_w$）。一般情况下，水的密度取 $1.0 g/cm^3$，故比重在数值上与土粒密度 ρ_s 相等，但量纲不同，现比重一词已废止。

概括来说，比重瓶法的原理即是将已知质量的土样放入水中（或其他液体），排尽空气，求出由土壤置换出的液体的体积。以烘干土质量（105℃）除以求得的土壤固相体积，即得土粒密度。

三、实验仪器与装置

天平（感量 0.001g）；比重瓶（容积 50mL）；电热板；真空干燥器；真空泵；烘箱。

四、实验步骤

1. 称取通过 2mm 筛孔的风干土样约 10g（精确至 0.001g），倾入 50mL 的比重瓶内。另称 10.0g 土样测定吸湿水含量，由此可求出倾入比重瓶内的烘干土样重 m_s。

2. 向装有土样的比重瓶中加入蒸馏水，至瓶内容积约一半处，然后徐徐摇动比重瓶，驱逐土壤中的空气，使土样充分湿润，与水均匀混合。

3. 将比重瓶放于砂盘，在电热板上加热，保持沸腾 1h。煮沸过程中经常要摇动比重瓶，驱逐土壤中的空气，使土样和水充分接触混合。注意，煮沸时温度不可过高，否则易造成土液溅出。

4. 从砂盘上取下比重瓶，稍冷却，再把预先煮沸排除空气的蒸馏水加入比重瓶，至比重瓶水面略低于瓶颈为止。待比重瓶内悬液澄清且温度稳定后，加满已经煮沸排除空气并冷却的蒸馏水。然后塞好瓶塞，使多余的水自瓶塞毛细管中溢出，用滤纸擦干后称重（精确到 0.001g），同时用温度计测定瓶内的水温 t_1（准确到 0.1℃），求得 m_{bws1}。

5. 将比重瓶中的土液倾出，洗净比重瓶，注满冷却的无气水，测量瓶内水温 t_2。加水至瓶口，塞上毛细管塞，擦干瓶外壁，称取 t_2 时的瓶、水合重（m_{bw2}）。若每个比重瓶事先都经过校正，在测定时可省去此步骤，直接由 t_1 在比重瓶的校正曲线上求得 t_1 时这个比重瓶的瓶、水合重 m_{bw1}，否则要根据 m_{bw2} 计算 m_{bw1}。

6. 含可溶性盐及活性胶体较多的土样，须用惰性液体（如煤油、石油）代替蒸馏水，用真空抽气法排除土样中的空气。抽气时间不得少于 0.5h，并经常摇动比重瓶，直至无气泡逸出为止。停止抽气后仍需在干燥器中静置 15min 以上。

7. 真空抽气也可代替煮沸法排除土壤中的空气，并且可以避免在煮沸过程中由于土液溅出而引起的误差，同时较煮沸法快。

8. 风干土样都含有不同数量的水分，需测定土样的风干含水量；用惰性液体测定比重的土样，须用烘干土而不是风干土进行测定；且所用液体须经真空除气。

9. 如无比重瓶也可用 50mL 容量瓶代替，这时应加水至标线。

五、实验数据记录与处理

1. 实验数据记录在表 5-4 中。

表 5-4　数据记录表

实验所选用的风干土吸湿水含量/%	
实验中称取的风干土质量/g	
瓶内风干土换算成烘干土的质量/g	
煮沸处理后比重瓶质量/g	
煮沸后比重瓶内温度 t_1/℃	
洗净后比重瓶内温度 t_2/℃	
t_2 时比重瓶与水的总质量/g	

2. 用蒸馏水测定时，可按下式计算：

$$\rho_s = \frac{m_s}{m_s + m_{bw1} - m_{bws1}} \rho_{w1} \qquad (5-5)$$

式中　ρ_s——土粒密度，g/cm^3；

ρ_{w1}——t_1℃时蒸馏水密度，g/cm^3；

m_s——烘干土样质量，g；

m_{bw1}——t_1℃时比重瓶质量+水质量，g；

m_{bws1}——t_1℃时比重瓶质量+水质量+土样质量，g。

当 $t_1 \neq t_2$，必须将 t_2 时的瓶、水合重（m_{bw2}）校正至 t_1℃时的瓶、水合重（m_{bw1}），由表 5-5 查得 t_1 和 t_2 时水的密度，忽略温度变化所引起的比重瓶的胀缩，t_1 和 t_2 时水的密度差乘以比重瓶容积（V）即得由 t_2 换算到 t_1 时比重瓶中水重的校正数。比重瓶的容积由下式求得：

$$V = \frac{m_{bw2} - m_b}{\rho_{w2}} \qquad (5-6)$$

式中　m_b——比重瓶质量，g；

ρ_{w2}——t_2 时水的密度，g/cm^3。

表 5-5　不同温度下水的密度

温度/℃	密度/(g/cm³)	温度/℃	密度/(g/cm³)	温度/℃	密度/(g/cm³)
0.0~1.5	0.9999	20.5	0.9981	30.5	0.9955
2.0~6.5	1.0000	21.0	0.9980	31.0	0.9954
7.0~8.0	0.9999	21.5	0.9979	31.5	0.9952
8.5~9.5	0.9998	22.0	0.9978	32.0	0.9951
10.0~10.5	0.9997	22.5	0.9977	32.5	0.9949
11.0~11.5	0.9996	23.0	0.9976	33.0	0.9947
12.0~12.5	0.9995	23.5	0.9974	33.5	0.9946
13.0	0.9994	24.0	0.9973	34.0	0.9944
13.5~14.0	0.9993	24.5	0.9972	34.5	0.9942
14.5	0.9992	25.0	0.9971	35.0	0.9941
15.0	0.9991	25.5	0.9969	35.5	0.9939
15.5~16.0	0.9990	26.0	0.9968	36.0	0.9937
16.5	0.9989	26.5	0.9967	36.5	0.9935
17.0	0.9988	27.0	0.9965	37.0	0.9934
17.5	0.9987	27.5	0.9964	37.5	0.9932
18.0	0.9986	28.0	0.9963	38.0	0.9930
18.5	0.9985	28.5	0.9961	38.5	0.9928
19.0	0.9984	29.0	0.9960	39.0	0.9926
19.5	0.9983	29.5	0.9958	39.5	0.9924
20.0	0.9982	30.0	0.9957	40.0	0.9922

3.用惰性液体测定时，按下式计算：

$$\rho_s = \frac{m_s}{m_s + m_{bk} - m_{bk1}}\rho_k \tag{5-7}$$

式中　ρ_s——土粒密度，g/cm³；

ρ_k——t_1℃时煤油或其他惰性液体的密度，g/cm³；

m_s——烘干土样质量，g；

m_{bk}——t_1℃时比重瓶质量＋煤油质量，g；

m_{bk1}——t_1℃时比重瓶质量＋煤油质量＋土样质量，g。

用煤油或其他惰性液体不知其密度时，可将此液体注满比重瓶称重，并测定液体温度，以液体质量除以比重瓶容积，便可求得此液体在该温度下的密度。

六、注意事项

1.样品须进行两次平行测定，取其算术平均值，小数点后取两位。两次平行测定结果允许差为 0.02。

2.比重瓶的校正。

(1) 仪器

比重瓶（容积 50mL）；天平（感量 0.001g）；温度计（±0.01℃）；电热板；恒温槽。

(2) 操作步骤

① 洗净比重瓶，置于烘箱中（105℃）烘干，取出放入干燥器中，冷却后称其质量（精确至 0.001g）。

② 向比重瓶内加入煮沸过并已冷却的蒸馏水（或煤油），使水面近至刻度。

③ 将盛水的比重瓶全部放入恒温水槽中，控制温度，使槽中水的温度自5℃逐步升高到35℃。在各不同温度下，调整各比重瓶液面到标准刻度（或达到瓶塞口），然后塞紧瓶塞，擦干比重瓶外部，称其质量（精确至0.001g）。

④ 用上述称得的各不同温度下相应的瓶质量＋水（或煤油）质量的数值作纵坐标，以温度为横坐标，绘制出比重瓶校正曲线。每一比重瓶都必须做相应的校正曲线。

七、思考题

1. 测定土壤密度时，选用蒸馏水和惰性液体测定的选定条件是什么？
2. 用蒸馏水和惰性液体分别测定土壤密度时，测定结果有什么区别？

实验四 土壤容重和孔隙度的测定

一、实验目的

1. 了解测定土壤容重的实验原理。
2. 掌握土壤容重的测定方法。

二、实验原理

土壤容重实际上是指土壤干容重，又称土壤密度，用符号 ρ 表示。土壤容重是用来表示单位体积土壤固体的质量，是衡量土壤松紧状况的指标。容重大小是土壤的质地、孔隙、结构等物理性状的综合反映。其含意是干基物质的质量与总容积之比：

$$\rho_s = \frac{m_s}{V_t} = \frac{m_s}{V_s + V_w + V_a} \tag{5-8}$$

总容积 V_t 包括基质和孔隙的容积，大于 V_s，因而 ρ_b 必然小于 ρ_s。若土壤孔隙 V_p 占土壤总容量 V_t 的一半，则 ρ_b 为 ρ_s 的一半，约为 $1.30 \sim 1.35 \mathrm{g/cm^3}$ 左右。压实的砂土 ρ_b 可高达 $1.60 \mathrm{g/cm^3}$，不过即使最紧实的土壤 ρ_b 也显著低于 ρ_s，因为土粒不可能将全部孔隙堵实，土壤基质仍保持多孔隙体的特征。松散的土壤，如有团粒结构的土壤或耕翻耙碎的表土，ρ_b 可低至 $1.10 \sim 1.00 \mathrm{g/cm^3}$。泥炭土和膨胀的黏土，$\rho_b$ 也低。所以 ρ_b 可以作为表示土壤松紧程度的一项尺度。

土壤过松、过紧都不适宜作物的生长发育，土壤过松不保水，易跑墒，作物扎根不牢固；过紧则会导致土壤透水透气性差。土壤容重不是固定的，自然条件和人为措施都会影响表层土壤，从而进一步影响土壤容重。测定土壤容重不仅能够分析土壤或土层之间物理性状的差异，并且能够计算土壤孔隙度及土壤容积含水量等必不可少的基本参数。

土壤容重的测定原理可以概括为用一定容积的环刀（一般为100mL）切割未搅动的自然状态土样，使土样充满其中，烘干后称量计算单位容积的烘干土重量。本法适用一般土壤，对坚硬和易碎的土壤不适用。

三、实验仪器与装置

环刀（容积100mL）；天平（感量0.001g）；烘箱；环刀托；削土刀；钢丝锯；干燥器。

实验用环刀及使用如图5-4所示。

图 5-4 实验用环刀及使用示意图

四、实验步骤

1.在田间选择挖掘土壤剖面的位置，按使用要求挖掘土壤剖面。若只测定耕层土壤容重，则不必挖土壤剖面。

2.用修土刀修平土壤剖面，并记录剖面的形态特征，按剖面层次，分层取样，耕层4个，下面层次每层重复3个。

3.将环刀托放在已知重量的环刀上，环刀内壁稍擦上凡士林，将环刀刃口向下垂直压入土中，直至环刀筒中充满土样为止。

4.用修土刀切开环周围的土样，取出已充满土的环刀，细心削平环刀两端多余的土，并擦净环刀外面的土。同时在同层取样处，用铝盒采样，测定土壤含水量。

5.把装有土样的环刀两端立即加盖，以免水分蒸发。随即称重（精确到0.01g），并记录。

6.将装有土样的铝盒烘干称重（精确到0.01g），测定土壤含水量。或者直接从环刀筒中取出土样测定土壤含水量。

五、实验数据记录与处理

1.数据记录

实验数据记录在表5-6中。

表5-6 数据记录表

项目	平行1	平行2	平行3	平行4	平均值
铝盒重/g					
铝盒加土总重/g					
烘干后铝盒加土的总重/g					
土壤含水率/%					
环刀重/g					
盛满土样的环刀总重/g					

2.土壤容重的计算

$$\rho_b = \frac{m}{V(1+\theta_m)} \tag{5-9}$$

式中　ρ_b——土壤容重，g/cm^3；

　　　m——环刀内湿样质量，g；

　　　V——环刀容积，一般为$100cm^3$；

　　　θ_m——样品含水量（质量含水量），%。

3.土壤孔隙度的计算

土壤孔隙度也称孔度，指单位容积土壤中孔隙容积所占的分数或百分数，可用下式计算：

$$f = \frac{V_t - V_s}{V_t} = \frac{V_p}{V_t} \tag{5-10}$$

大体上，粗质地土壤孔隙度较低，但粗孔隙较多，细质地土壤正好相反。团聚较好的土壤和松散的土壤（容重较低）孔隙度较高，前者粗细孔的比例适合作物的生长。土粒分散和紧实的土壤，孔隙度较低且细孔隙较多。土壤孔隙度一般都不直接测定，而是由土粒密度和容重计算求得。由式（5-10），可得：

$$f = \frac{V_p}{V_t} = 1 - \frac{\rho_b}{\rho_s} \qquad (5\text{-}11)$$

判断土壤孔隙状况优劣，最重要的是看土壤孔径分布，即大小孔隙的搭配情况，土壤孔径分布在土壤水分保持和运动，以及土壤对植物的供水研究中有非常重要的意义。

4.土壤紧实度判断

土壤紧实度判断参照表见表 5-7。

表 5-7　土壤紧实度判断参照表

土壤容重/(g/cm³)	孔隙度/%	土壤紧实度
<0.9	>60	过松
0.9~1.0	60~56	稍微松
1.0~1.2	56~52	合适
1.2~1.3	52~50	稍微紧
>1.3	<50	过紧

六、注意事项

1.测定允许平行绝对误差<0.03g，取算术平均值。

2.环刀采样时要去掉土壤表层 3cm 厚的土壤。

七、思考题

1.为什么不同质地的土壤，其容重和总孔度不同？

2.土壤中大、小孔隙比例对土壤的水分、空气状况有何影响？

3.在田间采用容重采土器采集土样过程中应注意哪些问题？

实验五　土壤质地的测定

一、实验目的

1.熟悉测定土壤质地的实验原理。

2.掌握测定土壤质地的实验方法。

3.学会利用测定数据判断土壤质地类型。

二、实验原理

土壤质地是指土壤中各粒级土粒的配合比例或各粒级土粒在土壤总质量中所占的百分数，又称为土壤机械组成。根据我国土壤质地分类标准，把土壤划分为砂土、壤土和黏土三大类。土壤质地的粗细直接影响土壤蓄水性、透气性和保肥性。一般而言土壤粒径较大的砂质土通透性较强，而蓄水性和保肥力较差，土壤温度的变幅也较大；相反黏性土虽然通透性较差，但蓄水保肥力都高，土壤温度的变幅也较小；而壤土则介于二者之间。所以说土壤的质地是影响土壤理化性质和土壤肥力状况的主要因素，并与植物的生长发育具有密切的关系。因此，了解土壤质地状况，可以依据土壤类型选择合适的作物进行种植，并能根据土壤的质地状况对土壤进行改良，从而指导我们的农业生产。

土壤质地的室内测定一般采用"比重计法"和"吸管法"，野外则采用"干试法"和"湿试法"进行简易速测。本实验采用"比重计法"进行土壤质地的测定，该种方法主要涉及以下两个方面。

1.处理土壤以保证所有土粒呈单粒分散状态

首先用分散剂处理土样（化学），从而代换能使颗粒凝聚的阳离子，使土壤胶体上原来的吸附性阳离子都换成钠离子，然后再用物理方法（振荡，搅拌）使土粒充分散开。

2.用比重计测定悬液中土粒的含量

以司笃克斯定律（G. G. Stokes）为基础，球体在介质中的沉降速度与球体半径的平方成正比，而与介质的黏滞系数成反比。

$$V = \frac{2}{9} \times gr^2 \times \frac{d_1 - d_2}{\eta} \tag{5-12}$$

式中 V——半径为 r 的颗粒在介质中沉降的速度，cm/s；

$\quad\quad g$——重力加速度，981cm/s²；

$\quad\quad r$——沉降颗粒的半径，cm；

$\quad\quad d_1$——沉降颗粒的密度，g/cm³；

$\quad\quad d_2$——介质的密度，g/cm³；

$\quad\quad \eta$——介质的黏滞系数，g/(cm·s)。

当土粒分散后，在沉降筒内，粗粒沉降速度快而细粒沉降慢。经一定时间，大于某一直径的颗粒将全部沉降到某一深度之下，因为悬浮物的密度和颗粒的大小有关，所含颗粒越小，悬液的密度也越小，所以，当悬液开始沉降，在某一规定的时间，测定某一规定悬液的密度，就能计算出该深度悬浮所含土粒的质量，而这一深度以上的土粒都是小于某一直径的。所使用的比重计是专为测定土粒大小而制造的，其上的刻度即表示每升悬液中土粒的克数，从而免去了每次测定的烦琐计算。

三、实验仪器及试剂

1.实验器材

甲种比重计[鲍氏（Bouyoucos）比重计]，刻度范围 0~60g/L，最小刻度单位 1g/L，刻度代表比重计所处深度上的土壤悬液的平均密度，单位为 g/L；1000mL 量筒（作沉降筒用）；带多孔平板的搅拌棒；500mL 三角瓶及带橡胶头的玻璃棒；100mL 的量筒；温度计；天平。

2.实验试剂

（1）0.5mol/L 六偏磷酸钠溶液：称取 51g 六偏磷酸钠 [(NaPO₃)₆，化学纯]，加蒸馏水溶解后，定容至 1000mL，摇匀。

（2）0.5mol/L 氢氧化钠溶液：称取 20g 氢氧化钠（NaOH，化学纯），加蒸馏水溶解后，定容至 1000mL，摇匀。

（3）0.5mol/L 草酸钠溶液：称取 33.5g 草酸钠（化学纯），加蒸馏水溶解后，定量至 1000mL，摇匀。

（4）2%碳酸钠溶液：称取 2g 碳酸钠（Na₂CO₃，化学纯）溶于 100mL 蒸馏水中。

软水制备：将 200mL 2%的碳酸钠（Na₂CO₃，化学纯）加入 15000mL 自来水中，待静置一夜澄清后，上部清液即为软水。2%的碳酸钠的用量视各地自来水的硬化度而定，硬化度越大，2%的碳酸钠的用量越多。

四、实验步骤

1.称样

称取过 2mm 筛的风干土 50.0g，置于 500mL 烧杯中，加软水湿润样品。

2.样品的分散

根据土壤 pH 值，分别选用下列分散剂。

石灰性土壤（50g 样品）：加 0.5mol/L 六偏磷酸钠溶液 60mL。

中性土壤（50g 样品）：加 0.5mol/L 草酸钠溶液 20mL。

酸性土壤（50g 样品）：加 0.5mol/L 氢氧化钠溶液 40mL。

在加入化学分散剂后，必须对样品进行物理分散，以保证土粒的充分分散。

本实验样品分散采用的方法如下。

用 100mL 的量筒量取分散剂六偏磷酸钠 60mL，向烧杯中加入 30mL 分散剂，静置片刻，使分散剂充分作用，然后用带橡胶头的玻璃棒研磨土样，研磨时间视土样而定，黏质土壤不少于 20min，壤质土壤和砂质土壤不少于 15min，使完全分散，然后把剩余的分散剂加入，并将烧杯中的分散好的土样转入 1000mL 量筒，用软水多次冲洗烧杯，使土样及分散剂全部转移至量筒。将盛有土样悬液的沉降筒用软水定容至 1000mL，沉降筒放在温度变化小的平稳的桌面上，注意避免有日光照射或强烈气流的地方。

用搅拌棒搅拌悬液，测悬液中部的温度，按表 5-8 中所列悬液温度与测定<0.01mm 粒径颗粒所需要沉降时间的关系，查出比重计读数的时间。上下搅动悬液 1min（约 30 次），使悬液均匀分散，搅拌的上下速度均匀，搅拌棒向下要触及沉降筒底部，使全部土粒能悬浮，搅拌棒向上时金属片不能露出液面，一般离液面 3～5cm 处即可，否则会使空气压入悬液，影响土壤开始的沉降速度。搅拌后如悬液中产生气泡，应滴加异戊醇消泡。搅拌器离开液面时开始计时，提前 30s 将比重计轻轻垂放悬液中，准备读数，到测定时间，立即读取比重计读数。需注意的是，因悬液浑浊，读数以液面上缘为准。

表 5-8 小于某粒径土粒沉降所需时间

温度 /℃	<0.05mm			<0.001mm			<0.005mm			<0.001mm		
	/h	/min	/s	/h	/min	/s	/h	/min	/s	/h	/min	/s
4		1	5		43		2	55		48		
6		1	2		40		2	50		48		
8		1	20		37		2	40		48		
10		1	18		35		2	25		48		
12		1	12		33		2	20		48		
14		1	10		31		2	15		48		
16		1	6		29		2	5		48		
18		1	2		27		1	55		48		
20			58		26	30	1	50		48		
22			55		25		1	50		48		
24			54		24		1	45		48		
26			51		23		1	35		48		
28			48		21		1	30		48		
30			45		20	23	1	28		48		
32			45		19		1	25		48		
34			44		18		1	20		48		
36			42		18	30	1	15		48		
38			9		17		1	15		48		
40			37		17	30	1	10		48		

3.仪器校正

（1）比重计校正

刻度与弯月面校正：由于比重计在制作时，刻度不易准确，故需校正，另外，当比重计玻璃杆上升形成弯月面高出悬液面，在测定时悬液面呈浑浊状，读数无法以悬液面为准，只能读弯月面上缘，故需加以弯月面校正。可将刻度与弯月面的校正合并进行。

根据表5-9中列的数量称取105℃烘干的氯化钠（二级）配制标准溶液各1L，将各溶液分别倒入1L沉降筒中，把待校正的比重计按溶液浓度由小到大的次序，在各标准溶液中进行实际测定，读数应以弯月面上缘为准。且溶液应多次读数，取其平均值，算出各读数的校正值。

表5-9　甲种比重计刻度及弯月液面校正记录表

20℃的比重计读数/(g/L)	20℃时标准溶液密度/(g/mL)	每升标准溶液中所需的NaCl/g	实验时温度/℃	校正时比重计测定平均读数	刻度及弯月面校正值
0	0.998232	0	20	−0.6	0.6
8	1.001349	4.55	20	4.0	1.0
10	1.004465	8.94	20	9.4	0.6
15	1.007582	13.30	20	15.1	−0.1
20	1.010698	17.79	20	20.2	−0.2
25	1.013815	22.30	20	25.0	0
30	1.016931	26.73	20	29.5	0.5
35	1.020048	31.11	20	34.5	0.5
40	1.023165	35.61	20	39.7	0.3
45	1.026281	40.32	20	44.4	0.6
50	1.029398	44.88	20	49.4	0.6
55	1.032514	49.56	20	54.4	0.6
60	1.035631	54.00	20	0.3	−0.3

（2）温度校正

土壤比重计都是在20℃时校正的，测定温度改变时，会影响比重计浮泡体积及水的密度，一般根据表5-10进行校正。

（3）土粒密度校正

比重计的刻度是以土粒密度为2.65g/cm³作标准的，土粒密度改变时，可将比重计读数乘以表5-11中相应土粒密度的校正值，即得校正后读数。一般情况下，当土粒密度变化差异不大时，比重计校正可以忽略不计。

（4）分散剂校正

$$分散剂校正值(g/L)=加入分散剂的毫升数×分散剂的物质的量浓度×$$
$$分散剂的摩尔质量×10^{-3}$$

采用0.5mol/L氢氧化钠溶液40mL时，分散剂校正值为0.80g/L。

采用0.5mol/L草酸钠溶液20mL时，分散剂校正值为0.67g/L。

采用0.5mol/L六偏磷酸钠溶液60mL时，分散剂校正值为3.06g/L。

表 5-10　甲种比重计温度校正表

温度/℃	校正值	温度/℃	校正值
6.0～8.5	−2.2	22.5	0.8
9.0～9.5	−2.1	23.0	0.9
10.0～10.5	−2.0	23.5	1.1
11.0	−1.9	24.0	1.3
11.5～12.0	−1.8	24.5	1.5
12.5	−1.7	25.0	1.7
13.0	−1.6	25.5	1.9
13.5	−1.5	26.0	2.1
14.0～14.5	−1.4	26.5	2.2
15.0	−1.2	27.0	2.5
15.5	−1.1	27.5	2.6
16.0	−1.0	28.0	2.9
16.5	−0.9	28.5	3.1
17.0	−0.8	29.0	3.3
17.5	−0.7	29.5	3.5
18.0	−0.5	30.0	3.6
18.5	−0.4	30.5	3.8
19.0	−0.3	31.0	4.0
19.5	−0.1	31.5	4.2
20.0	0	32.0	4.6
20.5	0.15	32.5	4.9
21.0	0.3	33.0	5.2
21.5	0.45	33.5	5.5
22.0	0.6	34.0	5.6

表 5-11　甲种比重计土粒密度校正值

土粒密度/(g/cm³)	校正值	土粒密度/(g/cm³)	校正值	土粒密度/(g/cm³)	校正值	土粒密度/(g/cm³)	校正值
2.50	1.0375	2.60	1.0118	2.70	0.9889	2.80	0.9650
2.52	1.0332	2.62	1.0070	2.72	0.9847	2.82	0.9648
2.54	1.0260	2.64	1.0023	2.74	0.9805	2.84	0.9611
2.56	1.0217	2.66	0.9977	2.76	0.9768	2.86	0.9575
2.58	1.0166	2.68	0.9933	2.78	0.9725	2.88	0.9540

五、实验数据记录与处理

1.数据记录

实验数据记录在表 5-12 中。

表 5-12　数据记录表

项目	平行 1	平行 2	平行 3	平均值
称取的风干土重/g				
实验所用土壤 pH				
土壤悬液温度/℃				

项目	平行1	平行2	平行3	平均值
查表所得的比重计读数时间/(h min s)				
比重计读数/(g/L)				

2.结果计算

校正后读数＝原读数＋比重计刻度弯面校正值＋温度校正值－分散剂校正值

小于 0.01mm 土粒含量（％）为：

$$小于 0.01mm 土粒含量 = \frac{校正后读数}{烘干土质量} \times 100\% \tag{5-13}$$

烘干土质量（g）为：

$$烘干土质量 = \frac{风干土质量}{1+吸湿水含量} \tag{5-14}$$

土壤质地分类如表 5-13～表 5-15 所示。

表 5-13 国际土壤质地分类

质地类别	质地名称	各级土粒质量/%		
		黏粒 （<0.002mm）	粉砂粒 （0.02～0.002mm）	砂粒 （2～0.02mm）
砂土类	砂土及壤质砂土	0～15	0～15	85～100
壤土类	砂质壤土	0～15	0～45	55～85
	壤土	0～15	30～45	40～55
	粉砂质壤土	0～15	45～100	0～55
黏壤土类	砂质黏壤土	15～25	30～0	55～85
	黏壤土	15～25	20～45	30～55
	粉砂质黏壤土	15～25	45～85	0～40
黏土类	砂质黏土	25～45	0～20	55～75
	壤质黏土	25～45	0～45	10～55
	粉砂质黏土	25～45	45～75	0～30
	黏土	45～65	0～35	0～55
	重黏土	65～100	0～35	0～35

表 5-14 卡庆斯基土壤质地分类

质地名称		物理性黏粒（<0.01mm）/%			物理性砂粒（>0.01mm）/%		
		灰化土类	草原土及 红黄壤类	碱土及碱 化土类	灰化土类	草原土及 红黄壤类	碱土及碱 化土类
砂土	松砂土	0～5	0～5	0～5	95～100	95～100	95～100
	紧砂土	5～10	5～10	5～10	90～95	90～95	90～95

质地名称		物理性黏粒(<0.01mm)/%			物理性砂粒(>0.01mm)/%		
		灰化土类	草原土及红黄壤类	碱土及碱化土类	灰化土类	草原土及红黄壤类	碱土及碱化土类
壤土	砂壤土	10～20	10～20	10～15	80～90	80～90	85～90
	轻壤土	20～30	20～30	15～20	70～80	70～80	80～85
	中壤土	30～40	30～45	20～30	60～70	55～70	70～80
	重壤土	40～50	40～60	30～40	50～60	40～55	60～70
黏土	轻黏土	50～65	60～75	40～50	35～50	25～40	50～60
	中黏土	65～80	75～85	50～65	20～35	15～25	35～50
	重黏土	>80	>85	>65	<20	<15	<35

表 5-15　中国制土壤质地分类

质地类别	质地名称	颗粒组成/%		
		砂粒 (粒径为 0.05～1.00mm)	粗粉粒 (粒径为 0.01～0.05mm)	细黏粒 (粒径<0.001mm)
砂土	极粗砂土	>80		<30
	重砂土	70～80		
	中砂土	60～70		
	轻砂土	50～60		
壤土	砂粉土 粉土	≥20	≥40	<30
	砂壤土 壤土	<20	<40	
黏土	轻黏土			30～35
	中黏土			35～40
	重黏土			40～60
	极重黏土			>60

六、注意事项

1. 在野外测定土壤质地时，可通过以下方法快速判读土壤质地。

（1）干试法

砂土：在手掌中研磨时有砂粒的感觉，放到手上会从指缝间自动流下，用手指碾时散碎；用肉眼观察则几乎完全由砂粒组成；土壤干燥时土粒分散，不成团。

砂壤土：在手掌中研磨时主要是砂的感觉，也有细土粒的感觉，用手指能碾成不完整的小片；用肉眼观察主要是砂粒，也有较细土粒；土壤干燥时土块用手指轻压则易碎。

轻壤土：在手掌中研磨时有相当量的黏质粒，用手指能碾成小片，但表面较为粗糙；用肉眼观察则主要是砂粒，有 20%～30% 的黏土粒；干燥时手指需用较大的力才能将土块破坏。

中壤土：在手掌中研磨时感觉砂质和黏质的比例大致相同，用手指碾成的小片光滑但不光亮；用肉眼观察则还可看到砂粒；干燥时土壤结成块且用手指难以将土块破坏。

重壤土：在手掌中研磨时感觉有少量的砂粒，用肉眼观察则几乎看不到砂粒，干燥时用手指不可能将土块弄碎。

黏土：在手掌中研磨时感觉主要是黏粒，是很细的匀质土，用肉眼观察则为匀质的细粉末，干燥时形成坚硬的土块，用锤击仍不能使其粉碎。

（2）湿试法

取小块土壤样品（比算盘珠略大些），用手指捏碎，拣掉土壤样品内的细砾、新生体和侵入体等，加入适量水（土壤加水充分湿润以挤不出水为宜，手感为似粘手又不粘手），调匀，放在手掌心用手指来回揉搓，按搓成球—成条—成环的顺序进行，最后将环压扁成土片，观察各个环节状况从而加以综合判断。

砂土：不能搓成条、团或球状、片状。

砂壤土：可搓成球但不可搓成条，勉强搓成条也极易裂成小片段。

轻壤土：可搓成条，但提起时易断。

中壤土：可搓成球、条，将细条弯成环状时有裂痕，压扁时断裂。

重壤土：可搓成球、条，将细条弯成环状时无裂痕，压扁时有大裂痕。

黏土：可搓成球、条，将细条弯成环状时无裂痕，压扁时也无裂痕。

2.除了本实验中介绍的比重计法，目前也可以用简易比重计法测定土壤质地。

（1）土样的分散处理

土壤比重计法测定土壤机械组成的原理就是采用各种方法，把土壤颗粒物按照它的粒径大小分成若干等级，并测出不同颗粒等级土壤颗粒物的含量，从而求出土壤的机械组成。一般而言，对于土壤粒径大于0.25mm的砂粒采用过筛的方法把它们逐级分离开来，对于土壤粒径较细的土粒筛分析有困难，而且结果也不精确，则需要通过制备悬液的方法进行沉降分离。

（2）分散剂

野外的土壤往往是许多大小不同的土粒相互胶结在一起形成微团粒体结构，在测定的时候需要对其进行分散处理，使其成为单粒状态，才能进行测定。华北地区的土壤中碳酸钙、硫酸钙等较多，均为阻碍土粒分散的物质，一般采用六偏磷酸钠作为分散剂，其主要作用是利用其弱酸性质来破坏含于土壤中的碳酸钙，溶解碳酸钙，并加入碱溶液，可使土壤絮凝和化学胶结等过程中所形成的稳固的微结构性团粒体受到破坏。对于不含碳酸盐的中性土壤可加入分散剂草酸钠，酸性土壤可加入氢氧化钠处理，分散剂加入的量可根据土壤的代换量决定，过少则分散不完全，过多则又会使之凝聚。为分散完全，除加入分散剂外，还必须对土壤样品加以振荡或煮沸。

（3）沉降与测定

当充分分散的土粒均匀地分布在静水中，由于重力的作用，土粒开始沉降，此时土粒受到重力、浮力和阻力三个力的作用，沉降一开始土粒速度增加，因此引起的阻力也随之增加，当重力、浮力和阻力达到平衡时，土粒开始作匀速沉降。

$$\rho_{悬} = \frac{\left(V_{悬} - \dfrac{W_{土}}{\rho_{水}}\right)\rho_{土} + W_{土}}{V_{悬}} \tag{5-15}$$

式中 $\rho_{悬}$——悬液密度，g/cm^3；

　　　$\rho_{水}$——水的密度，g/cm^3；

　　　$\rho_{土}$——土粒的密度（假定为2.65g/cm^3），g/cm^3；

　　　$V_{悬}$——悬液的容积，1000mL；

　　　$W_{土}$——悬液中土粒的质量，g。

测出悬液密度后，可以根据式（5-15）计算出悬浮土粒的质量，为了免去复杂的计算，鲍尤考斯设计了一种所谓甲种比重计，这种比重计可以直接读出悬液中所含有的土粒浓度（g/L）。因此，我们在测定过程中按照不同温度下土粒沉降时间（表5-8），直接测出所需粒径的土粒含量，再根据土壤质地的分类标准即可一般性地了解土壤质地。

七、思考题

1.基于卡钦斯基土壤质地分类标准，判断本实验所测定的土壤为何种土壤。

2.不同的土壤样品分散方法对土壤质地判断有什么影响？

实验六 土壤酸碱度的测定

一、实验目的

1.理解土壤酸碱度测定原理。

2.熟练掌握利用电位法测定土壤酸碱度的方法。

3.了解保护土壤资源的重要性，提出改良土壤酸碱性的建议。

二、实验原理

土壤酸碱度是土壤重要的基本性质之一，是土壤在其形成过程中受生物、气候、地质、水文等因素的综合作用所产生的重要属性，是土壤形成过程和熟化培肥过程的一个指标。土壤酸碱度对土壤中养分存在的形态和有效性，对土壤的理化性质、微生物活动以及植物生长发育都有很大的影响。

pH的化学定义是溶液中氢离子活度的负对数。土壤pH值是土壤酸碱度的强度指标。土壤pH值易测定，可作为土壤分类、利用、管理和改良的重要参考。同时，在土壤理化分析中，土壤pH值与许多测定项目的分析方法和测定结果都具有密切联系，因此土壤pH值是审查其他项目结果的一个依据。

土壤pH值测定液的浸提方法可分为水浸提和盐浸提，前者是直接用蒸馏水浸提土壤，测定的是土壤的活性酸度（碱度），后者则是用盐溶液浸提土壤测定pH值，测定值可大体上反映土壤的潜在酸。常采用的盐溶液包括 $1mol/L$ KCl 溶液和 $0.5mol/L$ $CaCl_2$ 溶液，利用这两种盐溶液浸提土壤的原理是利用 K^+ 或 Ca^{2+} 与土壤胶体表面吸附的 Al^{3+} 和 H^+ 发生交换。相对而言，盐浸pH值低于水浸pH值。

土壤pH值的测定方法主要包括比色法和电位法，其中，电位法精确度相对较高，pH值误差仅为0.02，已成为室内测定的常规方法。比色法常用于野外速测，精确度较差，pH值误差达0.5左右。因此，本实验采用电位法进行土壤pH值的测定。

在测定土壤pH值时，选择一个合适的水土比例非常重要。国际土壤学会规定水土比为2.5∶1，在我国例行分析中以1∶1、1∶2.5、5∶1较多，为使测定结果更接近田间的实际情况，水土比以1∶1或2.5∶1甚至饱和泥浆较好，盐土用5∶1。以合适比例的水溶液或盐溶液提取出土壤中水溶性的氢离子，平衡后，用pH计测定浸出液的pH值。

用pH计测定土壤悬浊液pH值时，常用玻璃电极为指示电极，甘汞电极为参比电极。当玻璃电极和甘汞电极插入土壤悬浊液时，构成一电池反应，两者之间产生一个电位差，由于参比电极的电位是固定的，因而该电位差的大小取决于溶液中的氢离子活度，氢离子活度的负对数即为pH值，可在pH计上直接读出pH值。

三、实验器材与试剂

1.实验器材

天平、玻璃棒、烧杯、pH计、温度计。

2.实验试剂

(1) pH 4.01 标准缓冲溶液：称取 105℃烘干的苯二甲酸氢钾（$KHC_8H_4O_4$，分析纯）10.21g，用蒸馏水定容至 1L，即为 pH 4.01，浓度 0.05mol/L 的苯二甲酸氢钾溶液。

(2) pH 6.87 标准缓冲溶液：称取在 45℃烘干的磷酸二氢钾（KH_2PO_4，分析纯）3.39g 和无水磷酸氢二钠（Na_2HPO_4，分析纯）3.53g（或用带 12 个结晶水的磷酸氢二钠，再经 120℃烘干成无水磷酸氢二钠备用）溶解在蒸馏水中，定容至 1L。

(3) pH 9.18 标准缓冲溶液：称取 3.80g 硼砂（$Na_2B_4O_7 \cdot 10H_2O$，分析纯），溶于无 CO_2 的冷水中，定容至 1L。此溶液的 pH 值易于变化，应注意保存。

(4) 1.0mol/L KCl 溶液：称取 74.6g 氯化钾（KCl，化学纯）溶于 400mL 水中，该溶液 pH 要在 5.5～6.0，然后稀释至 1L。

(5) 1.0mol/L $CaCl_2$ 溶液：称取 147.02g 氯化钙（$CaCl_2 \cdot 2H_2O$，三级）溶于 200mL 水中，定容至 1L。

(6) 0.01mol/L $CaCl_2$ 溶液：吸取 1.0mol/L $CaCl_2$ 溶液 10mL 于 500mL 烧杯中，加 400mL 水，用少量 $Ca(OH)_2$ 或 HCl 调节 pH 为 6 左右，然后定容至 1L。

四、实验步骤

1.待测液的制备

称取通过 2mm 筛孔的风干土样 10.00g 于 50mL 高型烧杯中，加入 25mL 无二氧化碳水或氯化钙溶液（中性、石灰性或碱性土测定用）。

用玻璃棒剧烈搅动 1～2min，静置 30min，此时应避免空气中氨或挥发性酸气体等的影响，然后用 pH 计测定。

2.仪器校正

把电极插入与土壤浸提液 pH 接近的缓冲液中，使标准溶液的 pH 值与仪器标度上的 pH 值相一致。然后移出电极，用水冲洗、滤纸吸干后插入另一标准缓冲液中，检查仪器的读数。最后移出电极、用水冲洗、滤纸吸干后待用。

五、实验数据记录与处理

1.数据记录

实验数据记录于表 5-16 中。

表 5-16　数据记录表

名称	平行1	平行2	平行3	平均值
测定的 pH 值				

2.结果处理

依据表 5-17 得出所测土壤为何种土壤。

表 5-17　土壤酸碱度分级

酸碱度分级	极强酸性	强酸酸性	酸性	弱酸性	中性
土壤 pH 值	<4.5	4.5～5.5	5.5～6.0	6.0～6.5	6.5～7.0
酸碱度分级	弱碱性	碱性	强碱性	极强碱性	
土壤 pH 值	7.0～7.5	7.5～8.5	8.5～9.5	>9.5	

六、注意事项

1. 玻璃电极不测油液，在使用前应在 0.1mol/L NaCl 溶液或蒸馏水中浸泡 24h 以上。

2. 甘汞电极中灌注的一般为 KCl 饱和溶液，若发现电极内无 KCl 结晶，应从侧面投入一些 KCl 结晶体，以保持溶液的饱和状态；不使用时，应将电极放在 KCl 饱和溶液或干净的纸盒中保存。

3. 玻璃电极的球体玻璃膜极薄，仅 0.05～0.15mm，使用时应避免碰到烧杯壁、烧杯底部及其他任何坚硬物品。

4. 在测定时，将电极插入试样的悬浊液时，应注意去除电极表面的气泡。

5. 土壤 pH 值的测定每个待测样品应设置至少两个平行，且每次平行测定结果的允许误差为 0.3。

6. 混合指示剂法可用于野外快速测定土壤 pH 值，方法介绍如下。

（1）方法原理：指示剂在不同 pH 值的溶液中可以显示不同的颜色，因此根据溶液颜色变化即可测定溶液的 pH 值。混合指示剂实质是几种酸碱指示剂的混合液，可以在一定 pH 值范围内，显示出一系列不同 pH 值对应的颜色，故可以测定一定范围内的土壤 pH 值。

（2）操作步骤：取适量待测土壤放入比色瓷盘孔内，比色瓷盘在室内应保持干燥清洁，野外测定前可用待测液擦拭瓷盘。滴入 8 滴混合指示剂并轻轻晃动瓷盘，使土粒与指示剂充分接触，约 1min 后，将比色瓷盘倾斜并用盘孔边缘显示的颜色与 pH 比色卡相比较，以此来估读土壤 pH 值。

（3）pH 4～11 混合指示剂的配制：称取 0.2g 甲基红，0.4g 溴百里酚蓝，0.8g 酚酞，在玛瑙研钵中研磨混合均匀，然后将混匀的固体溶于 400mL 95% 的乙醇中，加蒸馏水 580mL，并用 0.1mol/L NaOH 将溶液 pH 值调至 7，混合液呈草绿色，用 pH 计或标准溶液校正，最后将混合液定容至 1000mL，颜色及对应的 pH 值如表 5-18 所示。

表 5-18 混合指示剂颜色及对应的土壤 pH 值

pH	4	5	6	7	8	9	10	11
颜色	红	橙	黄（稍带绿）	草绿	绿	暗蓝	紫蓝	紫

七、思考题

1. 土壤 pH 值的测定什么情况下需要用盐溶液浸提？

2. 水溶液和盐溶液浸提土壤溶液测定 pH 值有何区别？

实验七 土壤氧化还原电位的测定

一、实验目的

1. 了解电极法测定土壤氧化还原电位的原理。

2. 学会用电极法测定土壤的氧化还原电位。

3. 了解土壤氧化还原电位对土壤中污染元素形态转化的影响。

二、实验原理

土壤的成土过程，特别是水稻土的形成与氧化还原条件直接有关。土壤的氧化还原电位是土壤氧化还原状态的强度指标，土壤的氧化还原状况能够对土壤中复杂的化学和生物化学过程起到重要影响。而土壤溶液的氧化还原状态往往取决于土壤空气中的氧含量，因此测定土壤的氧化还原电位可以大致了解土壤的通气状况。其次，土壤的氧化还原电位还能够影响土壤中氮、磷养分的转化，这是由于土壤在还原条件下有机氮矿化可使铵态氮积累和硝态氮消失，并使土壤磷的有效性提高。另外，某些水稻土中是否会出现硫化氢、亚铁、有机酸等毒害物质都与土壤的氧化还原状态有关。因此，测定土壤氧化还原电位对了解土壤养分元素及毒害元素的周转具有重要意义。

土壤中的无机组分和有机组分都可参与氧化还原过程，氧化还原过程的实质即是电子得失反应，失电子过程即是氧化，得电子过程则为还原。

在测定氧化还原电位时，将铂电极和甘汞电极插入到土壤中，两者即可相互构成电池，其中，铂电极作为传递电子的导体，可发生还原物质的氧化和氧化物质的还原，从而使得铂电极既可以得电子也可以失电子。这两种趋势会同时存在，但方向相反，当两种趋势平衡时就可确定铂电极的电位大小。通常采用氧化还原电位计或酸度计测定电位差值，依据饱和甘汞电极在不同温度时的电位值，即可算出铂电极的电位，即土壤的氧化还原电位，用 E_h 表示。

三、实验器材与试剂

1.实验器材

铂电极；饱和甘汞电极；电极架（用于将铂电极和饱和甘汞电极固定在带夹子的架上，夹子可上下移动，以便于操作）；氧化还原电位计或酸度计；温度计（用于测土壤或水溶液温度）。

2.实验试剂

（1）酸性重铬酸钾洗液：准确称取50g分析纯的重铬酸钾，加热溶于100mL蒸馏水中，冷却后边搅边缓慢加入900mL浓硫酸。

（2）脱膜溶液 $[c(HCl)=0.2mol/L，c(NaCl)=0.1mol/L]$：量取8.5mL浓盐酸，倒入400mL蒸馏水中，再加入2.92g氯化钠，搅匀后定容到500mL。

（3）pH 4.01缓冲溶液：称取经105℃烘干的10.21g苯二甲酸氢钾（$KHC_8H_4O_4$）溶于蒸馏水中并定容至1L。

（4）氧化还原标准缓冲液：在30mL pH 4.01缓冲液中，加入少量醌氢醌固体粉末，使溶液中有不溶的固体存在。

（5）氯化钾饱和溶液：称取氯化钾（KCl）35g，溶于100mL蒸馏水中，搅匀后仍有固体KCl存在。

（6）固体亚硫酸钠 Na_2SO_3、醌氢醌。

四、实验步骤

1.将铂电极和饱和甘汞电极固定在电极架上，并分别与氧化还原电位计或酸度计的接线柱的正、负端相连（铂电极接正极，甘汞电极接负极），选择开关置于"+mV"挡。

2.然后将两电极插入土壤或其他介质中，平衡2min或10min后读数。如土壤 E_h 值低于甘汞电极电位，指针向负偏转，可将电极极性开关改为"−mV"挡进行读数。如仪器没有极性开关，可变换电极位置，使铂电极接负极，甘汞电极接正极。

3.在野外测定时，可以不用电极架，直接将铂电极和饱和甘汞电极插入土中，两者距离尽量靠近些。为抓紧时间，一般平衡2min后读数，但测定误差较大。

4.在室内或测定精度要求较高时，则应将平衡时间延长到10min，使之充分平衡，其相对标准是，5min的电位值变动不超过1mV。

5.测定的重复次数要根据所要代表的范围和土壤均匀的程度来确定，一般约测5～10次。

6.在进行重复测定时，取出的铂电极要用水洗净，再用滤纸吸干，然后插入另一点进行测定。

7.在饱和甘汞电极需移位时，其前端盐桥（指与土壤接触的前端砂芯）处，应洗干净，并在氯化钾饱和溶液中稍加浸泡。

8.为了换算和pH校正的需要，在测氧化还原电位的同时，还要测定温度和pH值。

五、实验数据记录与处理

1.数据记录

实验数据记录在表5-19中。

表5-19　数据记录表

项目	平行1	平行2	平行3	平均值
$E_{h测出}$				
$E_{h饱和甘汞电极}$				
$E_{h土壤}$				

2.结果计算

依据上述实验步骤，在仪器上读取测定的氧化还原电位值（$E_{h测出}$），这一数值表示测定时刻土壤中可溶性氧化还原物质在铂电极上建立的电位（$E_{h土壤}$）与饱和甘汞电极的电位值（$E_{h饱和甘汞电极}$）之差［式（5-16）］，因此需根据式（5-17）进行换算：

$$E_{h测出}=E_{h土壤}-E_{h饱和甘汞电极} \tag{5-16}$$
$$E_{h土壤}=E_{h饱和甘汞电极}+E_{h测出} \tag{5-17}$$

当选择开关的极性改变为－mV或铂电极为负极、甘汞电极为正极时，E_h测出为负值。

饱和甘汞电极的电位在不同温度下对应不同的电位值（表5-20），从表中可查到不同温度下的饱和甘汞电位值，也可以在0～40℃内，利用公式$E_t=244+0.65(25-t℃)$计算不同温度下的饱和甘汞电极的电位值。

表5-20　饱和甘汞电极在不同温度时的电位值

温度/℃	E/mV	温度/℃	E/mV
0	260	24	244
5	257	26	243
10	254	28	242
12	252	30	240
14	251	35	237
16	250	40	234
18	248	45	231
20	247	50	227
22	246		

六、注意事项

1.一定的氧化还原体系中，E_h值与pH值之间具有特定的相应变化关系，当在不同pH

值的土壤中测定 E_h 时，需换算成同一 pH 值时的 E_h 值后进行对比，即根据因 pH 值改变而引起 E_h 值相应的变化进行校正，常用 $\Delta E_h/\Delta pH$ 作为校正因素。目前默认的 $\Delta E_h/\Delta pH = -60mV$ （30℃）。

2. 铂电极在使用前需进行表面氧化膜脱膜处理。具体处理方法为：将铂电极浸入 25mL 脱膜溶液中，加热至微沸后加入少量的 Na_2SO_3 固体（100mL 溶液中加 0.2g 左右），保温并维持约 30min，冷却后将电极用蒸馏水洗净。如在室温下进行，则需浸泡半天以上，中间仍需加同量的 Na_2SO_3 2~3 次。脏的或用久的铂电极在作脱膜处理前，最好先用酸性重铬酸钾洗液浸泡 30min。表面处理完毕后，铂电极还需在氧化还原标准缓冲液（配法见试剂部分）中，检验电极电位是否准确。即将铂电极和饱和甘汞电极插入该缓冲液中，测定其组成的电池的电动势 $E(mV)$，由下式计算出该温度（t）时的 pH 值：

$$pH = \frac{455 - 0.09(t-25) - E}{59.1 + 0.2(t-25)} \tag{5-18}$$

其中，实测出 E 值后，代入式（5-18）中，并通过表 5-21 与该温度下缓冲液的 pH 值之差应小于 0.04。若差值较大，应重新对铂电极进行脱膜处理，并重新检验。

苯二甲酸氢钾溶液 $[c(COOHC_6H_4COOK) = 0.05mol/L]$ 在不同温度时的 pH 值见表 5-21。

3. 在多次测定土壤后，应将饱和甘汞电极前端擦干净外并在氯化钾饱和溶液中浸泡一下，以恢复盐桥液接状态。如果用于测定某些污染土壤（如含大量 S^{2-}），应改用双液接盐桥，在外套管内灌注氯化钾饱和溶液。

4. E_h 的测定最好在田间直接测定，如需带回室内测定时，应当用大的塑料盒或铝制饭盒采取原状土一块，立即用胶布或石蜡密封盒口，并迅速带回室内，打开盒盖后先用洁净小刀刮去表土数毫米，再立即插入电极进行测定。

5. 测定时的平衡时间对结果影响很大，在田间测定时可规定电极插入后 2min 读数。在条件许可时采用预先平衡的办法，把电极预先插入要测的土壤中，30min 后或更长时间再进行测定。

表 5-21 苯二甲酸氢钾溶液在不同温度时的 pH 值

温度/℃	pH 值	温度/℃	pH 值
0	4.003	30	4.015
5	3.999	35	4.024
10	3.998	38	4.030
15	3.999	40	4.035
20	4.002	45	4.047
25	4.008	50	4.060

6. 对不同土壤，不同土层，或同一土层中不同部位进行系列比较测定时，应估计 E_h 的变异范围，如变动不大可用同一支电极测定。对于还原性很强的土壤，即使 E_h 变异不大，最好也不用同一支电极测定，此时可用几支电极测定或将电极处理后再用。铂电极有滞后现象，当测过 E_h 较高的土壤的电极，用水洗净后再测 E_h 值较低的土壤时，结果偏高；相反结果又偏低，而且后一种情况下影响似乎更大。

7. 在田间测定时如使用高阻抗的 pH 计时，两电极间距从小于 1cm 到 3cm 以上，所测

E_h 没有多少变化，但距离增大将增加线路中的电阻。

8.测定时需重复 5 次左右，耕作土壤表层需重复 7～9 次，取平均值。

9.在测定很干的土壤或旱地土壤时，电极与土体难以紧密接触，可以用一些蒸馏水使之湿润，稍停后再行测定。

七、思考题

1.在 24℃时铂电极测得的 E_h 值为 -267mV，则土壤的 E_h 值为多少？

2.铂电极在使用前为何要进行脱膜处理？

实验八　土壤有机质的测定

一、实验目的

1.掌握土壤有机质的测定方法。

2.了解土壤有机质对土壤养分及结构的重要影响。

二、实验原理

有机质在土壤中的含量虽少，但却是土壤的重要组成部分，且对土壤肥力具有重要作用。有机质不仅含有各种养分元素并且能够为微生物的生命活动提供能源。土壤有机质对土壤的水、肥、气、热等各种肥力因素起着重要的调节作用，对土壤结构、耕性也有重要的影响。因此，土壤有机质的含量是评价土壤肥力的重要指标之一，是土壤学中的常用分析指标。

目前，测定土壤有机质的方法很多，包括重量法、滴定法和比色法等。

重量法包括干烧法和湿烧法，这种方法能够准确测定不含碳酸盐的土壤，但该种方法需基于特殊的仪器设备，且操作烦琐耗时，因此一般不作为例行方法来应用。

重铬酸钾氧化还原滴定法是滴定法中应用最为广泛的方法，此种方法无须特殊仪器设备，并且操作简单快速，不受土壤中碳酸盐干扰，测定结果准确可靠。

重铬酸钾氧化还原滴定法按照加热方式的不同可以划分为外加热法（Schollenberger 法）和稀释热法（Walkley-Baclk 法），前者操作相对烦琐，但能够完全氧化有机质（是干烧的 90%～95%）；后者操作简便，但对有机质的氧化程度只有干烧法的 70%～86%，并且精密度高，测定受室温的影响较大。

比色法是利用被土壤还原成 Cr^{3+} 的绿色或在测定中氧化剂 $Cr_2O_7^{2-}$ 橙色的变化，因而可以用比色法进行测定，但比色法测定结果准确性差。

因此本实验选用外加热重铬酸钾氧化还原滴定法。

在外加热的条件下（油浴温度为 180℃，沸腾 5min），用一定浓度的重铬酸钾-硫酸溶液氧化土壤中有机质（碳），剩余的重铬酸钾用硫酸亚铁来滴定，从所消耗的重铬酸钾量，计算有机碳的含量，本方法测得的结果只能氧化 90% 的有机碳，因此，测得的有机碳乘以1.1，以计算有机质含量。

在氧化和滴定过程中的化学反应如下：

$$2K_2Cr_2O_7+8H_2SO_4+3C \longrightarrow 2K_2SO_4+2Cr_2(SO_4)_3+3CO_2+8H_2O \quad (5-19)$$

$$K_2Cr_2O_7+6FeSO_4+7H_2SO_4 \longrightarrow K_2SO_4+Cr_2(SO_4)_3+3Fe_2(SO_4)_3+7H_2O \quad (5-20)$$

用重铬酸钾氧化还原滴定法测定土壤有机质实质即是测定"可氧化的有机碳"，因此，计算结果需要乘相应的有机碳与有机质的换算系数。换算系数取决于土壤有机质的含碳率。

各地土壤有机质的组成不同，因此含碳量存在一定差异，若用同一换算系数，则会产生一定的误差，但为了便于各地资料的相互比较和交流，有必要统一使用一个公认的换算系数，目前国际上基于土壤有机质含碳为 58% 的假设，统一使用的换算系数为 "Van Bemmelen" 因数，即 1.724。

三、实验仪器与试剂

1.实验器材

三角瓶、硬质试管、油浴消化装置（包括油浴锅和铁丝笼）、可调温电炉、秒表、温度计、天平（感量 0.001g）。

2.实验试剂

(1) 0.8000mol/L （1/6$K_2Cr_2O_7$）标准溶液：称取经 130℃ 烘干的重铬酸钾（$K_2Cr_2O_7$，GB/T 642—1999，分析纯）39.2245g 溶于水中，定容至 1L。

(2) H_2SO_4：浓硫酸（H_2SO_4，GB/T 625—2007，分析纯）。

(3) 0.2mol/L $FeSO_4$ 溶液：称取硫酸亚铁（$FeSO_4 \cdot 7H_2O$，GB/T 664—2011，化学纯）56.0g 或硫酸亚铁铵 [$Fe(NH_4)_2(SO_4) \cdot 6H_2O$] 79g 于水中，加浓硫酸 5mL，稀释至 1L。

(4) 邻菲咯啉指示剂：称取邻菲咯啉（GB/T 1293—89，分析纯）1.485g 与 $FeSO_4 \cdot 7H_2O$ 0.695g，溶于 100mL 水中。

(5) 2-羧基代二苯胺指示剂：称取 0.25g 2-羧基代二苯胺于小研钵中研细，然后倒入 100mL 小烧杯中，加 0.1mol/L NaOH 溶液 12mL，并用少量水将研钵中残留的试剂冲洗入 100mL 烧杯中，将烧杯放在水浴上加热使其溶解，冷却后稀释定容到 250mL，放置滤清或过滤，用其清液。

(6) SiO_2：二氧化硅（SiO_2，分析纯），粉末状。

(7) Ag_2SO_4：硫酸银（Ag_2SO_4，HG 3-945—76，分析纯），研成粉末。

四、实验步骤

1.称取通过 0.149mm （100 目）筛孔的风干土样 0.1～1g（精确到 0.0001g），放入干燥的硬质试管中，用移液管准确加入 0.8000mol/L （1/6$K_2Cr_2O_7$）标准溶液 5mL（如果土壤中含有氯化物需先加 Ag_2SO_4 0.1g），用注射器加 5mL 浓 H_2SO_4，充分摇匀，管口盖上弯颈小漏斗，以冷凝蒸出水蒸气。

2.将 8～10 个试管放入自动控温的铝块管座中（试管内的液温控制在约 170℃）[或将 8～10 个试管盛于铁丝笼中（每笼中均有 1～2 个空白试管），放入温度为 185～190℃ 的石蜡油浴锅中，要求放入后油浴温度下降至 170～180℃ 左右，以后必须控制电炉，使油浴锅内温度始终维持在 170～180℃]，待试管内液体沸腾发生气泡时开始计时，煮沸 5min，取出试管（用油浴法，稍冷，擦净试管外部油液）。

3.冷却后，将试管内容物倒入 250mL 三角瓶中，用水洗净试管内部及小漏斗，使三角瓶内溶液体积为 60～70mL，保持混合液中（1/2H_2SO_4）浓度为 2～3mol/L，然后加入 2-羧基代二苯胺指示剂 12～15 滴，此时溶液呈棕红色。

4.用标准的 0.2mol/L 的硫酸亚铁滴定，滴定过程中不断摇动内容物，直至溶液的颜色由棕红色经紫色变为暗绿色（灰蓝绿色），即为滴定终点。如用邻菲咯啉指示剂，加指示剂 2～3 滴，溶液的变色过程中由橙黄经蓝绿色变为砖红色即为滴定终点。记取 $FeSO_4$ 滴定毫升数（V）。

5.每一批（即上述每铁丝笼或铁块中）样品测定的同时，进行 2～3 个空白实验，即取

0.500g 粉状二氧化硅代替土样，其他步骤与试样测定相同。记取 $FeSO_4$ 滴定毫升数（V_0），取其平均值。

五、实验数据记录与处理

1. 数据记录

实验数据记录在表 5-22 中。

表 5-22 数据记录表

项目		平行 1	平行 2	平行 3	平均值
空白	硫酸亚铁初始体积/mL				
	滴定终点硫酸亚铁体积/mL				
待测样品	土壤称样量/g				
	硫酸亚铁初始体积/mL				
	滴定终点硫酸亚铁体积/mL				

2. 结果计算

$$土壤有机碳(g/kg) = \frac{\frac{C \times 5}{V_0} \times (V_0 - V) \times 10^{-3} \times 3.0 \times 1.1}{烘干土重} \times 1000 \qquad (5-21)$$

式中 C——0.8000mol/L（$1/6 K_2Cr_2O_7$）标准溶液的浓度，mol/L；

5——重铬酸钾标准溶液加入的体积，mL；

V_0——空白滴定用去的 $FeSO_4$ 的体积，mL；

V——样品滴定用去的 $FeSO_4$ 的体积，mL；

3.0——1/4 碳原子的摩尔质量，g/mol；

1.1——氧化校正系数。

$$土壤有机质(g/kg) = 土壤有机碳(g/kg) \times 1.724 \qquad (5-22)$$

六、注意事项

1. 含有机质高于 50g/kg 者，称土样 0.1g，含有机质为 20～30g/kg 者，称土样 0.3g，少于 20g/kg 者，称 0.5g 以上。由于称样量少，称样时应用减重法以减少称样误差。

2. 土壤中氯化物的存在可使结果偏高。因为氯化物也能被重铬酸钾所氧化，因此，盐土中有机质的测定必须防止氯化物的干扰，少量氯可加少量 Ag_2SO_4，使氯离子沉淀下来（生成 AgCl）。Ag_2SO_4 的加入，不仅能沉淀氯化物，而且有促进有机质分解的作用。据研究，当使用 Ag_2SO_4 时，校正系数为 1.04，不使用 Ag_2SO_4 时校正系数为 1.1。Ag_2SO_4 的用量不能太多，约加 0.1g，否则生成 $Ag_2Cr_2O_7$ 沉淀，影响滴定。

3. 对于水稻土、沼泽土和长期渍水的土壤，由于土壤中含有较多的 Fe^{2+}、Mn^{2+} 及其他一些还原性物质，它们也消耗 $K_2Cr_2O_7$，可使结果偏高，对这些样品必须在测定前充分风干。一般可把样品磨细后，铺成薄薄一层，在室内通风处风干 10 天左右即可使全部氧化。长期沤水的水稻土，虽经几个月风干处理，样品中仍有亚铁反应，对这种土壤，最好采用铬酸磷酸湿烧-测定二氧化碳法。

4. 这里为了减少 0.4mol/L（$1/6 K_2Cr_2O_7$）-H_2SO_4 溶液的黏滞性带来的操作误差，准确加入 0.8000mol/L($1/6K_2Cr_2O_7$) 水溶液 5mL 及浓 H_2SO_4 5mL，以代替 0.4mol/L($1/6K_2Cr_2O_7$) 溶液，以防止由于碳酸钙的分解而引起激烈发泡。

5.最好不采用植物油，因它也可被重铬酸钾氧化，而可能带来误差。而矿物油或石蜡对测定无影响。油浴锅预热温度，当气温很低时应高一些（约 200℃）。铁丝笼应该有脚，使试管不与油浴锅底部接触。

6.用矿物油虽对测定无影响，但空气污染较为严重，最好采用铝块（有试管孔座的）加热自动控温的方法来代替油浴法。

7.必须在试管内溶液表面开始沸腾才开始计算时间。掌握沸腾的标准尽量一致，然后继续消煮 5min，消煮时间对分析结果有较大的影响，故应尽量计时准确。

8.消煮好的溶液颜色，一般应是黄色或黄中稍带绿色，如果以绿色为主，则说明重铬酸钾用量不足。在滴定时消耗硫酸亚铁量小于空白用量的 1/3 时，有氧化不完全的可能，应弃去重做。

七、思考题

已知土壤有机质含量为 10.324g/kg，在本实验中，空白消耗的 $FeSO_4$ 为 18.12mL，土样所消耗的 $FeSO_4$ 为 14.15mL，土壤吸湿水含量为 1.136%，则该实验需要称土多少克？

第二节 综合性实验

实验一 土壤中重金属含量分析实验

一、实验目的

1.学习并掌握含重金属的土壤样品的处理方法。

2.学习并掌握土壤中重金属的测定分析方法。

3.了解土壤重金属污染的危害并提出修复重金属污染土壤的建议。

二、实验原理

近年来，随着冶金、建筑、化工等诸多行业的快速发展，含重金属的污染物通过各种途径进入土壤，造成严重的土壤污染。土壤重金属污染可导致农作物产量和质量的下降，并通过食物链危害人类的健康，也可以导致大气和水环境质量的进一步恶化。

2014 年环保部的调查数据显示，我国土壤镉污染的点位超标率高达 7%，而汞、砷、铅等重金属污染的点位超标率分别为 1.6%、2.7% 及 1.5%。土壤中较高的重金属含量会对食品安全产生严重威胁，以镉污染为例，镉污染已对我国稻米品质产生严重威胁。

测定土壤或植物中的重金属含量首先需要利用强酸将土壤或植物样品进行消解，即土壤或植株样品经混合酸氧化消解有机组分，其中，土壤样品需利用氢氟酸进一步破坏土壤中的硅氧矿质组分，消煮液用无焰原子吸收光谱法（石墨炉）或火焰原子吸收光谱法进行测定，同时进行多元素测定时，可利用等离子发射光谱法（ICP）进行测定。

三、实验器材与试剂

1.实验器材

聚四氟乙烯坩埚、电热板、25mL 容量瓶、天平（感量 0.001g）。

2. 实验试剂

优级纯及分析纯的硝酸、优级纯的高氯酸以及优级纯的氢氟酸。

四、实验步骤

1. 准确称取过 100 目筛的风干土壤样品 0.5000g 于 30mL 聚四氟乙烯坩埚中，滴入适量超纯水湿润后加入 5mL 硝酸∶高氯酸（1∶1，体积比）混合酸和 10mL 氢氟酸，放置过夜后砂浴消解。

2. 消解过程。先于 100℃ 低温下消化 1h，然后升温至 200℃ 消化 1h 后升温至 240～250℃，继续消解至冒大量白烟，再次加入 5mL 混合酸和 5mL 氢氟酸，继续消解至溶液澄清并剩余约 2mL。如溶液仍浑浊发黄则继续补加氢氟酸，直至消煮完全。用 0.5％ 的硝酸溶液定容，并过滤。

3. 溶液中的样品用石墨炉原子吸收、火焰原子吸收或 ICP-MS 进行测定。

4. 同时利用 1000μg/mL 的重金属标液，用 0.5％ 的硝酸溶液配制 0μg/mL、0.05μg/mL、0.10μg/mL、0.20μg/mL、0.40μg/mL、0.80μg/mL、1.00μg/mL 的重金属溶液进行镉标准曲线的测定。

5. 另外，为了保证实验数据的准确可靠性，需利用国家标准物质，即已知重金属含量的标准土壤样品在相同测定方法下进行消解及重金属浓度测定，以计算标准样品的重金属回收率，通常，标准样品的回收率应在 80％～120％。

五、实验数据记录与处理

1. 数据记录

实验数据记录在表 5-23 中。

表 5-23　数据记录表

样品名称		测定浓度/(mg/L)
空白		
标准曲线	浓度 1	
	浓度 2	
	浓度 3	
	浓度 4	
	浓度 5	
	浓度 6	
标准样品	标样 1	
	标样 2	
	标样 3	
待测液	平行 1	
	平行 2	
	平行 3	
待测液测定浓度平均值		

2. 数据处理

$$C = \frac{C_1 \times 25}{m}$$

(5-23)

式中　C——土壤样品中的重金属浓度，mg/kg；

$\quad\quad$ C_1——测定液中的重金属浓度，mg/L；

$\quad\quad$ m——土壤样品质量，g。

$$标液回收率 = \frac{C_2 \times 25}{m_1} \div C_标 \tag{5-24}$$

式中　C_2——标液测定浓度，mg/L；

$\quad\quad$ $C_标$——标样中的重金属浓度，mg/kg；

$\quad\quad$ m_1——标准样品称样量，g。

六、注意事项

1.应使用玛瑙研钵对土壤样品进行研磨，并使用塑料筛对研磨后的土壤进行过筛处理，以降低研磨及过筛过程中重金属杂质对土壤分析的影响。

2.消解中用到的聚四氟乙烯坩埚及盛放混酸的玻璃容器等都需要在使用前在10%的硝酸中浸泡至少12h，并用超纯水洗净备用。

3.需严格按照步骤中的前后顺序加入相应的酸，加酸过程中应在通风橱中进行，并佩戴护目镜及防强酸手套进行操作。

4.消解过程中，应在样品冒大量白烟的时候进行查看并添加相应的酸，为防止喷溅，应将坩埚移至电炉以外的通风橱区域，待坩埚中的液体冷却后再加酸。

5.用于计算回收率的国家标准物质的选择应尽量与待测样品接近，包括土壤样品的质地、外观颜色及所含的重金属含量。

七、思考题

1.土壤重金属含量的分析过程中哪些步骤会影响回收率？

2.标准样品的回收率应在80%～120%，有什么含义？

实验二　土壤中有机污染物含量分析实验

一、实验目的

1.学习并掌握测定有机污染物含量的土壤样品的处理方法。

2.学习并掌握土壤中有机污染物的测定分析方法。

3.了解土壤有机污染的危害及相关防治措施。

二、实验原理

石油对土壤的污染因其具体成分的不同而使其所污染的土壤呈现不同的特征。石油成分往往十分复杂，故土壤石油污染的情况也非常复杂，此外这种复杂性往往又与被污染土壤结构组成成分的复杂性交织，导致污染的特性的复杂性和后果的复杂性等。

此外，土壤的石油污染一个最大的表现特征为土壤表里的贯通性，石油往往灌满于一定面积上、一定深度土壤中的几乎所有孔隙，堵塞绝大多数的土壤气孔，同时由于石油的黏稠性，石油在土壤中将原本散状的土壤颗粒，胶黏在一起，改变了土壤原有的结构特征，不利于土壤中的微生物的生长和繁殖，也不利于土壤中植物根系的生长与对土壤有机物的吸收和输运，加剧了对土壤的污染。我国所有的油田，因其对石油的开采技术与管理的缺失在不同的程度上都存在石油对土壤的污染问题。

石油类物质从化学结构看主要含 CH_3、CH_2、苯环三种基团，其组成中的任一化合物均可由三种基团拼装而成。红外光谱法是根据这三种基团中的不同C—H键伸缩振动分别在红外光谱区 2930cm^{-1}、2960cm^{-1}、3030cm^{-1} 附近有相应吸收峰，以各类基团的吸光系数为权，相应的吸光度值 A 为权重，加权累计来对土壤中石油类物质进行定量分析。

其基本数学模型为：

$$C = x \times A_{2930} + y \times A_{2960} + z \times (A_{3030} - A_{3030}/F) \tag{5-25}$$

式中　C——溶剂中石油类含量的吸收值；

x，y，z——　—CH$_2$—、—CH$_3$、芳环中的C—H键的吸光度相对应的校正系数；

F——脂肪烃对芳香烃影响的校正系数。

三、实验仪器与材料

250mL 锥形瓶、摇床、离心机、通风橱、0.45μm 滤膜、红外分光光度仪、比色皿、硅酸镁吸附柱、含玻璃纤维滤膜的漏斗。

四、实验步骤

1.待测样品前处理

称取 1g 土壤样品于 50mL 比色皿中，加入 20mL 四氯化碳，密封并超声 30min，静置 10min 后经玻璃纤维滤膜的漏斗过滤将萃取液转移，并定容至 50mL。定容后的萃取液经硅酸镁吸附柱过滤，弃去前 5mL 溶液，将剩余滤液接入样品瓶中，用红外光谱仪进行测定。

2.校正系数的测定

校正系数随仪器精度、操作条件的不同而不同，对于同一仪器，在特定条件下，x、y、z、F 保持相对稳定。以四氯化碳为溶剂，按比色皿量程，配制不同浓度的正十六烷、异辛烷和苯溶液。以纯四氯化碳作参比，分别在不同比色皿量程下，测量正十六烷、异辛烷和苯溶液在 2930cm^{-1}、2960cm^{-1}、3030cm^{-1} 处的吸光度 A_{2930}、A_{2960}、A_{3030}。以三波长红外数学模型公式，解联立方程，计算出该仪器不同使用条件下的校正系数。

3.工作曲线的绘制

（1）高浓度标液

分别从配制好的 1.00g/L 标液中取 0mL、0.4mL、1.0mL、2.0mL、4.0mL 置于各个 100mL 容量瓶中，再用四氯化碳定容，浓度分别为 0mg/L、4mg/L、10mg/L、20mg/L、40mg/L。

（2）低浓度标液

分别取 100mg/L 标液 0mL、0.2mL、0.4mL、0.8mL、1.6mL、2.2mL 置于各个 50mL 容量瓶中，用四氯化碳定容，浓度分别是 0mg/L、0.4mg/L、0.8mg/L、1.6mg/L、3.2mg/L、6.4mg/L。

五、实验数据记录与处理

记录测定的各个项目的吸光度值（表 5-24、表 5-25），并代入到式（5-24）中进行计算。

表 5-24　测定校正系数

设定波长	吸光度值	校正系数
A_{2930}		
A_{2960}		
A_{3030}		

表 5-25　标线测定

项目	浓度值/(mg/L)	吸光度值
高浓度标液	0	
	4	
	10	
	20	
	40	
低浓度标液	0	
	0.4	
	0.8	
	1.6	
	3.2	
	6.4	

六、注意事项

1.在超声提取的过程中，应保持容器密封并控制好温度，防止试剂挥发造成待测组分的损失。

2.硅镁吸附柱使用前应轻敲排出空气，防止在过滤过程中出现"断流"的现象。

七、思考题

1.目前有哪些方法可以提取土壤中的石油污染物？

2.本实验所选用超声萃取法有何优点？

第三节　创新性实验

实验一　生物质炭修复镉污染土壤实验

一、实验目的

1.通过本实验了解生物质炭在修复土壤重金属方面的应用。

2.了解目前修复土壤重金属污染的主要措施及效果。

3.通过本实验结果了解生物质炭在修复重金属污染土壤方面的潜力。

二、实验原理

人类早期农业耕作在巴西亚马孙流域形成了一种被称为 Terra Preta 的肥沃黑色土壤，这种土壤因含有丰富的黑炭（charcoal）及有机质而得名。Terra Preta 土壤中的黑炭具有高度芳香化结构，能够抵抗微生物的分解，进而可以在土壤中稳定存在上千年。人类由此得到启发，开始关注生物质炭化后的产物对固碳以及减缓温室气体排放的作用。关于生物质炭的研究由此开始，并逐渐形成系统而统一的概念，即将生物质在限氧或无氧条件下经高温热解炭化后形成的固态物质，称作生物质炭。随着对生物质炭研究的不断深入，目前生物质炭的应用领域由固碳减排逐渐扩增至土壤培肥，作物增产以及污染治理等多个领域。

生物质炭主要可以分为：①富含木质素的生物质炭，原料主要是具有高木质素含量的生物质，包括木材、锯屑等；②富含纤维素的生物质炭，原料主要是以纤维素为主要结构组分的秸秆、谷草以及谷物等；③坚果/壳生物质炭，原料主要是由坚果壳等生物质组成的；④粪便/废弃物生物质炭，原料主要是畜禽粪便以及生物固体或任何绿色废弃物；⑤藻类生物质炭，原料主要是淡水和海水藻类；⑥黑炭，主要由非上述原料生产的生物质炭。研究表明，秸秆类生物质炭通常具有较高的产率、较高的灰分含量、较高的 pH 以及碱性离子（K^+、Ca^{2+}、Mg^{2+} 以及 Na^+）含量。据报道，不同种类生物质炭对镉的吸附能力由高到低依次为秸秆类生物质炭＞畜禽粪便炭＞木炭以及黑炭。

我国每年产生的作物秸秆类农业废弃物的总量可达 6 亿～7 亿吨，然而部分的秸秆直接在田间焚烧，遗弃在田边，或者作为烹饪及取暖的燃料。秸秆焚烧会产生烟尘、灰分、未燃烧完全的碳氢化合物、氮氧化合物和一氧化碳等污染物，从而对区域环境造成严重影响。因此，将秸秆进行炭化处理不仅可以提高秸秆类废弃物的利用效率，并且可以有效缓解由秸秆焚烧造成的环境污染问题。

土壤溶液中，镉通常以 Cd^{2+}、$CdOH^+$、$CdCl^+$ 以及镉与有机配体的复合物形式存在。研究表明，土壤 pH 是控制土壤重金属有效性的重要化学因素之一，同时也是影响土壤镉吸收的决定性因素之一。土壤 pH 是直接控制土壤中吸附/解吸，沉淀/溶解，复合物的形成以及氧化还原反应的一个重要参数。南方偏酸性土壤中，镉的有效性往往偏高，适当增加土壤的 pH 可以在一定程度上降低土壤中镉的生物有效性。生物质炭作为偏碱性的土壤改良剂，能够通过增加土壤 pH 来降低土壤中镉的生物有效性。

三、实验仪器与装置

天平、粉碎机、铁罐、马弗炉、玛瑙研钵、20 目塑料筛、密封罐、离心管、pH 计、培养箱、摇床、原子吸收光谱仪。

四、实验步骤

1.生物质炭的制备

采集水稻秸秆，风干、粉碎，称取一定量的秸秆粉末放置于铁罐中，将塞满秸秆粉末的铁罐置于马弗炉中进行热裂解，热解温度为 450℃，热解时间为 4h。

将制备好的生物质炭研磨过 20 目筛后，放置于密封罐中保存备用。

2.生物质炭的施用及效果分析

（1）分析镉污染土壤的理化性质和土壤中镉浓度。

（2）取已知镉浓度、土壤田间持水量及 pH 的污染土壤 10g，分别加入 0、0.2％及 0.4％的生物质炭，将土壤与生物质炭混合均匀后放置于 50mL 离心管，并分别在离心管上标记 B0、B1 和 B2，每个处理三个重复。

（3）将离心管放置于培养箱中，并保持土壤 60％的含水量，25℃下培养 7 天。

（4）测定不同处理下土壤中氯化钙（0.01mol/L）浸提态镉含量及土壤 pH 值。

五、实验数据记录与处理

1.数据记录

设计实验记录表格并记录实验数据。三个实验条件下的实验数据记录表格可以参考表5-26。

表 5-26 数据记录表

项目		平行 1	平行 2	平行 3	平均值
土壤称样量/g					
培养前	土样 pH 值				
	土样镉浓度/(mg/kg)				
培养后条件 1	土样 pH 值				
	土样镉浓度/(mg/kg)				
培养后条件 2	土样 pH 值				
	土样镉浓度/(mg/kg)				
培养后条件 3	土样 pH 值				
	土样镉浓度/(mg/kg)				

2.计算公式

$$生物质炭对土壤镉的固定率 = \frac{培养前镉浓度 - 培养后镉浓度}{培养前镉浓度} \times 100\% \qquad (5-26)$$

六、注意事项

1.培养过程中，土壤含水量对重金属镉的有效态含量影响较大，因此，应严格保持土壤 60% 的含水量。

2.在土壤培养前后过程中应严格注意防止土壤样品受到污染，实验所用的离心管应提前在 10% 的硝酸中浸泡 12h，超纯水洗净晾干后再用于培养实验中。

3.测定土壤中氯化钙浸提态镉的同时需做不加土壤、只加氯化钙浸提液的空白样品，以消除浸提液中的镉含量背景值。

七、思考题

1.生物质炭对镉污染土壤的修复效果可能与哪些因素有关？

2. pH 值对土壤中镉存在形态有哪些影响？

3.为了提高生物质炭对镉污染土壤的修复效果，可以从哪些方面进行改进？

实验二　表面活性剂修复石油污染土壤实验

一、实验目的

1.了解石油污染土壤常用的修复技术。

2.熟悉表面活性剂修复石油污染土壤的作用机理。

3.掌握表面活性剂修复石油污染土壤的修复措施及作用效果。

二、实验原理

石油污染对土壤结构及农作物的影响较大，土壤中的石油污染甚至可以通过食物链的传递对人体健康造成严重威胁。目前，修复石油污染土壤的措施主要有以下几个方面。

1.物理修复方法

物理方法主要包括土壤置换法、焚烧法、热脱附技术、气相抽提法及电动修复技术。

（1）土壤置换法

土壤置换法，也称换土法，根据前期污染地块调查，确定污染区域范围，将受污染土体挖出，用新鲜土壤填入已挖空的区域，新鲜土壤填入后，能有效降低污染物浓度，提高污染土壤的自净能力，从而达到土壤修复的目的，此项技术适用于石油污染严重、污染范围较小的区域的土壤治理，同时对于挖出的污染土壤需经过无害化处置。

（2）焚烧法

焚烧法，主要是基于焚烧炉在高温 900～1200℃条件下可有效去除土壤中石油类污染物、多环芳烃等污染物，在现场进行修复时，主要包括：确定土壤污染区域，工程开挖，焚烧。采用焚烧法处理石油类、多环芳烃类污染物的土壤，效果明显，去除率高达 99％以上。但在焚烧过程中会产生大量的有毒有害气体，需要构建尾气处理装置，将污染气体处理后达标排放。

（3）热脱附技术

热脱附修复技术，是将土壤放置在热源进行烘烤，使土壤中具有挥发性的污染物挥发出来，并通过气体处理装置将尾气进行无害化处理的过程。该项技术适用于挥发性或半挥发污染物的去除。热脱附技术的处理设备有滚筒式、流化床等；加热方式有燃料加热、电加热以及微波加热。近几年微波加热处理技术得到进一步发展，其能有效提高污染物受热变成气体的效率，从而提升了修复质量。热脱附修复技术去除效率高，但其耗能高，尾气需经过无害化处置。

（4）气相抽提法

气相抽提技术原理是将新鲜空气或氧气通过气泵注入受污染土体当中，具有挥发性石油类污染物，在空气或氧气的作用下从土粒上解吸，并挥发出来，由抽提泵抽气将挥发性有机污染物由抽气井抽出地面并收集处理的过程。运用气相抽提技术对某柴油污染场地进行修复，经过 3 个月，土壤中的总石油烃的去除率达到了 65％左右。此技术适用于土壤质地透气性较好的砂质土壤，污染物具有挥发性或半挥发性。

（5）电动修复技术

电动修复技术原理主要是在土壤水分饱和的土壤中插入两个电极，在电流的作用下，污染物根据自身所带电荷向电极极移动并析出，进而去除污染物的过程。此项技术常常被用在重金属污染场地，在石油污染场地应用较少。电动修复技术需要在土壤水分饱和的情况下进行，在进行电动修复技术前需对土壤进行饱和处理。

2.化学修复技术

在石油污染土壤修复技术中化学修复技术是非常常用的方法，主要包括化学淋洗技术和催化氧化技术。

（1）化学淋洗技术

化学淋洗技术是当前土壤污染修复中常用技术，是运用水或有机溶剂液作用于土壤，使土壤中有机污染物发生溶解或迁移，并将淋洗废液进行无害化处理的过程。目前使用比较多的淋洗剂主要有生物表面活性剂、环糊精及人工合成表面活性剂。目前也有部分学者对表面活性剂进行了创新，如出现了表面活性剂纳米颗粒技术，使用具有纳米颗粒的表面活性剂与单独使用表面活性剂对土壤污染物的去除效果进行对比，结果表明，纳米颗粒表面活性剂效果更好。化学淋洗技术具有耗能小、操作简单、成本低、修复效率高等优点，同时也具有易产生二次污染的缺点。

（2）催化氧化技术

目前化学催化氧化技术可以分为光催化氧化技术和金属催化氧化技术。光催化氧化技术其主要原理是利用光照在氧气充足的条件下进行有机污染物的分解。目前常用的光氧化催化剂有氧化锌、氧化钨、硫化锌等。污染土壤吸收光能后，多环芳烃达到激发态，叮进一步促进光解，有利于污染物的降解去除。目前光催化氧化技术的使用较早并比较成熟，但该项技术在使用过程中易对土壤造成二次污染，同时消耗成本高，实际应用比较少。另外，金属催化氧化技术也得到了广泛的应用，改性的芬顿试剂对总石油烃的去除效率为75%左右。应用钴铜双金属为催化剂，过硫酸钠为氧化剂，对六氯联苯的去除率达到了80%。金属催化氧化技术的催化氧化的机理需展开进一步的研究，试验出最佳的工艺条件，并注意反应过程产生的二次污染问题。

3.生物修复技术

生物修复技术综合运用现代生物技术，通过联合微生物、植物或动物来促进污染物的转化吸收和降解，从而使污染物的浓度降低到人体健康可接受的水平。与物理、化学修复方法不同的是，生物处理技术的最终产物是无害的稳定的物质，避免了污染物的多次转移及二次污染过程。此技术优点是可以将污染物完全从环境中去除，对周围环境影响小，成本低，无二次污染，操作简单。该项技术缺点是修复时间长、见效慢、受污染物性质、浓度及环境因子限制等。

（1）植物修复

植物修复是利用植物去除或提取土壤中污染物的过程。植物通过根部的吸收将污染物进行分解，转化为无害化的物质，植物修复的效率与机理取决于污染物的种类和性质，以及生物可利用度。植物修复的技术关键在于筛选出具有强吸附能力的高效修复植物，同时充分利用植物与植物根部的微生物之间的协同关系，有研究表明，紫花苜蓿、澳洲芦苇能够有效修复土壤中的沥青，修复率达到82%。植物修复技术优点是成本低、无二次污染，缺点是修复周期长，受植物生长气温、季节和土壤质地等因素影响。

（2）微生物修复技术

微生物修复技术是运用土著微生物或外加微生物菌剂的降解和分解作用将有机污染物分解为无毒无害化的过程。石油污染物的浓度对微生物降解效率有显著的影响，有研究表明，少量烃类污染物可作为有机质促进微生物活性提高降解效率，当烃类污染物浓度过高时会降低微生物的降解效率。运用微生物修复法对某石油污染地块进行研究，结果表明，土壤中多酚氧化酶、过氧化氢酶、脱氢酶、脂肪酶对土壤中烷烃和多环芳烃得到了有效去除。对克拉玛依石油污染区域采用固体微生物菌剂进行修复，研究发现：由于克拉玛依位于中国的西北地区气候干旱，土壤含油量大，土壤贫瘠，不利于微生物的生长，通过改良土壤质地、补充营养及添加固定化微生物菌剂以提高土壤中微生物的数量及活性，从而增强了修复效果。

综上所述，化学修复方法中利用表面活性剂对石油污染土壤进行修复是目前较为常见的修复措施。表面活性剂是指能够显著降低表面张力和液-液界面张力并具有一定结构、亲水亲油特性和特殊吸附性质的一类物质。从结构上看，表面活性剂分子包括亲水的极性端和亲油的非极性端两部分。极性部分通常是硫酸盐、磺酸盐、羧酸盐和聚乙烯基团，其中多含有琥珀酸盐或山梨聚糖基团；非极性部分则是长的碳链，其中会有支链或者酚等多环芳烃基团存在。按亲水基团在水溶液中是否电离和电离后所带电荷的正负可分为：阴离子型、阳离子型和非离子型三类。

表面活性剂的增溶作用可以提高污染物在淋洗液中的溶解能力，从而加速污染物从土壤中的洗脱去除。表面活性剂的亲水亲油特质可以改变污染物与土壤颗粒之间的相互作用，降低固液两相的界面张力，从而起到显著提高污染物在淋洗液中的溶解能力。如图 5-5 所示，当溶液浓度低时，表面活性剂多以单体形式存在并吸附于两相界面，随着浓度的升高，界面发生作用的表面活性剂也逐渐增多，从而使两相间的界面张力逐渐下降，当在溶液中浓度超过某临界值后，表面活性剂单体在两相间的吸附达到饱和，过多的表面活性剂分子通过疏水部分相互作用形成缔合体，由此开始具备溶解难溶性石油类污染物的能力。

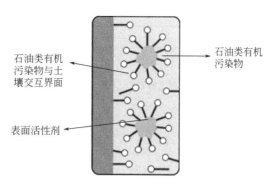

图 5-5 表面活性剂增溶洗脱示意图

三、实验仪器与试剂

1.实验仪器

锥形瓶、摇床、离心机、通风橱、高效液相色谱。

2.实验材料与试剂

石油烃污染土壤，鼠李糖脂，Tween-80。

四、实验步骤

1.土壤理化性质及石油烃含量分析。

2.表面活性剂修复石油污染土壤。

（1）在查阅文献的基础上，配制 3 个不同浓度的表面活性剂溶液。

（2）称取 20g 的土壤样品置于 250mL 锥形瓶中，分别加入不同浓度的表面活性剂溶液 200mL，空白组中加入同等体积的去离子水，充分混匀后在 35℃下振荡 1h（200r/min），处理和空白分别做三个重复。

（3）实验结束后，用离心机对样品进行固液分离，其中固相在通风橱中干燥，上清液用 $0.45\mu m$ 膜过滤，利用高效液相色谱分析空白及待测液中石油烃类元素含量。

五、实验数据记录与处理

1.数据记录

设计实验记录表格并记录相关实验数据（表 5-27）。

表 5-27 数据记录表

处理		石油烃类元素含量/%
空白	空白 1	
	空白 2	
	空白 3	
	平均值	
添加表面活性剂之前 C_0	样品 1	
	样品 2	
	样品 3	
	平均值	

处理		石油烃类元素含量/%
添加表面活性剂之后 C_1 条件1	样品1	
	样品2	
	样品3	
	平均值	
添加表面活性剂之后 C_1 条件2	样品1	
	样品2	
	样品3	
	平均值	
添加表面活性剂之后 C_1 条件3	样品1	
	样品2	
	样品3	
	平均值	

2.数据处理

$$表面活性剂对石油烃元素的去除率 = \frac{C_0 - C_1}{C_0} \times 100\% \tag{5-27}$$

六、注意事项

1.盛放样品的容器在振荡及离心的过程中应保持密封，防止溶剂挥发造成待测样品的损失。

2.在利用高效液相色谱进行待测液分析的过程中，应严格按照仪器使用规范进行，应注意流动相的前处理以及色谱柱的规范使用。

七、思考题

1.哪些因素会影响表面活性剂对石油污染土壤的修复效果？原因何在？

2.本实验设计可以从哪些方面进行改进？

参考文献

[1] 陈泽堂. 水污染控制工程实验[M]. 北京：化学工业出版社，2003.

[2] 蒋展鹏，杨宏伟. 环境工程学[M]. 第3版. 北京：高等教育出版社，2013.

[3] 石顺存. 水污染控制工程实验[M]. 北京：北京理工大学，2020.

[4] 张仁志，张尊举. 环境工程实验[M]. 北京：中国环境出版集团，2019.

[5] 张惠灵，龚洁. 环境工程综合实验指导书[M]. 武汉：华中科技大学出版社，2019.

[6] 齐立强，贾文波，王乐萌，等. 环境工程综合实验教程[M]. 北京：冶金工业出版社，2020.

[7] 赵哲颖. 基于黄铁矿催化剂异相类Fenton氧化法深度处理印染废水的研究[D]. 上海：东华大学，2016.

[8] 何晋保，赵哲颖，赵琪，等. 混凝-矿物催化类Fenton深度处理漂洗废水的工业实验[J]. 水处理技术，2015，41（7）：131-134.

[9] 张秋婷. 应用海水电池技术去除养殖废水氮磷的研究[D]. 福州：福建师范大学，2017.

[10] 刘延湘. 环境工程综合实验[M]. 武汉：华中科技大学出版社，2019.

[11] 许宁，闫敏. 大气污染控制工程实验[M]. 北京：化学工业出版社，2018.

[12] 翁棣，唐先进，赵新景，等. 汽车尾气催化处理实验研究[J]. 实验室研究与探索，2006，25（6）：611-614.

[13] 高尔豪，赵子龙，朱绍东，等. $MnCr_2O_4$催化剂的制备方法及其SCR脱硝性能研究[J]. 高校化学工程学报，2021，35（2）：355-362.

[14] 张静，杜梦帆，周树宇，等. 锰基低温SCR脱硝催化剂研究进展[J]. 山东化工，2019，13：54-57.

[15] 郑琴琴，刘心中，林松烨，等. 金属-有机骨架材料的合成及CO_2吸附分离研究进展[J]. 化工新型材料，2017，2：25-27.

[16] Cao Y，Zhao Y，Lv Z，et al. Preparation and enhanced CO_2 adsorption capacity of UiO-66/graphene oxide composites[J]. Journal of Industrial and Engineering Chemistry，2015，27：102-107.

[17] 刘雪锦，张智锋，李敏，等. 表面活性剂提高滤塔净化氯苯废气性能的研究[J]. 环境科学与技术，2014，37（4）：175-180.

[18] 杨百忍，王丽萍，牛仙，等. 生物滴滤塔处理氯苯废气的工艺性能[J]. 化工环保，2014，34（3）：201-205.

[19] 周绪忠，李水娥，崔同明，等. 乙醇胺改性活性炭及其对二氧化碳的吸附性能[J]. 湿法冶金，2016，35：248-250.

[20] 何平，张忠良，金君素，等. 胺接枝活性炭的制备及其对CO_2的吸附性能[J]. 北京化工大学学报（自然科学版），2010，37（3）：6-8.

[21] 申淑锋，冯晓霞，赵瑞红. 活化碳酸钾溶液吸收CO_2的动力学研究[J]. 高校化学工程学报，2013，（5）：903-909.

[22] 赵由才，赵天涛，宋立杰. 固体废物处理与资源化实验[M]. 第2版. 北京：化学工业出版社，2018.

[23] 曾凡，王慧雅，丁克强，等. 市政污泥的碳资源化利用研究进展[J]. 中国资源综合利用，2021，39（10）：110-117.

[24] 王艺. 污泥基碳质吸附剂的制备及其在废水处理中的应用[D]. 青岛：中国石油大学（华东），2019.

[25] 张立娜. 污泥活性炭的制备及其对染料废水脱色性能的研究[D]. 上海：东华大学，2009.

[26] 祁正栋. 废旧手机电路板中铜的浮选回收工艺研究[D]. 兰州：兰州理工大学，2016.

[27] 李鸿顺，钱坤，曹海建，等. 整体中空复合材料隔声性能的实验研究[J]. 复合材料学报，2011，4：167-170.

[28] 魏亚兵，姚跃飞，虞华东，等. 木塑复合材料的隔声性能研究[J]. 浙江理工大学学报，2015，33（5）：655-659.

[29] 王春苑，欧阳金龙. 室内吸声降噪的实验教学研究[J]. 实验科学与技术，2017，4：102-106.

[30] 李文东，王琨玲. 室内吸声降噪设计初探[J]. 甘肃科技纵横，2005，34（5）：23.

[31] 曹寰琦，伊元荣，杜昀聪. 探索粉煤灰制备多孔吸声材料实验研究[J]. 环境科学与技术，2018，41（2）：184-187.

[32] 何冬林，郭占成，廖洪强，等. 多孔吸声材料的研究进展及发展趋势[J]. 材料导报，2012，（1）：303-306.

[33] 盖钧镒. 试验统计方法[M]. 北京：中国农业出版社，2000.

[34] 刘光崧，等. 土壤理化分析与剖面描述[M]. 北京：中国农业出版社，1996.

[35] 华孟，王坚. 土壤物理学[M]. 北京：北京农业大学出版社，1993.

[36] 中国科学院南京土壤研究所土壤物理研究室. 土壤物理性质测定法[M]. 北京：科学出版社，1978.

[37] 中国科学院南京土壤研究所. 土壤理化分析[M]. 上海：上海科学出版社，1978.

[38] 中华人民共和国国家环境保护标准 (HJ 962—2018). 土壤 pH 值的测定电位法[S]. 北京：中国环境出版社，2018.

[39] 鲁如坤. 土壤农业化学分析方法[M]. 北京：中国农业科技出版社，2000.

[40] 于天仁，刘志光. 水稻土的氧化还原过程及其与水稻生长的关系[J]. 土壤学报，1964，12：380-389.

[41] 李酉开，等. 土壤农业化学常规分析方法[M]. 北京：科学出版社，1983.

[42] 鲍士旦. 土壤农化分析[M]. 北京：中国农业出版社，2007.

[43] Mebius J. A rapid method for the determination of organic carbon in soil[J]. Analytica Chimica Acta，1960，22：120-124.

[44] 龚伟群，潘根兴. 中国水稻生产中 Cd 吸收及其健康风险的有关问题[J]. 科技导报，2006，24（5）：43-48.

[45] 环境保护部，国土资源部. 全国土壤污染状况调查公报[R]. 北京：环境保护部，国土资源部，2014.

[46] Zhang H，Shao J，Zhang S，et al. Effect of phosphorus-modified biochars on immobilization of Cu(Ⅱ)，Cd(Ⅱ)，and As(Ⅴ) in paddy soil[J]. Journal of Hazardous Materials，2020，390：121349.

[47] 吴翔. 典型土壤有机质污染物赋存形态及影响因素[D]. 杭州：浙江大学，2018.

[48] 陈刚. 表面活性剂修复石油污染土壤研究[D]. 青岛：山东科技大学，2008.

[49] 李俊超. 表面活性剂对陕北石油污染土壤的修复效应研究[J]. 土地开发工程研究，2020，5（3）：76-81.